工业机器人应用技术

——基于 FANUC 机器人

任务评价单

目　录

CONTENTS

工作任务 1：认识工业机器人搬运工作站

项目一：认识工业机器人典型工作站	班级		
工作任务：认识工业机器人搬运工作站	姓名	学号	
任务过程评价（60分）			

序号	项目及技术要求	评分标准	分值/分	成绩/分
1	能够描述出工业机器人搬运工作站的主要特点	共6点，每点5分	30	
2	完成工业机器人典型应用场景的调研，按照调研内容完成PPT制作	1.完成工业机器人典型应用场景的调研，得5分； 2.PPT制作美观，格式符合要求，得5分； 3.PPT内容完整，得5分	15	
3	完成PPT汇报	1.汇报声音响亮，语句清晰，台风好，得5分； 2.汇报时能结合销售技巧，推销所选用的工业机器人，得5分； 3.汇报中有通过学习增长见识的表现，有一定的民族自豪感，得5分	15	
总评		得分		
		教师签字：	年 月 日	

工作任务 2：认识工业机器人焊接工作站

项目一：认识工业机器人典型工作站	班级		
工作任务：认识工业机器人焊接工作站	姓名	学号	
任务过程评价（60分）			

序号	项目及技术要求	评分标准	分值/分	成绩/分
1	了解工业机器人在企业中的典型应用，如机床上下料、在线工件检测、码垛、视觉分拣、装配、焊接等，完成引导问题	共7个空，每空1分	7	

续表

序号	项目及技术要求	评分标准	分值/分	成绩/分
2	写出能生产工业机器人的国家及工业机器人品牌名称	1. 写出 2 个国家即可，得 8 分； 2. 写出 3 个品牌即可，得 12 分	20	
3	分析工业机器人近年来得到快速推广的原因	1. 节约人力和资金成本相关，得 8 分； 2. 国家大力支持、降低风险相关，得 8 分； 3. 其他原因，由教师自行把控，得 4 分	20	
4	素养目标达成情况	满足 6S 管理等，得 13 分	13	
总评		得分		
		教师签字：	年　月　日	

工作任务 3：认识工业机器人检测工作站

项目一：认识工业机器人典型工作站		班级		
工作任务：认识工业机器人检测工作站		姓名		学号
任务过程评价（60 分）				
序号	项目及技术要求	评分标准	分值/分	成绩/分
1	能够描述出工业机器人检测工作站主要特点	共 3 点，每点 5 分	15	
2	能够说出工业机器人检测工作站的应用场景	得 5 分	5	
3	选一个了解的场景，能够说出检测工作站的主要特点及应用	1. 能够描述出主要特点，得 5 分； 2. 能够描述出应用场景，得 5 分	10	
4	写一篇购买计划书：假如现在你创业，需要购买一个检测机器人，应如何怎么选择？在品牌、技术参数、价格等方面你会怎么选择	1. 完成计划书编写，得 10 分； 2. 有品牌、技术参数及价格信息，得 10 分； 3. 能够描述出所选机器人的优缺点，得 5 分	25	
5	素养目标达成情况	对工业机器人检测工艺提升的核心价值理解，得 5 分	5	
总评		得分		
		教师签字：	年　月　日	

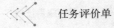

工作任务 4：了解工业机器人的技术特点和发展历程

项目一：认识工业机器人典型工作站		班级			
工作任务：了解工业机器人的技术特点和发展历程		姓名		学号	
任务过程评价（60分）					
序号	项目及技术要求	评分标准		分值/分	成绩/分
1	完成工业机器人技术发展的先后阶段及在国民生产中的应用调查	1. 能够描述出重要时期，得10分； 2. 能够描述出各个时期的特点，得10分		20	
2	在网上查找4家工业机器人生产厂家进行调研，收集有关工业机器人技术资料，完成调研任务	能够描述出工业机器人在发展新质生产力中的作用，得20分		20	
3	素养目标达成情况	对工业机器人在不同阶段的发展及其技术特点理解掌握，得20分		20	
总评		得分			
		教师签字：		年 月 日	

工作任务 5：设计典型搬运工作站的硬件系统

项目二：搬运工作站硬件系统的认知和简单调试		班级			
工作任务：设计典型搬运工作站的硬件系统		姓名		学号	
任务过程评价（60分）					
序号	项目及技术要求	评分标准		分值/分	成绩/分
1	现在只有你熟悉公司购买的搬运工作站，请教会本公司其他员工使用工业机器人控制柜、示教器及工业机器人的外部硬件设备等，完成引导问题1~10	共20个空，每空1分		20	
2	根据所学知识完成判断题	共7道题，每题1分		7	
3	分别说出示教器键的名称及作用，任选10个键，让学生在图中标识出其作用	共10个键的作用，每个2分		20	
4	示教器组成部件的认知，并完成引导题13的填空	共4个空，每空2分		8	
5	素养目标达成情况	是否具有创新思维和解决问题的能力，得5分		5	
总评		得分			
		教师签字：		年 月 日	

工作任务 6：搭建典型搬运工作站的安全系统

项目二：搬运工作站硬件系统的认知和简单调试		班级			
工作任务：搭建典型搬运工作站的安全系统		姓名		学号	
任务过程评价（60 分）					
序号	项目及技术要求	评分标准		分值／分	成绩／分
1	请按照工业机器人型号设计外部急停电路、完成引导问题 1~3	共 4 个空，每空 2 分		8	
2	根据所学知识完成判断题	共 2 道题，每题 2 分		4	
3	画出急停输出信号连接图	正确画出急停输出信号连接图，每错一处扣 2 分		10	
4	画出连接外部急停信号电路图	正确画出连接外部急停信号电路图，每错一处扣 2 分		10	
5	填写外部急停输入信号表	共 8 个空，每空 1 分		8	
6	画出外部急停键的连接图，并完成接线及验证	1. 正确画出连接外部急停信号电路图，得 6 分； 2. 按图纸完成接线，得 8 分； 3. 完成急停验证，得 6 分		20	
总评		得分			
		教师签字：		年　月　日	

工作任务 7：工业机器人工作站的安全调试规范

项目二：搬运工作站硬件系统的认知和简单调试		班级			
工作任务：工业机器人工作站的安全调试规范		姓名		学号	
任务过程评价（60 分）					
序号	项目及技术要求	评分标准		分值／分	成绩／分
1	熟悉工业机器人培训现场安全设施及安全操作权限，完成引导问题 1~11	共 20 个空，每空 1.5 分		30	
2	根据所学知识完成判断题	共 6 道题，每题 1 分		6	
3	为一些常见的工业机器人操作选择对应的操作人员	共 16 个，每个 1 分		16	
4	素养目标达成情况	安全系统的搭建符合相关行业企业规范和标准等，得 8 分		8	
总评		得分			
		教师签字：		年　月　日	

工作任务 8：组装典型工业机器人搬运工作站

项目二：搬运工作站硬件系统的认知和简单调试		班级			
工作任务：组装典型工业机器人搬运工作站		姓名		学号	
任务过程评价（60分）					
序号	项目及技术要求	评分标准		分值/分	成绩/分
1	了解机器人控制柜器件分布、作用及拆装步骤，完成引导问题1~5	共12个空，每空1分		12	
2	根据所学知识完成判断题	共1道题，每题1分		1	
3	根据图示找到对应实物的所在位置，并说出对应部件的作用	共13处，每个1分		13	
4	写出主板的拆卸顺序	共3步，每步3分		9	
5	写出6轴伺服放大器的拆卸顺序	共3步，每步3分		9	
6	填写控制柜内部器件设备名称	写出8个即可，每个1分		8	
7	素养目标达成情况	有全局意识、整体把握、协同发展等意识，得8分		8	
总评		得分			
		教师签字：		年 月 日	

工作任务 9：搬运工作站下工业机器人坐标系的应用

项目二：搬运工作站硬件系统的认知和简单调试		班级			
工作任务：搬运工作站下工业机器人坐标系的应用		姓名		学号	
任务过程评价（60分）					
序号	项目及技术要求	评分标准		分值/分	成绩/分
1	某柴油发动机生产线搬运工作站FANUC机器人的运动轨迹定位不精准，需要重新示教机器人坐标才能投入生产，请利用学过的知识根据现场生产情况示教机器人坐标，完成引导问题1~9	共16个空，每空1分		16	
2	根据所学知识完成判断题	共5道题，每题2分		10	
3	写出在关节坐标系下用示教器移动机器人的方法和步骤	共6个步骤，每个2分		12	
4	写出在直角坐标系下用示教器移动机器人的方法和步骤	共6个步骤，每个3分		18	

序号	项目及技术要求	评分标准	分值/分	成绩/分
5	素养目标达成情况	能够将坐标系应用于实际的搬运工作站操作中，创新实践能力，得4分	4	
总评		得分		
		教师签字：	年 月 日	

工作任务 10：安装工业机器人仿真软件

项目三：工业机器人仿真软件的应用		班级		
工作任务：安装工业机器人仿真软件		姓名		学号

任务过程评价（60分）

序号	项目及技术要求	评分标准	分值/分	成绩/分
1	安装 ROBOGUIDE 软件	按照步骤指引，完成所用计算机软件安装，求助一次扣5分	45	
2	完成引导问题 1	得4分	4	
3	完成引导问题 2，3	共2个空，每空3分	6	
4	素养目标达成情况	是否能够自行安装软件，是否有自主学习和解决问题的能力，教师按照实践情况把握，得5分	5	
总评		得分		
		教师签字：	年 月 日	

工作任务 11：在工业机器人仿真软件中构建搬运工作站

项目三：工业机器人仿真软件的应用		班级		
工作任务：在工业机器人仿真软件中构建搬运工作站		姓名		学号

任务过程评价（60分）

序号	项目及技术要求	评分标准	分值/分	成绩/分
1	按照实验室的布局标准，利用已经构建好的模型，在 ROBOGUIDE 软件中按照 1：1 的比例导入模型，并完成仿真场景下搬运工作站的搭建，完成引导问题 1~3	共13个空，每空1分	13	
2	完成引导问题 4	共5道题，每题3分	15	

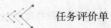
续表

序号	项目及技术要求	评分标准	分值／分	成绩／分
3	在工业机器人仿真软件中的通过示教器移动机器人	按照步骤指引，完成在工业机器人仿真软件中的通过示教器移动机器人，求助一次扣2分	14	
4	在工业机器人仿真软件中通过拖动工具坐标系移动机器人	按照步骤指引，完成在工业机器人仿真软件中的通过拖动工具坐标系移动机器人，求助一次扣2分	14	
5	职业素养目标达成情况	具有自主学习和解决问题的能力，得4分	4	
总评		得分		
		教师签字：	年　月　日	

工作任务 12：搬运工作站基本运动指令的编程与调试

项目三：工业机器人仿真软件的应用		班级		
工作任务：搬运工作站基本运动指令的编程与调试		姓名		学号
任务过程评价（60分）				
序号	项目及技术要求	评分标准	分值／分	成绩／分
1	按照实验室的标准布局标准，利用已经构建好的模型，在 ROBOGUIDE 仿真软件中按照 1：1 的比例导入模型，并完成仿真场景下的搬运工作站的搭建。完成引导问题 1~5	共12个空，每空1分	12	
2	根据所学知识完成判断题	共9道题，每题1分	9	
3	能够写出直线动作指令说明	共6分	6	
4	能够写出定位类型 FINE 和 CNT 的区别	写出关键点即可，得5分	5	
5	实现直线搬运轨迹运动任务的方法和步骤	1. 建立程序，得4分； 2. 编写程序，得4分； 3. 完成校点，得4分； 4. 调试程序，并运行无误，得4分	16	
6	针对任务中出现的问题及解决方法进行总结	此题由教师把握，得6分	6	
7	职业素养目标达成情况	完成本次实训的心得体会，得6分	6	
总评		得分		
		教师签字：	年　月　日	

工作任务 13：工业机器人圆弧运动指令和等待指令

项目四：编程调试工业机器人搬运工作站			班级			
工作任务：工业机器人圆弧运动指令和等待指令			姓名		学号	
任务过程评价（60分）						
序号	项目及技术要求		评分标准		分值 / 分	成绩 / 分
1	用圆弧运动指令和等待指令驱动机器人完成"翻山越岭"模型特定路径的行走，首先以点 A 为路径起点，到达点 C 后停留 5 s，然后继续沿着路径依次通过点 B、点 D、点 E 和点 F，最后回到工作原点		1. 起点 A 正确，得 10 分； 2. 点 C 停留 5 s，得 10 分； 3. 途径点 B,D,E,F，并回到原点，得 10 分； 4. 过程中碰到模型一次扣 2 分，没有按调试步骤扣 3 分		30	
2	完成引导问题 1~5		共 9 个空，每空 1 分		9	
3	根据所学知识完成判断题		共 7 道题，每题 1 分		7	
4	圆弧运动指令、等待指令的作用		写出关键点即可得分，共 8 分		8	
5	职业素养目标达成情况		立足专业，具有工程意识，提升整体工作效率表现等，得 6 分		6	
总评			得分			
			教师签字：		年 月 日	

工作任务 14：调试处理搬运工作站常见故障

项目四：编程调试工业机器人搬运工作站			班级			
工作任务：调试处理搬运工作站常见故障			姓名		学号	
任务过程评价（60分）						
序号	项目及技术要求		评分标准		分值 / 分	成绩 / 分
1	完成引导问题 1~5		共 5 个空，每空 2 分		10	
2	根据所学知识完成判断题		共 3 道题，每题 3 分		9	
3	当示教器上出"SRVO-001 操作面板紧急停止"报警时，能够分析可能造成该故障现象的原因及处理方法		1. 原因共有 3 个，每个 2 分； 2. 处理方法有 2 个，每个 2 分		10	
4	当示教器上出"SRVO-002 示教器紧急停止"报警时，能够分析可能造成该故障现象的原因及处理方法		1. 原因共有 2 个，每个 2 分； 2. 处理方法有 2 个，每个 2 分		8	
5	当示教器上出"SRVO-003 安全开关已释放"报警时，能够分析可能造成该故障现象的原因及处理方法		1. 原因共有 2 个，每个 2 分； 2. 处理方法有 3 个，每个 2 分		10	

续表

序号	项目及技术要求	评分标准	分值/分	成绩/分
6	当示教器上出"SRVO-004 防护栅打开"报警时，能够分析可能造成该故障现象的原因	1. 原因共有 2 个，每个 2 分 2. 处理方法有 2 个，每个 2 分	8	
7	职业素养目标达成情况	学生的责任心和专业素养等，得 5 分	5	
总评		得分		
		教师签字：	年 月 日	

工作任务 15：设置工具坐标系（三点法）

项目五：设置搬运工作站工业机器人的坐标系		班级		
工作任务：设置工具坐标系（三点法）		姓名	学号	
任务过程评价（60 分）				

序号	项目及技术要求	评分标准	分值/分	成绩/分
1	使用三点法设置工具坐标系	1. 新建工具坐标系，并选择三点法，得 5 分； 2. 调整及记录接近点 1，得 1 分； 3. 使用关节坐标系调整接近点 2 姿态并记录，得 8 分； 4. 使用关节坐标系调整接近点 3 姿态并记录，得 8 分	22	
2	完成引导问题 1~7	共 13 个空，每空 1 分	13	
3	根据所学知识完成判断题	共 4 道题，每题 1 分	4	
4	写出什么是工业机器人机械接口坐标系	写出关键点即可得分，得 1 分	1	
5	写出三点法记录 3 个点的要求	共 3 个点，每点 2 分	6	
6	简述三点法在坐标系设置中的操作步骤	共 9 个步骤，每个 1 分	9	
7	职业素养目标达成情况	调试过程是否具有严谨认真、精益求精的精神，得 5 分	5	
总评		得分		
		教师签字：	年 月 日	

工作任务 16：设置工具坐标系（六点法）

项目五：设置搬运工作站工业机器人的坐标系		班级			
工作任务：设置工具坐标系（六点法）		姓名		学号	
任务过程评价（60 分）					
序号	项目及技术要求	评分标准		分值 / 分	成绩 / 分
1	使用六点法设置工具坐标系	1. 新建工具坐标系，并选择六点法，得 3 分； 2. 调整及记录接近点 1，得 3 分； 3. 使用关节坐标系调整接近点 2 姿态并记录，得 4 分； 4. 使用关节坐标系调整接近点 3 姿态并记录，得 4 分； 5. 调整坐标原点并记录，得 3 分； 6. 定义 +X 方向点并记录，得 3 分； 7. 定义 +Y 方向点并记录，得 3 分		23	
2	完成引导问题 1~10	共 15 个空，每空 1 分		15	
3	根据所学知识完成判断题	共 3 道题，每题 1 分		3	
4	写出六点法中，6 个记录点的要求	写出关键点即可得分，共 5 分		5	
5	能够写出如何记录坐标原点	共 5 步，每步 1 分		5	
6	六点法中，每个接近点分三步分别是什么	共 3 步，每步 1 分		3	
7	职业素养目标达成情况	调试过程是否具有严谨认真、精益求精的精神，得 6 分		6	
总评		得分			
		教师签字：		年 月 日	

工作任务 17：激活及验证工具坐标系

项目五：设置搬运工作站工业机器人的坐标系		班级			
工作任务：激活及验证工具坐标系		姓名		学号	
任务过程评价（60 分）					
序号	项目及技术要求	评分标准		分值 / 分	成绩 / 分
1	完成引导问题 1~4，10，11	共 9 个空，每空 1 分		9	
2	根据所学知识完成判断题	共 2 道题，每题 2 分		4	
3	完成引导问题 6~9	每题 4 分		16	

序号	项目及技术要求	评分标准	分值/分	成绩/分
4	激活工具坐标的方法和具体步骤	两种方法，每种 12 分： 第一种方法共 3 步，每步 4 分； 第二种方法共 2 步，每步 6 分	24	
5	职业素养目标达成情况	对坐标系设置的准确性进行严格验证，确保机器人操作的准确性，得 7 分	7	
总评		得分		
		教师签字：	年　月　日	

工作任务 18：设置用户坐标系

项目五：设置搬运工作站工业机器人的坐标系		班级			
工作任务：设置用户坐标系		姓名		学号	

任务过程评价（60 分）

序号	项目及技术要求	评分标准	分值/分	成绩/分
1	设置用户坐标系	1. 新建用户坐标系，并选择三点法，得 5 分； 2. 坐标原点的调整及记录，得 6 分； 3. X 方向点的调整及记录，得 6 分； 4. Y 方向点的调整及记录，得 5 分	22	
2	激活并验证用户坐标系	1. 分别激活用户坐标系，得 5 分； 2. 验证 X 轴，Y 轴，Z 轴方向是否正确，得 5 分	10	
3	完成引导问题 1~8	共 9 个空，每空 1 分	9	
4	根据所学知识完成判断题	共 5 道题，每题 1 分	5	
5	写出验证用户坐标系的步骤	共 2 步，每步 4 分	8	
6	职业素养目标达成情况	勇于克服编程调试中的困难和挑战，不断进步，得 4 分	6	
总评		得分		
		教师签字：	年　月　日	

工作任务 19：搬运工作站矩形轨迹的编程与调试

项目六：工业机器人搬运工作站典型任务的编程与调试		班级			
工作任务：搬运工作站矩形轨迹的编程与调试		姓名		学号	
任务过程评价（60 分）					
序号	项目及技术要求	评分标准		分值 / 分	成绩 / 分
1	完成机器人从当前位置开始走边长为 100 mm × 100 mm 矩形轨迹的编程与调试（机器人的矩形轨迹需要示教 4 个点，两点之间的机器人轨迹为直线）	1. 使用位置寄存器 PR 完成矩形轨迹的移动，得 10 分； 2. 移动的数值为 100 mm，得 5 分； 3. 消除示教器的异常报警并成功运行机器人矩形轨迹程序，得 5 分		20	
2	采用世界坐标系使机器人改变至任意位置，再次运行机器人矩形轨迹程序，观察矩形轨迹与之前的区别，并写出第二次运行轨迹与第一次运行轨迹的区别及原因	1. 正确写出两次运行轨迹区别，得 5 分； 2. 正确写出两次运行轨迹区别的原因，得 10 分		15	
3	完成引导问题 1~7	共 14 个空，每空 1 分		14	
4	根据所学知识完成判断题	共 4 道题，每题 1 分		4	
5	职业素养目标达成情况	勇于克服编程调试中的困难和挑战，不断进步，得 7 分		7	
总评		得分			
		教师签字：		年 月 日	

工作任务 20：搬运工作站物料搬运的编程与调试

项目六：工业机器人搬运工作站典型任务的编程与调试		班级			
工作任务：搬运工作站物料搬运的编程与调试		姓名		学号	
任务过程评价（60 分）					
序号	项目及技术要求	评分标准		分值 / 分	成绩 / 分
1	完成搬运工作站物料搬运的编程与调试	（请用示教器示教程序，其中 RO[2] 是机器人输出信号。） 1. 完成机器人从 HOME 点出发，经过点 P[1] 到点 P[2]，抓取工件，得 5 分； 2. 经过点 P[1]，P[3] 到点 P[4]，将工件放下，得 5 分； 3. 当 RO[2]=ON 时，手爪夹紧，抓起工件，得 5 分； 4. 当 RO[2]=OFF 时，手爪松开，放下工件，得 5 分； 5. 抓取和放下工件时，使用等待指令等待 0.5 s，给吸盘吸取工件的反应时间，得 5 分； 6. 使用直线运动指令使机器人运动回到工作台上方安全点，得 5 分		30	

序号	项目及技术要求	评分标准	分值/分	成绩/分
2	完成引导问题 1~2	共 6 个空，每空 1 分	6	
3	说出引导问题 3 中 I/O 指令意义	共 5 个信号，每信号 2 分	10	
4	根据所学知识完成判断题	共 3 道题，每题 1 分	3	
5	I/O 指令的作用	能够正确写出 I/O 指令的作用，得 1 分	6	
6	职业素养目标达成情况	勇于克服编程调试中的困难和挑战，不断进步，得 5 分	5	
总评		得分		
		教师签字：	年　月　日	

工作任务 21：搬运工作站有条件搬运的编程与调试

项目六：工业机器人搬运工作站典型任务的编程与调试		班级		
工作任务：搬运工作站有条件搬运的编程与调试		姓名		学号
任务过程评价（60 分）				
序号	项目及技术要求	评分标准	分值/分	成绩/分
1	比较指令的应用：使机器人从 HOME 点出发，完成轨迹 3 次循环后回到 HOME 点	1. 开始运行时先回 HOME 点，得 4 分； 2. 寄存器清零，得 4 分； 3. 设置标签 1，下一次循环入口，得 4 分； 4. R[1] 寄存器运行一次自加 1，得 4 分； 5. 使用比较指令，判断小于 3 次，跳转到标签 1，否则继续往下执行，得 4 分	20	
2	条件选择指令的应用：根据条件选择 JOB1，JOB2，JOB3 中的程序执行，结束后回到 HOME 点；当不满足选择条件时，通过寄存器 R[100] 自加一次并结束程序	1. 开始运行时先回 HOME 点，得 2 分； 2. 设置条件选择指令：当 R[1]=1 时，调用 JOB1 程序；当 R[1]=2 时，调用 JOB1 程序；当 R[1]=3 时，调用 JOB3 程序；其他情况跳转到 LBL10，得 8 分	10	
3	等待指令的应用：判断传送带上是否有物料，若有物料（需要进行 I/O 信号配置 DI[101] 模拟物料检测传感器），则等待 3 s 后将物料抓取到仓库中进行存放；若没有物料，则机器人回到 HOME 点并发出报警，结束程序	1. 从系统变量中设置超时的等待时间为 200 ms，得 4 分； 2. 使用等待指令，当 DI[101]= ON，调用子程序指令，超时跳转到 LBL[1]，机器人回到 HOME 点并发出报警，结束程序，得 5 分	9	
4	完成引导问题 1~4	共 6 个空，每空 1 分	6	
5	完成引导问题 5，6，8	共 3 个问答题，每题 2 分	6	

续表

序号	项目及技术要求	评分标准	分值 / 分	成绩 / 分
6	根据所学知识完成判断题	共 4 道题，每题 1 分	4	
7	职业素养目标达成情况	勇于克服编程调试中的困难和挑战，不断进步，得 5 分	5	
总评		得分		
		教师签字：	年　月　日	

工作任务 22：搬运工作站偏移搬运的编程与调试

项目六：工业机器人搬运工作站典型任务的编程与调试		班级		
工作任务：搬运工作站偏移搬运的编程与调试		姓名		学号
任务过程评价（60 分）				

序号	项目及技术要求	评分标准	分值 / 分	成绩 / 分
1	物料偏移搬运的编程与调试：机器人从 PR[1] 出发，执行正方形轨迹，并最终返回 PR[1]。该过程循环 3 次，第一次在 1 号区域，第二次在 2 号区域，第三次在 3 号区域	1. 定义偏移量存储位置，得 5 分； 2. 调用 PR_INITIAL 程序，得 5 分； 3. 在需要偏移的运动指令之后加 offset，得 5 分； 4. 偏移量 X 坐标累加 60 mm，得 5 分	20	
2	完成引导问题 1~7	共 10 个空，每空 1 分	10	
3	根据所学知识完成判断题	共 6 道题，每题 1 分	6	
4	完成引导问题 9，11	共 2 道题，每题 6 分	12	
5	完成引导问题 10	在工业机器人仿真软件和实验设备中输入对应程序，并观察机器人动作效果，得 7 分	7	
6	职业素养目标达成情况	勇于克服编程调试中的困难和挑战，不断进步，得 5 分	5	
总评		得分		
		教师签字：	年　月　日	

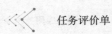

工作任务 23：认识搬运工作站 I/O 信号的种类及板卡信号的配置

项目七：工业机器人搬运工作站的信号集成与测试		班级			
工作任务：认识搬运工作站 I/O 信号的种类及板卡信号的配置		姓名		学号	
任务过程评价（60分）					
序号	项目及技术要求	评分标准		分值／分	成绩／分
1	搬运工作站 I/O 信号配置	1. 将传感器的输入信号定义为 DI10，要配置到 CRMA15 接口上 DI 地址 2 对应的端子上，得 5 分； 2. 当机器人把传送带的物料抓取到指定位置放置好后，启动夹具夹紧该物料时，将驱动夹具动作的信号定义为 DO10，并将该信号配置到 CRMA15 板卡上 DO 地址 10 对应的端子上，得 5 分		10	
2	完成引导问题 1~11	共 23 个空，每空 1 分		23	
3	根据所学知识完成判断题	共 3 道题，每题 1 分		3	
4	完成引导问题 13，14	共 2 道题，每题 5 分		10	
5	完成引导问题 15 中的 I/O 信号分配要求	针对引导问题 15，简述配置 DI/DO 信号的方法和步骤，完成信号配置，得 9 分		9	
6	职业素养目标达成情况	具备自主学习、观察和分析能力，得 5 分		5	
总评		得分			
		教师签字：		年　月　日	

工作任务 24：设定防止干涉区域功能

项目七：工业机器人搬运工作站的信号集成与测试		班级			
工作任务：设定防止干涉区域功能		姓名		学号	
任务过程评价（60分）					
序号	项目及技术要求	评分标准		分值／分	成绩／分
1	设定防止干涉区域，机器人工作区域的长、宽、高分别为 3 m，0.75 m，0.7 m	1. 选择基准顶点＋边长，或基准顶点＋对角顶点的方式进行设置，得 5 分； 2. X，Y，Z 方向指向 UFRAME 指定的用户坐标系方向，得 5 分； 3. 以顶点为基准，根据用户坐标系的方向，输入 X，Y，Z 各方向上的边长为 3 000 mm，750 mm，700 mm，得 10 分		20	

序号	项目及技术要求	评分标准	分值/分	成绩/分
2	设置两台机器人程序优先级	1.I/O 信号配置：robot1 的 DO101 对应 robot2 的 DI101，robot2 的 DO101 对应 robot1 的 DI101，通过 PLC 中转，得 10 分； 2. 对干涉区域的离开工作台 DO 信号与程序中的离开工作台 DO 信号进行处理，当两者都为 ON 时出干涉区域信号为 ON，两台机器人设置相同，得 10 分	20	
3	完成引导问题 2~4，7	共 5 个空，每空 1 分	5	
4	根据所学知识完成判断题	共 2 道题，每题 1 分	2	
5	完成引导问题 1，5	共 2 道题，每题 4 分	8	
6	职业素养目标达成情况	具备系统思维，实践和创新能力，得 5 分	5	
总评		得分		
		教师签字：	年 月 日	

工作任务 25：基于 PROFIBUS 通信系统的工业机器人搬运工作站信号配置

项目七：工业机器人搬运工作站的信号集成与测试		班级		
工作任务：基于 PROFIBUS 通信系统的工业机器人搬运工作站信号配置		姓名		学号
任务过程评价（60 分）				
序号	项目及技术要求	评分标准	分值/分	成绩/分
1	采用 PROFIBUS 通信的方式实现 FANUC M-10iA/12 型机器人与 S7-1200 PLC 通信，编写 PLC 与工业机器人程序	1. 若 PLC 发出命令 A，则机器人前往点 P 抓取货物，并搬运至点 A，停留 2 s 后，返回命令 A 的完成信号，并回到 HOME 点，得 15 分； 2. 若 PLC 发出命令 C，则机器人前往点 P 抓取货物，并搬运至点 C，停留 2 s 后，返回命令 C 的完成信号，并回到 HOME 点，得 15 分	30	
2	完成引导问题 1~4	共 5 个空，每空 1 分	5	
3	完成引导问题 5~8	共 4 道题，每题 5 分	20	
4	职业素养目标达成情况	学生团队协作情况，得 5 分	5	
总评		得分		
		教师签字：	年 月 日	

工作任务 26：基于 PROFINET 通信系统的工业机器人搬运工作站信号配置

项目七：工业机器人搬运工作站的信号集成与测试		班级			
工作任务：基于 PROFINET 通信系统的工业机器人搬运工作站信号配置		姓名		学号	
任务过程评价（60 分）					
序号	项目及技术要求	评分标准		分值 / 分	成绩 / 分
1	采用 PROFINET 通信的方式实现 FANUC M-10*i*A/12 型机器人与 S7-1200 PLC 通信	1. 根据 S7-1200 的硬件组成在博途软件中对 PLC 进行硬件组态，得 4 分； 2. 在博途软件目录树下找到存储 GSD 文件的目录，找到 GSD 文件并加载，得 4 分； 3. 设定机器人与 PLC 共享数据存储区域的大小以配置 FANUC Robot Controller(1.0) 模块，需要注意的是格式设定需与机器人示教器中的参数设定一致，得 4 分； 4. 为导出的机器人 PROFINET 模块分配网络，得 4 分； 5. 进入配置界面后配置"2 频道"，并禁用"1 频道"，得 4 分； 6. 设定"2 频道"的 IP 地址与 PLC 侧一致，得 4 分； 7. "2 频道"下的子节点"I/O- 设备"插槽类型选择"输入输出插槽"，字节选择"8 字节"，设置与 PLC 侧一致，得 4 分； 8. 在机器人的示教器上分别对 GO1 和 GO2 赋值 10 和 15，PLC 侧 IB110 和 IB111 监控值则为 16#OA 和 16#OF；在 PLC 监控表中分别对 QB106 和 QB107 赋值 16#OF 和 16#O5，机器人示教器侧 GI1 和 GI2 的监控值则为 15 和 5，若数据完全对应，测试成功，得 7 分		35	
2	完成引导问题 1~3	共 5 个空，每空 1 分		5	
3	完成引导问题 4~6	共 3 道题，每题 5 分		15	
4	职业素养目标达成情况	学生团队协作情况，得 5 分		5	
总评		得分			
		教师签字：		年 月 日	

工作任务 27：认识自动运行方式及种类

项目八：工业机器人的自动运行方式		班级			
工作任务：认识自动运行方式及种类		姓名		学号	
任务过程评价（60 分）					
序号	项目及技术要求	评分标准		分值 / 分	成绩 / 分
1	配置自动运行的系统信号	1. 分配系统输入信号将机架设置为 48，插槽设置为 1，开始点设置为 1，得 5 分； 2. 分配系统输出信号将机架设置为 48，插槽设置为 1，开始点设置为 1，得 5 分； 3. 分配数字输入信号将机架设置为 48，插槽设置为 1，开始点设置为 19 以后的点数，得 5 分； 4. 分配数字输出信号将机架设置为 48，插槽设置为 1，开始点设置为 21 以后的点数，得 6 分		21	
2	完成引导问题 1~4	共 7 个空，每空 1 分		7	
3	完成引导问题 5，7~10	共 5 道题，每题 5 分		25	
4	根据所学知识完成判断题	共 2 道题，每题 1 分		2	
5	职业素养目标达成情况	符合安全要求和操作规范，养成安全规范的职业习惯，得 5 分		5	
总评		得分			
		教师签字：		年　月　日	

工作任务 28：实现搬运工作站运行程序的中断

项目八：工业机器人的自动运行方式		班级			
工作任务：实现搬运工作站运行程序的中断		姓名		学号	
任务过程评价（60 分）					
序号	项目及技术要求	评分标准		分值 / 分	成绩 / 分
1	设置控制柜键为自动运行键	1. 将系统设置为本地模式，得 2 分； 2. 打开所需运行的程序和取消单步运行，得 2 分； 3. 按下 SELECT 键，选择需要启动的程序名，得 2 分； 4. 将示教器有效开关置于 OFF 挡，得 2 分； 5. 在控制柜的操作面板上将模式转换旋钮用钥匙旋至 AUTO 挡，得 2 分； 6. 通过示教器上的 RESET 键将报警消除，按下控制柜上的 CYCLE START 键，机器人就会按照设定的程序运行，得 2 分		12	

序号	项目及技术要求	评分标准	分值／分	成绩／分
2	设置中断程序	1. 能够采用任意一种方法使正在运行的程序中断，得 5 分； 2. 能够按以下步骤恢复中断，得 5 分； （1）消除急停原因，如修改程序； （2）顺时针旋转松开急停键； （3）按下示教器上的 RESET 键，消除报警代码，此时 FAULT 指示灯灭	10	
3	完成引导问题 1~6，11	共 16 个空，空 1 分	16	
4	完成引导问题 8~10	共 3 道题，每题 5 分	15	
5	根据所学知识完成判断题	共 1 道题，每题 2 分	2	
6	职业素养目标达成情况	根据实际情况解决运行程序中断的问题，养成安全规范的职业习惯，得 5 分	5	
总评		得分		
		教师签字：	年 月 日	

工作任务 29：RSR 自动运行方式启动搬运工作

项目八：工业机器人的自动运行方式		班级		
工作任务：RSR 自动运行方式启动搬运工作		姓名		学号
任务过程评价（60 分）				

序号	项目及技术要求	评分标准	分值／分	成绩／分
1	RSR 自动运行方式的设置	1. RSR 程序名由字母 RSR 加 4 位程序号组成，得 5 分； 2. 程序选择模式改为 RSR，得 5 分； 3. 将 RSR3 程序编号与基数改为对应值并启用，得 5 分； 4. 使示教器上的报警复位，确认 UO 信号灯状态。通过外部启动键使 UI11 信号为 ON，这时工业机器人将按照程序名为 RSR0003 的程序运行，得 8 分	23	
2	完成引导问题 1~3 填空	共 5 个空，每空 1 分	5	
3	完成引导问题 4，5，7，8 的问答题	共 4 道题，每题 5 分	20	
4	根据所学知识完成判断题	共 3 道题，每题 1 分	3	
5	职业素养目标达成情况	是否具有创新意识、探索精神、系统思维和决策能力，得 9 分	9	
总评		得分		
		教师签字：	年 月 日	

工作任务 30：PNS 自动运行方式启动搬运工作站

项目八：工业机器人的自动运行方式		班级			
工作任务：PNS 自动运行方式启动搬运工作站		姓名		学号	
任务过程评价（60 分）					
序号	项目及技术要求	评分标准		分值/分	成绩/分
1	PNS 自动运行方式的设置	1. 创建程序，PNS 程序名由字母 PNS+4 位程序号组成，得 5 分； 2.UOP 控制信号的 UI1，UI2，UI3，UI8 信号置 ON，得 5 分； 3. 按下系统信号 UI10 和 UI11 键并按下 U18 和 U17 键，机器人按照编写好的程序去运行，得 7 分		17	
2	完成引导问题 1，2，3，9 填空	共 13 个空，每空 1 分		13	
3	完成引导问题 4，5，7，8 的问答题	共 4 道题，每题 5 分		20	
4	根据所学知识完成判断题	共 2 道题，每题 1 分		2	
5	职业素养目标达成情况	是否具有创新意识、探索精神和团队意识，得 8 分		8	
总评		得分			
		教师签字：		年　月　日	

工作任务 31：Style 自动运行方式启动搬运工作站

项目八：工业机器人的自动运行方式		班级			
工作任务：Style 自动运行方式启动搬运工作站		姓名		学号	
任务过程评价（60 分）					
序号	项目及技术要求	评分标准		分值/分	成绩/分
1	Style 自动运行方式控制设置	1. 工业机器人程序选择模式改为 Style，并设置 Style 号的对应程序，得 3 分； 2. 启用专用外部信号，得 4 分； 3. 恢复运行专用（外部启动），得 4 分； 4. 用 CSTOPI 信号强制中止程序，得 4 分； 5. 关闭示教器，将模式转换旋钮旋至 AUTO 挡，得 4 分； 6. 外部设备发送初始化命令：UI1，UI2，UI3，UI8 信号均为 ON，得 4 分； 7. 外部设备选择 Style1~Style8 的输入信号对应 UI9~UI16 信号，UI18 或 UI6 信号发出启动命令，机器人选定		31	

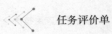

续表

序号	项目及技术要求	评分标准	分值/分	成绩/分
1	Style 自动运行方式控制设置	由 Style1~ Style8 状态决定的 Style 号及事先设定的程序，正式启动程序，得 4 分； 8.外部设备发送停止命令 UI4=ON 或暂停命令 UI2=ON，机器人停止运行，得 4 分		
2	完成引导问题 2，3，4，5，7，8	共 7 个空，每空 1 分	7	
3	完成引导问题 1，9	共 2 道题，每题 5 分	10	
4	根据所学知识完成判断题	共 2 道题，每题 3 分	6	
5	职业素养目标达成情况	是否具有创新意识、探索精神和团队意识，得 6 分	6	
总评		得分		
		教师签字：	年　月　日	

工作任务 32：认识搬运工作站的工作过程及原理

项目九：工业机器人搬运工作站集成调试		班级			
工作任务：认识搬运工作站的工作过程及原理		姓名		学号	
任务过程评价（60 分）					
序号	项目及技术要求	评分标准		分值/分	成绩/分
1	对搬运工作站进行信号分配	按照表 9-1 进行工业机器人搬运工作站的信号分配，得 13 分		13	
2	画出电气原理图	根据信号分配分别画出 EE 接口和 .CRMA15 板卡的电气原理图，得 13 分		13	
3	设计气路原理图	真空发生器连接需要用到一个二位三通阀，传送带气缸连接的是一个二位五通阀，设计出的气动原理图，得 13 分		13	
4	完成引导问题 1，2	共 4 个空，每空 1 分		4	
5	完成引导问题 6，7	共 2 道题，每题 5 分		10	
6	根据所学知识完成判断题	共 2 道题，每题 1 分		2	
7	职业素养目标达成情况	是否具有不怕吃苦、保持卫生等良好的职业素养，得 5 分		5	
总评		得分			
		教师签字：		年　月　日	

工作任务 33：搬运工作站的信号配置及工具的安装调试

项目九：工业机器人搬运工作站集成调试	班级		
工作任务：搬运工作站的信号配置及工具的安装调试	姓名	学号	
任务过程评价（60分）			

序号	项目及技术要求	评分标准	分值／分	成绩／分
1	配置搬运工作站的信号	1.DI120 信号要配置到 CRMA15 接口的第 25 针信号通道，得 9 分； 2.DO120 信号要配置到 CRMA15 接口的第 40 针信号通道，得 9 分； 3. 示教器上将 RO［1］状态设为 ON，手动把物料放到真空吸盘上，若物料吸住，且示教器 RI 信号监控界面上 RI［1］为 ON，则得 9 分； 4. 进入 DI 信号监控界面，手动在传送带物料停放处放一块物料，观察示教器界面上的 DI［120］状态是否为 ON，若是，则得 9 分； 5. 进入 DO 信号界面，光标移动到 DO［120］，选择 ON 功能，传动带上的夹具动作，得 9 分	45	
2	装配搬运工作站中的机器人工具	将带真空吸盘的工具装到工业机器人第 6 轴的法兰盘处，得 10 分	10	
3	职业素养目标达成情况	能否根据实际情况进行必要的调整和优化，不怕吃苦、不怕失败，得 5 分	5	
总评		得分		
		教师签字：	年 月 日	

工作任务 34：对搬运工作站进行编程和调试

项目九：工业机器人搬运工作站集成调试	班级		
工作任务：对搬运工作站进行编程和调试	姓名	学号	
任务过程评价（60分）			

序号	项目及技术要求	评分标准	分值／分	成绩／分
1	配置搬运工作站的 UI 接口	1. 将 UI1~UI9 信号配置到 CRMA15 板卡上的 DI1~DI9 地址对应的端子上，得 4 分； 2. 将 UI1，UI2，UI3 和 UI8 信号接入对应的传感器或开关，并保持这几个，接口处于接通状态，得 5 分	9	

序号	项目及技术要求	评分标准	分值/分	成绩/分
2	设置搬运工作站 RSR 自动运行方式	1. 将系统的自动运行方式设定为"远程"控制，得 4 分； 2. 将系统变量 $RMT-MASTER 的值改为 0，得 4 分； 3. 将程序选择模式设置为 RSR，得 4 分； 4. 配置 UI9 所选择自动运行的程序为 RSR0005，得 4 分； 5. 将模式转换旋钮旋至 AUTO 挡，得 4 分； 6. 将程序设置为非单步执行状态，得 4 分； 7. 将示教器有效开关置于 OFF 挡，得 4 分； 8. 进入 RSR0005 程序界面，按下 UI9 信号对应键即可完成自动运行启动，得 4 分	32	
3	完成引导问题 1，2	共 4 个空，每空 1 分	4	
4	完成引导问题 3，4	共 2 道题，每题 5 分	10	
5	职业素养目标达成情况	能否根据实际情况进行必要的调整和优化，不怕吃苦、不怕失败，得 5 分	5	
总评		得分		
		教师签字：	年　月　日	

工作任务 35：机器人电池的种类及更换步骤

项目十：工业机器人搬运工作站的维护保养		班级		
工作任务：机器人电池的种类及更换步骤		姓名	学号	
任务过程评价（60 分）				
序号	项目及技术要求	评分标准	分值/分	成绩/分
1	更换机器人主板电池	1. 机器人通电开机正常后，等待 30 s，得 4 分； 2. 机器人关电，打开控制器柜，按住电池单元的卡爪，向外拉出位于主板右上角的旧电池，得 4 分； 3. 安装新电池，确认电池的卡爪已被锁住，得 4 分； 4. 更换电池需在 30 min 内完成，得 5 分	17	
2	更换机器人本体电池	1. 启动机器人，并等待机器人运行平稳后，打开位于机器人本体后方的电池盒盖，得 4 分； 2. 通过拉起电池盒中央的空心方棒可以将 4 个旧电池从电池盒中取出，得 4 分； 3. 将 4 个新电池装入电池盒中，得 4 分； 4. 盖上电池盒盖，并紧固 2 个螺钉，得 5 分	17	

序号	项目及技术要求	评分标准	分值 / 分	成绩 / 分
3	完成引导问题 1~5	共 8 个空，每空 1 分	8	
4	完成引导问题 7，8	共 2 道题，每题 5 分	10	
5	根据所学知识完成判断题	共 3 道题，每题 1 分	3	
6	职业素养目标达成情况	能否根据实际情况进行必要的调整和优化，不怕吃苦、不怕失败，得 5 分	5	
总评		得分		
		教师签字：	年 月 日	

工作任务 36：机器人零点丢失的处理方法

项目十：工业机器人搬运工作站的维护保养		班级		
工作任务：机器人零点丢失的处理方法		姓名		学号

任务过程评价（60 分）

序号	项目及技术要求	评分标准	分值 / 分	成绩 / 分
1	解决机器人零点丢失问题	1. 将 $MASTER_ENB 变量修改为 1，得 6 分； 2. 消除 SRVO-062 报警，得 6 分； 3. 消除 SRVO-075 报警，得 6 分； 4. 消除 SRVO-038 报警，得 6 分； 5. 示教机器人的每根轴到 0° 位置，进入"系统零点标定 / 校准"界面，选择"全轴零点位置标定"命令，更新零点标定结果，得 9 分； 6. 重启机器人，得 6 分	39	
2	完成引导问题 1~4	共 4 个空，每空 1 分	4	
3	完成引导问题 6，7	共 2 道题，每题 5 分	10	
4	根据所学知识完成判断题	共 2 道题，每题 1 分	2	
5	职业素养目标达成情况	能否根据实际情况进行必要的调整和优化，不怕吃苦、不怕失败，得 5 分	5	
总评		得分		
		教师签字：	年 月 日	

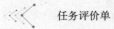

工作任务 37：备份与恢复机器人系统文件

项目十：工业机器人搬运工作站的维护保养	班级		
工作任务：备份与恢复机器人系统文件	姓名	学号	

<table>
<tr><td colspan="5" align="center">任务过程评价（60 分）</td></tr>
<tr><td>序号</td><td>项目及技术要求</td><td>评分标准</td><td>分值 / 分</td><td>成绩 / 分</td></tr>
<tr><td>1</td><td>一般模式下的备份 / 加载</td><td>1. 选择存储设备，得 5 分；
2. 在所选存储设备中创建文件夹，得 5 分；
3. 选择备份的文件类型并将文件备份到所创建的文件夹中，得 5 分</td><td>15</td><td></td></tr>
<tr><td>2</td><td>控制启动模式的备份 / 加载</td><td>1. 进入控制启动模式，得 5 分；
2. 选择需要加载系统文件的外部存储设备，得 5 分；
3. 从外部存储设备中找出所需加载的系统文件，得 5 分；
4. 加载所需系统文件，得 3 分</td><td>18</td><td></td></tr>
<tr><td>3</td><td>完成引导问题 1~5</td><td>共 10 个空，每空 1 分</td><td>10</td><td></td></tr>
<tr><td>4</td><td>完成引导问题 7，8</td><td>共 2 道题，每题 5 分</td><td>10</td><td></td></tr>
<tr><td>5</td><td>根据所学知识完成判断题</td><td>共 2 道题，每题 1 分</td><td>2</td><td></td></tr>
<tr><td>6</td><td>职业素养目标达成情况</td><td>能否根据实际情况进行必要的调整和优化，不怕吃苦、不怕失败，得 5 分</td><td>5</td><td></td></tr>
<tr><td rowspan="2" colspan="2" align="center">总评</td><td colspan="3" align="center">得分</td></tr>
<tr><td colspan="2">教师签字：</td><td>年　月　日</td></tr>
</table>

工业机器人应用技术

——基于 FANUC 机器人

主　编　杨　铨　　梁倍源　　辛华健

副主编　李海桦　　吉雪花　　谢　雨　　黄熙彣

参　编　王桂锋　　蓝伟铭　　杨万叶　　黄子钊

　　　　黄文政　　程　洋　　林　新

主　审　曲宏远

知识图谱汇总

北京理工大学出版社

BEIJING INSTITUTE OF TECHNOLOGY PRESS

图书在版编目（CIP）数据

工业机器人应用技术：基于 FANUC 机器人 / 杨铨，
梁倍源，辛华健主编 . -- 北京：北京理工大学出版社，
2024. 6.

ISBN 978-7-5763-4214-7

Ⅰ. TP242.2

中国国家版本馆 CIP 数据核字第 2024ES9032 号

责任编辑：赵　岩　　　　**文案编辑：**孙富国
责任校对：周瑞红　　　　**责任印制：**李志强

出版发行 / 北京理工大学出版社有限责任公司

社　　址 / 北京市丰台区四合庄路 6 号

邮　　编 / 100070

电　　话 / （010）68914026（教材售后服务热线）
　　　　　　　（010）63726648（课件资源服务热线）

网　　址 / http://www.bitpress.com.cn

版 印 次 / 2024 年 6 月第 1 版第 1 次印刷

印　　刷 / 涿州市新华印刷有限公司

开　　本 / 787 mm × 1092 mm　1/16

印　　张 / 23.5

字　　数 / 445 千字

定　　价 / 96.00 元

　　本教材以习近平新时代中国特色社会主义思想为指导，贯彻落实党的二十大精神，工业机器人作为现代工业自动化的重要支柱，以其高效、精确和可靠的性能，逐渐成为工业生产领域的核心力量。它不仅是自动化生产线的得力助手，更是推动工业转型升级的关键力量。

　　党的二十大报告锚定了新时代中国发展的新目标，国家对人才的需求更加迫切，教育和教师的使命越发重要。为了培养切实符合社会需求、爱岗敬业、德才兼备的高素质人才，探索与新质生产力相适应的职业教育新模式，适应工业机器人领域发展的形势，满足教学和技术人员培训，以及产业升级和技术进步的要求，编者从实用的角度出发编写了本书。

　　本书基于 FANUC 机器人，介绍工业机器人典型工作站、搬运工作站硬件系统及简单调试、仿真软件的应用、搬运工作站编程调试、坐标系的设定、搬运工作站典型任务编程调试、搬运工作站信号集成与测试、自动运行方式、搬运工作站集成调试、搬运工作站的维护保养及相关知识，采用新形态"互联网+"数字模式，制作了课程的知识图谱，扫码即可观看对应的知识内容，包括视频、知识点、重难点和素养拓展等。知识图谱更加立体直观，能够更好地给高等职业院校与技师学院相关专业的学生和工业机器人相关行业的从业人员提供实用性指导和帮助，为我国重大技术装备攻关、工程建设和制造强国建设培养更多的大国工匠。

　　本教材由广西工业职业技术学院杨铨、梁倍源、辛华健担任主编并统稿；广西玉柴机器股份有限公司李海桦、广西商贸技师学院吉雪花、广西工业职业技术学院谢雨、黄熙彭担任副主编；金华职业技术大学王桂锋、柳州职业技术大学蓝伟铭、广西玉柴机器股份有限公司杨万叶、广西工业职业技术学院黄子钊、黄文政，柳州铁道职业技术学院程洋、林新担任参编。由广西工业职业技术学院、全国优秀教师曲宏远高级工程师担任主审并对本教材的内容体系提出了宝贵的建议，在此表示衷心的感谢。在编写过程中，上海发那科机器人有限公司、无锡职业技术大学、山东栋梁科技设备有限公司、广西玉柴机器股份有限公司等企业和院校提供了许多宝贵的意见和建议，在此郑重致谢。

由于编者水平有限，书中难免存在不足或错误之处，敬请读者不吝指正。

编　者

目 录

C O N T E N T S

项目一

认识工业机器人典型工作站

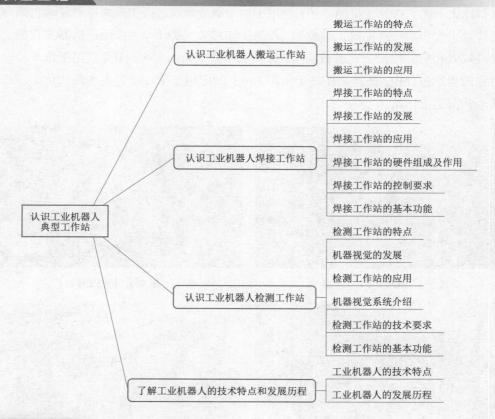

如果你是某工业机器人公司的一名销售人员，现在要给某公司推销一个搬运机器

人，推销前你必须清楚此类型机器人的技术指标、参数、结构、型号及价格等，同时还要了解此类型机器人在哪些企业已有应用，主要应用在哪些场合。请你调研了解后写一份策划方案，要求不少于 2 000 字，其中包括工业机器人的分类、型号、价格和应用场景等内容。

项目描述

　　本项目主要介绍应用于智能制造各种领域的工业机器人典型工作站。工业机器人工作站是指使用一台或多台配有控制系统、辅助装置及周边设备的工业机器人，进行简单生产作业，从而达到完成特定工作任务的生产单元。工业机器人工作站一般由以下部分组成：工业机器人本体、机器人末端执行器、夹具、变位机、机器人架座、安全装置、动力源、工件储运设备和检查监视控制系统等。工业机器人典型工作站一般包括机床上下料工作站、焊接工作站、搬运工作站、检测工作站等。

　　机床上下料工作站（见图1-1）应用于加工制造领域，可实现将原料放入机床内加工，待加工完毕后将产品放入存放架；检测工作站（见图1-2）可通过机器人将加工好的元件放入相应的检测装置进行检测；焊接工作站（见图1-3）主要应用于汽车、电气等行业的生产过程中；搬运工作站（见图1-4）的应用范围广泛，各种现代化工厂几乎都离不开搬运工作站。

图1-1　机床上下料工作站

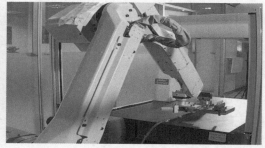

图1-2　检测工作站

图1-3　焊接工作站

图1-4　搬运工作站

知识目标

（1）掌握工业机器人技术的特点、分类要点和选型方法。

（2）熟悉工业机器人典型工作站的分类。

（3）掌握工业机器人工作站的应用。

技能目标

（1）能够熟练说出工业机器人的典型应用、分类要点和选型办法。

（2）能够识别不同种类的工业机器人工作站。

（3）能够说明各种工业机器人工作站的场景应用。

素养目标

（1）聚焦智能制造发展，深刻领悟制造强国的国家战略，激发发展民族工业、勇攀科学高峰的使命感。

（2）养成理论联系实际的习惯，提高在生产实践中调查研究、分析问题及解决问题的能力。

对应工业机器人操作与运维职业技能等级要求（初级）

工业机器人操作与运维职业技能等级要求（初级）参见工业机器人操作与运维职业技能等级标准（标准代码：460001）中的表1。

（1）能识别工业机器人安全风险（1.1.1）。

（2）能遵守通用安全规范实施工业机器人作业（1.1.2）。

（3）能正确穿戴工业机器人安全作业服与装备（1.1.3）。

（4）能识读生产现场安全标识（1.2.1）。

（5）能根据工业机器人潜在危险采取避免措施（1.3.1）。

任务 1.1　认识工业机器人搬运工作站

🔑【知识目标】

（1）了解搬运工作站的组成及应用。

（2）掌握搬运工作站的特点。

🔑【技能目标】

（1）能够说出搬运机器人的基本操作能力。

（2）能够说出搬运工作站周边设备的名称。

🔑【素养目标】

（1）熟悉企业搬运工作站的基本情况，理解工业机器人在搬运工作站中的作用和重要性。

（2）学习智能制造工厂典型搬运工作站，开拓学生的视野，增强学生的民族自豪感。

⚙【任务情景】

搬运作业是利用设备夹持工件，从一个加工位置移到另一个加工位置的过程。如果采用工业机器人来完成这个任务，则将整个搬运系统称为工业机器人搬运工作站。搬运机器人是可以进行自动化搬运作业的工业机器人。为搬运机器人安装不同类型的末端执行器，可以完成不同形态和状态的工件搬运工作。

⚙【任务分析】

认识搬运工作站及搬运机器人，了解搬运工作站的组成及应用，能说出周边设备的名称和作用。

⚙【知识储备】

1.1.1　搬运工作站的特点

搬运机器人是应用工业机器人运动轨迹实现代替人工搬运的产品，可以进行自动化搬运作业。国际标准化组织（International Organization for Standardization，ISO）定义工业机器人是一种多用途的、可重复编程的自动控制操作机，具有 3 个及以上可编程的轴，用于工业自动化领域。为适应不同的用途，工业机器人最后一个轴的机械接口，通常是一个连接法兰盘，可接装不同工具（末端执行器）。搬运机器人可安装不同的末端执行器以完成不同形状和状态的工件搬运工作，大大减轻了人类繁重的体力劳动。

搬运工作站（见图 1-5）一般具有以下特点。

（1）有物品传送装置，其形式要根据物品的特点选用或设计。

（2）可准确定位物品，以便机器人抓取。

（3）多数情况下设有物品托板，且可机动或自动地交换托板。

（4）有些物品在传送过程中还要经过整形，以保证码垛质量。

（5）要根据被搬运物品设计专用末端执行器。

（6）应选用适合于搬运作业的工业机器人。

（a）　　　　　　　　　　　　　　　（b）

图 1-5　典型的搬运工作站

1.1.2　搬运工作站的发展

搬运工作站是近代自动控制领域出现的一项高新技术，涉及力学、机械学、电器液压气压技术、自动控制技术、传感器技术、单片机技术和计算机技术等学科领域，已成为现代机械制造生产体系中的一项重要组成部分。

1.1.3　搬运工作站的应用

搬运工作站是一种集成化的系统，包括工业机器人、控制器、可编程逻辑控制器（programmable logic controller，PLC）、机器人手爪和托盘等，并与生产控制系统相连接，形成一个完整且集成化的搬运系统。它广泛应用于机床上下料、冲压机自动化生产线、自动装配流水线、码垛搬运集装箱等的自动搬运。

🔑【任务实操】

请按照现场实际的搬运工作站（见图 1-6），说出搬运工作站的硬件组成及作用。

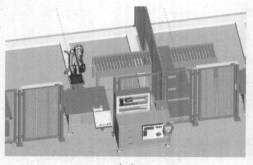
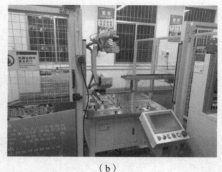

（a）　　　　　　　　　　　　　　（b）

图 1-6　仿真与实际搬运工作站

（a）仿真软件模型；（b）实际搬运工作站

🔑【任务工单】

请按照要求完成该工作任务。

工作任务		任务 1　认识工业机器人搬运工作站				
姓名		班级		学号		日期

学习情景

　　请完成工业机器人搬运工作站应用场景的调研，每位学生按照自己的调研内容制作一个精美的 PPT 汇报，可利用各种数据和图表，以充分展现个人或团队的风采。汇报要求声音响亮、语句清晰、台风好，并结合销售技巧模拟推销工业机器人。

任务要求

　　了解工业机器人在企业中的典型应用，如机床上下料、在线工件检测、码垛、视觉分拣、装配、焊接等，并根据查阅学习资料完成调研报告。

任务 1.2　认识工业机器人焊接工作站

🔑【知识目标】

（1）了解焊接工作站的组成及应用。

（2）掌握焊接工作站的特点。

🔑【技能目标】

（1）能够说出焊接机器人的基本操作能力。

（2）能够说出焊接工作站周边设备的名称。

🔑【素养目标】

（1）熟悉典型焊接工作站与生产企业之间的对应，养成理论联系实际的习惯，提高在生产实践中调查研究、分析问题及解决问题的能力。

（2）了解企业对焊接工作站 6S 管理的具体要求，养成遵守企业规则的好习惯。

✪【任务情景】

焊接机器人是一种高度自动化的焊接设备，采用工业机器人代替手工焊接作业是焊接制造业的发展趋势，是提高焊接质量、降低成本、改善工作环境的重要手段。采用工业机器人进行焊接，光有一台机器人是不够的，还需配备外围设备组成工作站系统。焊接工作站广泛应用于汽车及其零部件制造、摩托车、五金交电、工程机械、航空航天和化工等行业中的焊接工程。请调研企业的焊接工作站，完成一篇调研报告，包括焊接工作站的组成、特点、工作流程和设备相关情况等。

✪【任务分析】

认识焊接工作站及焊接机器人，了解焊接工作站的组成及应用，能说出周边设备的名称和作用。

✪【知识储备】

1.2.1 焊接工作站的特点

焊接机器人是从事焊接的工业机器人。焊接机器人就是在工业机器人的连接法兰盘接装焊钳或焊（割）枪，以实现焊接、切割或热喷涂。焊接机器人的焊接方式主要有点焊和弧焊两种，点焊主要应用于汽车行业的生产过程中，而弧焊的应用面则较广。焊接工作环境一般较为恶劣，鲜有人愿意从事，因此，焊接机器人技术成熟后便迅速应用于各类焊接领域中（见图 1-7）。

图 1-7　工作中的焊接机器人

---

① 6S 管理包括整理、整顿、清扫、清洁、素养、安全 6 个方面。

1.2.2 焊接工作站的发展

随着我国国民经济的快速增长，一些骨干企业加紧进行技术改造，用先进设备武装自己，因此，应用于机器制造业中焊接机器人的数量急剧增加，这些变化极大地推动了焊接机器人的发展。目前，焊接机器人的发展核心是"机器人焊接智能化"，其发展趋势表现在以下几个方面。

（1）工业机器人操作机构。通过应用有限元分析、模态分析和仿真设计等现代设计方法，实现工业机器人操作机构的优化设计。此外，采用先进的旋转矢量（rotary vector，RV）减速器和交流伺服电机，使工业机器人操作机几乎成为免维护系统，焊接机器人工作站正在朝着模块化和重组的方向发展。

（2）焊接机器人传感技术。传感器在工业机器人中发挥着越来越重要的作用。除了位置传感器、速度传感器和加速度传感器等传统传感器外，焊接机器人还采用激光传感器、视觉传感器和力传感器，实现自动焊缝跟踪、自动生产线上物体的自动定位和精密装配操作，大大提高了工业机器人的操作性和对环境的适应性。遥控机器人还可利用视觉、声音、力和触觉等多传感器融合技术进行环境建模和决策控制。

（3）多智能体机器人系统。焊接是工业生产的一大领域，焊接机器人的发展基本上同步于整个机器人行业的发展。多智能体机器人的研究与发展将很快应用于焊接机器人领域。随着工业生产系统向大型、复杂、动态和开放的方向发展，以及焊接过程向高度自动化及完全智能化的方向发展，多智能体焊接机器人系统终将成为热点研究领域。

1.2.3 焊接工作站的应用

焊接工作站以焊接机器人为核心，与控制器、安全防护系统、操作台、回转工作台、变位机、焊接夹具、焊接系统（焊接电源、焊枪、自动送丝机构、水箱）等设备相结合，结构合理、操作方便，适合大批量、高效率、高质量、柔性化生产。

焊接机器人可按用途、结构坐标特点、受控运动方式、驱动方式等方面进行分类。

1. 按用途焊接机器人可分为两类

1）弧焊机器人

弧焊机器人是包括各种电弧焊附属装置在内的柔性焊接系统，而不只是一台以规划速度和姿态携带焊枪移动的单机，因而对其性能有着特殊的要求。

2）点焊机器人

汽车工业是点焊机器人系统一个典型应用领域。在装配汽车车体时，大约60%的焊点是由点焊机器人完成的。最初，点焊机器人只用于增强焊作业（在已拼接好的工件上增加焊点），后来，为了保证拼接精度，又让点焊机器人完成定位焊接作业。

2. 按结构坐标特点焊接机器人可分为四类

（1）直角坐标型机器人。

（2）圆柱坐标型机器人。

（3）极坐标型机器人。

（4）关节型机器人。

3. 根据受控运动方式焊接机器人可分为两类

1）点位控制型机器人

点位（point to point，PTP）控制型机器人受控运动方式为自一个点位目标移向另一个点位目标，并只在目标点上完成操作。要求该机器人在目标点上有足够的定位精度，相邻目标点之间的一种运动方式是各关节驱动机以最快的速度趋近终点，各关节因转角大小不同故到达终点有先有后；另一种运动方式是各关节同时趋近终点，由于各关节运动时间相同，因此，角位移大的运动速度较高。点位控制型机器人主要用于点焊作业。

2）连续轨迹控制型机器人

连续轨迹（continuous path，CP）控制型机器人各关节同时做受控运动，使该机器人终端按预期的轨迹和速度运动，为此各关节控制系统需要实时获取驱动机的角位移和角速度信号。连续控制型机器人主要用于弧焊作业。

1.2.4 焊接工作站的硬件组成及作用

焊接工作站（见图1-8）主要包括工业机器人和焊接设备两部分。工业机器人由工业机器人本体和控制柜（硬件及软件）组成；焊接设备，以弧焊及点焊为例，由焊接电源（包括其控制系统）、送丝机（弧焊）、焊枪（钳）等部分组成。对于智能机器人还应有传感系统，如激光或摄像传感器及其控制装置等。

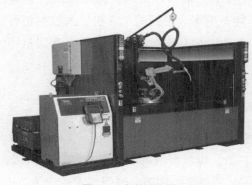

图1-8 焊接工作站

世界各国生产的焊接机器人（见图 1-9）基本上都属于关节型机器人，绝大部分有 6 个轴。其中，1 轴、2 轴、3 轴可将末端执行器送到不同的空间位置，而 4 轴、5 轴、6 轴则解决工具姿态的不同要求。焊接机器人本体的机械结构主要有两种形式：一种为平行四边形结构，另一种为侧置式（摆式）结构。侧置式结构的主要优点是其上、下臂的活动范围大，使焊接机器人的工作空间几乎呈到一个球体。

图 1-9　焊接机器人

1.2.5　焊接工作站的控制要求

如果工件在整个焊接过程中无须变位，则可以用夹具将其定位在工作台面上，这种系统是最简单的。但在实际生产中，更多的工件在焊接时需要变位，使焊缝处在较好的位置（姿态）。对于这种情况，变位机与焊接机器人可以分别运动，即变位机变位后焊接机器人再进行焊接；也可以同时运动，即变位机在变位的同时，焊接机器人进行焊接，也就是常说的变位机与焊接机器人协调运动。变位机的运动及焊接机器人的运动复合，使焊枪相对于工件的运动既能满足焊缝轨迹的要求，又能满足焊接速度及焊枪姿态的要求。实际上变位机的轴已成为焊接机器人的组成部分，而这种焊接机器人系统可以有 7~20 个轴，甚至更多。最新的工业机器人控制柜可以控制两台机器人组合做 12 个轴的协调运动，其中一台是焊接机器人，另一台则是作为变位机使用的搬运机器人。

1.2.6　焊接工作站的基本功能

弧焊过程比点焊过程要复杂得多，工具中心点（tool center point，TCP），即焊丝端头的运动轨迹、焊枪姿态、焊接参数都要求精确控制。所以，弧焊机器人除了 1.2.3 节所述的一般功能外，还必须具备一些适合弧焊要求的功能。

从理论上讲，有 5 个轴的工业机器人就可以用于弧焊，但对于复杂形状的焊缝，用 5 轴机器人会有困难。因此，除非焊缝比较简单，否则应尽量选用 6 轴机器人。弧焊机器人除在进行"之"字形拐角焊或小直径圆焊缝焊接时，其轨迹应能贴近示教轨迹之外，还应具备不同摆动样式的软件功能，供编程时选用，以便进行摆动焊；而且摆动到每一周期的停顿点时，机器人也应自动停止向前运动，以满足工艺要求。此外，弧焊机器人还应有接触寻位、自动寻找焊缝起点位置、电弧跟踪及自动再引弧功能等。

【任务实操】

请按照现场实际的焊接工作站（见图 1-10），说出工作站的硬件组成及作用。

图 1-10　实际焊接工作站

【任务工单】

请按照要求完成该工作任务。

工作任务		任务 2　认识工业机器人焊接工作站				
姓名		班级		学号		日期	

学习情景

　　某公司要采购一个焊接机器人，如果你是公司的一名技术人员，要去选购机器人，那么你必须清楚机器人的品牌、技术指标、参数、结构、型号、价格，以及本类型的焊接机器人都在哪些企业有应用，主要应用在哪些场合。

任务要求

　　了解工业机器人在企业中的典型应用，如机床上下料、在线工件检测、码垛、视觉分拣、装配、焊接等。

引导问题 1：

　　机器人焊接主要有_____和_____应用两种。

引导问题 2：

　　焊接机器人分类可按_____、_____、_____、_____等划分。

续表

工作任务		任务 2　认识工业机器人焊接工作站					
姓名		班级		学号		日期	

引导问题 3：
都有哪些国家能够生产工业机器人？生产的机器人分别是什么品牌？

_____

_____

_____

任务 1.3　认识工业机器人检测工作站

【知识目标】

（1）了解检测工作站的组成及应用。

（2）掌握检测工作站的特点。

【技能目标】

（1）能够说出检测机器人的基本操作能力。

（2）能够说出检测工作站周边设备的名称。

【素养目标】

（1）熟悉企业检测工作站的基本情况，理解工业机器人在检测工作站中的作用和重要性。

（2）了解企业检测工作站技术发展历程，懂得工艺变更的意义和工业机器人对检测工艺提升的核心价值。

【任务情景】

检测工作站都在哪些地方有应用？选一个你了解的场景，说出检测工作站的主要特点及应用。假如现在你创业，需要购买一个检测机器人，在品牌、技术参数和价格等方面应怎么选择？写一篇购买计划书。

【任务分析】

认识检测工作站及机器视觉检测，了解检测工作站的组成及应用，能说出周边设备的名称和作用，并绘制一份检测工作站的思维导图。

【知识储备】

1.3.1 检测工作站的特点

检测工作站应用机器视觉检测（见图1-11），不仅指输入视觉信息，还指处理该信息，然后为工业机器人提取有用信息。机器视觉检测主要由视觉传感器完成，使用单眼、双目照相机，深度照相机，视频信号数字化设备或其他外部设备来获取图像，然后对周围环境进行光学处理以收集图像。传统的人工视检和手动测量方式效率不高，检测结果容易受到经验和情绪等主观因素的影响，并且长时间、高强度的重复性劳动不利于人的身心健康。机器视觉检测则不存在上述弊端，它能够快速完成检测任务，满足大批量、连续生产的要求，并且在检测结果的准确度和稳定性等方面更胜一筹。另外，相比于遵循光、电、磁、力等原理的其他各类自动检测手段，机器视觉检测不仅能够实现多种检测功能，还能够将检测过程全程记录下来，直接进行查验。作为一种具有非接触、无损伤、可长期稳定工作等优点的新型自动检测技术，机器视觉检测对于提高生产效率起到非常重要的作用，具有广阔的应用前景。

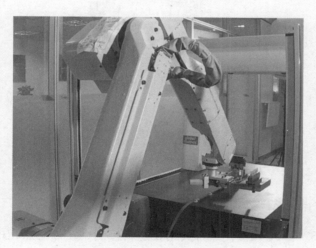

图 1-11 检测工作站应用机器视觉检测

1.3.2 机器视觉的发展

机器视觉这种新型技术，能够替代操作人员进行精确测量，进而做出准确判断。机器视觉在工作过程中，借助照相机对物体进行全面的图像采集，再对图像进行系统全面的分析，并根据分析结果使机器做出准确的动作，确保生产工作的顺利进行，在一定程度上提高了生产效率。从计算机视觉的发展前景看，全球市场规模在2016年后发展极为迅速。考虑到机器视觉与计算机视觉相融相通，发展同步，可以断定机器视觉的广阔前景，且其发展趋势也会随着市场的发展与需求不断改变。

1.3.3 检测工作站的应用

检测工作站（见图 1–12）可以应用在工业检测中，也可以用于工业装卸等领域，或者当机床完成高精度加工，需要对加工的元件进行检测时，传统是由人工将元件拿到相应机器中进行检测，而引入工业机器人后，可通过机器人将加工好的元件放入相应的检测装置中进行检测。机器视觉在工业生产应用中的优势：首先机器视觉具有良好的灵活性，机器视觉能够采集生产过程中的多个图像，并对其进行科学合理的处理，进而能够适应工业生产的要求；其次，机器视觉具有非常高的精度，在工作过程中能够进行精确的测量和定位，即使在复杂工况中也能获得高质量的测量数据；最后，机器视觉还具有廉价性，这是由于其是建立在计算机系统的基础上，随着计算机生产成本的逐渐降低，机器视觉的实现成本也逐渐降低。目前，机器视觉已在现代工业各个领域中广泛应用，未来的发展空间将更加广阔，机器视觉技术必将成为引导更高、更快、更稳定的自动化工业时代的"慧眼"。

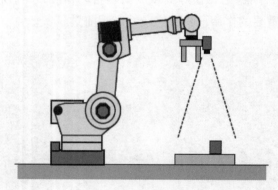

图 1-12　检测工作站

1.3.4 机器视觉系统介绍

选用西门子 S7–1200 PLC，并将其用在逻辑控制中，再将照相机上的视觉通信线连接到工业机器人控制柜上的 JRL7 插口上，并把计算机网线连接到网线插口，实现工业机器人和照相机之间的通信，完成 FANUC 机器人的工件搬运操作。

1. 机器视觉概念

在现代工业自动化生产中，涉及各种各样的测量、识别、分选和检查，如微小工件尺寸的精确测量，饮料瓶盖的印刷质量检查，产品包装上的条码和字符识别等。它们可能具有以下特点。

（1）高速、大批量检测。

（2）被测对象尺寸微小。

（3）检测精度要求高。

在上述的这些情况中，利用人工无法连续、稳定地进行检测。另外，每个人的判断标准不统一也会导致检测结果的不一致。这时，人们开始考虑利用相机镜头来代替人类视觉，并结合图像处理技术来实现检测，于是形成了一门新学科——机器视觉。

2. 视觉系统分类

视觉系统按照运行环境分类，可分为基于个人计算机（PC-BASED）系统和基于可编程逻辑控制器（PLC-BASED）系统。

PC-BASED 系统由光源、电荷耦合器件（charge coupled device，CCD）或互补金属氧化物半导体（complementary metal oxide semiconductor，CMOS）相机、图像采集卡、图像处理软件及一台个人计算机（personal computer，PC）构成。软件一般完全或部分由用户直接开发，用户可针对特定应用开发适合自己的专用算法。

PLC-BASED 系统（也称视觉传感器）由光源、CCD/CMOS 相机、图像处理单元和监视器构成。图像处理单元是独立出来的，一般通过串/并行接口与 PLC 交换数据，用户可通过类似游戏手柄的装置对显示在监视器中的菜单进行配置，或在 PC 上开发软件然后上传到系统中。此时，视觉系统的作用更像一个智能化的传感器。

1.3.5 检测工作站的技术要求

1. 图像处理技术

图像处理技术主要包括灰度处理、滤波处理和二值化处理等技术。其中，灰度处理是将彩色图像转化为黑白图像，进而突显图像中的重要信息，能够减少图像处理的计算量，提高处理效率；滤波处理能够弱化图像中的噪点，进而让图像保留更多信息点，提高图像的有效性和可靠性；二值化处理能够将图像的像素点灰度设置为 0 或 255，进而确保图像的灰度值唯一，减少数据处理量，提高数据处理的工作效率。

2. 三维定位技术

三维定位技术是工业机器人进行定位抓取的核心技术，其对抓取的准确度具有决定性的影响。工业机器人通过其双目立体视觉系统进行准确定位，通过三维定位技术获取目标的精确三维坐标，进而建立目标的三维坐标系，以提高定位精确度。三维定位技术能够根据生产的实际工作环境，对三维坐标系进行有针对性的调整，进而满足不同生产环境的定位要求。

3. 自动抓取技术

自动抓取技术建立在视觉系统可靠定位的基础上，是确保工业机器人能够参与到实际工业生产活动的关键所在。通过图像处理技术提供的高清图片和三维定位技术提供的精确三维坐标，工业机器人可进行准确的抓取操作，将原材料放置在准确的位置，从而确保工业生产过程的顺利进行，提高工业生产效率。此外，自动抓取技术还能提高工业机器人在工作过程中的自主性，减少人工的过多干预，提高工业机器人的工作效率。

4. 基于模板匹配的目标识别算法

模板匹配是指在给定的目标图像中搜索模板子图像，或与模板子图像相似度高的目标，再通过模板图像对被搜索物体进行全面描述，进而对目标进行准确识别及完整性的检测。模板匹配算法根据采用的匹配基元不同，又分为灰度值的匹配算法和边缘特征的匹配算法。前者主要是通过将模板图像与匹配区域的灰度值进行对比分析，进而对目标物体进行定位；后者具有较快的匹配速度，但是在复杂的生产环境中，很难得到特征明显的目标边缘，会对其准确定位造成不利影响。

1.3.6　检测工作站的基本功能

在工业生产领域中，工业机器人检测产品严重依靠机器视觉检测，这主要是因为机器视觉检测的三大功能为工业发展做出了贡献。

（1）定位功能：可以自动判断目标物体和产品的位置，并通过一定的通信协议输出位置信息。该功能用于自动化生产，如自动装配、自动焊接、自动包装、自动灌装、自动喷涂及自动执行机构（如夹持器、焊枪、喷嘴等）。

（2）测量功能：可以自动测量产品的外形尺寸，如轮廓、孔径、高度、面积等。

（3）缺陷检测功能：可以检测产品表面的相关信息，如包装是否正确，印刷是否有误，表面是否有划痕或颗粒，是否有破损，是否有油污、灰尘，塑料件是否穿孔，注塑是否不良等。

机器视觉检测具有客观性、非接触性和高精度等特点，在生产制造业重复和机械性的工作中具有强大的应用价值，能够提高工业自动化水平，助力企业实现转型，在确保产品质量稳定性的同时，还可提高产品竞争力。

【任务实操】

机器人检测工作站可用于工业装卸，也可通过工业机器人将加工好的元件放入相应的检测装置中进行检测。结合实验设备，说一说检测工作站工作优势有哪些。

【任务工单】

请按照要求完成该工作任务。

工作任务	任务 3　认识工业机器人检测工作站					
姓名		班级		学号		日期	

学习情景

在生产线上，由人工来进行视觉判断和搬运会因疲劳、个人之间的差异等产生误差和错误，但是工业机器人却会不知疲倦地、稳定地进行下去。工业机器人加相机组成的视觉系统，在未来工业智能制造中的比重会越来越大，承担更多的任务。请查阅相关文献，绘制一份关于工业机器人检测工作站发展历程的思维导图。

续表

工作任务		任务 3 认识工业机器人检测工作站					
姓名		班级		学号		日期	

任务要求

工业机器人检测工作站可用于工业装卸，也可通过工业机器人将加工好的元件放入相应的检测装置中进行检测。结合实验设备，说一说检测工作站有哪些工作优势。

任务 1.4 了解工业机器人的技术特点和发展历程

🔑 【知识目标】

（1）熟悉工业 4.0 和"中国制造 2025"战略的要点。

（2）了解党的二十大中关于推进新型工业化、技术创新等要点。

🔑 【技能目标】

（1）能够说出工业机器人发展过程中重要历程的技术特点。

（2）能够说出工业机器人典型工作站技术发展情况。

🔑 【素养目标】

（1）结合历次工业革命技术的迭代发展，引导学生勇于创新，为企业降本增效，培养民族自信心和自尊心，激发发展民族工业、勇攀科学高峰的使命感。

（2）了解工业机器人在不同阶段的发展及其技术特点，让学生感受到民族品牌的强大和"硬核"技术的震撼，让学生提升中国自信，坚定投身制造强国事业的决心。

⚙ 【任务情景】

人类工业发展的历程可分为 4 个阶段，分别对应工业 1.0~ 工业 4.0 时代，但凡在每次工业变革中占据技术引领和标准制定的国家都成为那个时代世界工业的强者，以此带动整个国家经济和军事的飞跃发展，成为影响世界的超级大国。随着改革开放及国家的高度重视，中国工业有了飞速的发展，现国民生产总值已经跃升为世界第二，同时世界工业的发展已经进入了工业 4.0 时代。国家正在加快制造强国、质量强国、数字中国的建设，引领智能制造对产业变革发挥支撑作用，加快制造业转型升级，形成新质生产力。以小组为单位运用数字技术手段制作一个简短视频，结合时事热点、制造强国、质量强国、数字中国等内容说出中国工业发展历程的某一阶段特色。

◎【任务分析】

用数字化手段制作一个简短视频，介绍工业机器人的技术特点和发展历程，并融入工业 4.0 时代的要求，以及智能制造对发展新质生产力的作用。

◎【知识储备】

工业机器人的分类
及基本参数

1.4.1 工业机器人的技术特点

1. 工业机器人的分类

工业机器人生产厂家会根据不同的应用场合针对性地设计出相应的工业机器人，关于工业机器人分类，国际上没有制定统一的标准，可按负载质量、控制方式、自由度、结构、应用领域等划分。下面介绍几种常见的分类方式。

1）按工业机器人的技术等级分类

（1）示教再现机器人。

示教再现机器人（见图 1-13）又称第一代工业机器人，其能够按照人类预先示教的轨迹、行为、顺序和速度重复作业，示教可由操作人员手把手操作进行或通过示教器完成。现在普遍使用的工业机器人多为此类机器人。

（a）　　　　　　　　　　　　　　　　　　　（b）

图 1-13　示教再现机器人

（2）感知机器人。

感知机器人又称第二代工业机器人，具有环境感知装置，能在一定程度上适应环境的变化，目前使用最广泛的是配置有视觉系统的工业机器人（见图 1-14）。此类机器人目前也逐步进入应用阶段。

（3）智能机器人。

智能机器人（见图 1-15）又称第三代工业机器人，具有发现问题并自主解决问题的能力，尚处于实验研究及试用阶段。此类机器人融合了人工智能、大数据等先进技术，能够实现人机协同作业，是未来工业机器人的发展方向。

图 1-14 感知机器人

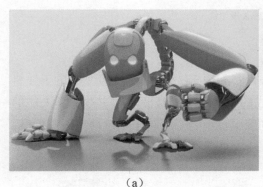

（a）

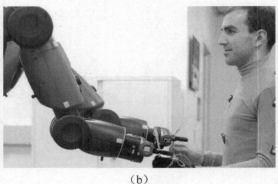

（b）

图 1-15 智能机器人

2）按工业机器人的应用领域分类

按应用领域可将工业机器人分为搬运机器人、涂胶机器人、码垛机器人、焊接机器人、涂装机器人、装配机器人等。

2. 工业机器人系统的结构及组成

典型的工业机器人系统主要由操作机、驱动系统、控制柜及控制系统、示教器和可更换的末端执行器组成，具体如图 1-16 所示。

1）操作机

操作机又称工业机器人的本体，是工业机器人的机械主体，用来完成各种作业的执行。工业机器人中普遍采用的关节型结构是类似人体的腰、肩和腕等的仿生结构，当今主流的工业机器人由 6 个可以活动的关节组成，又称 6 个自由度，具体如图 1-17 所示。

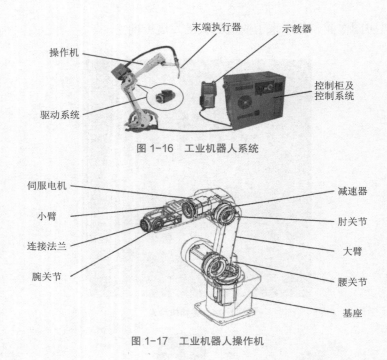

图 1-16　工业机器人系统

图 1-17　工业机器人操作机

2）驱动系统

驱动系统是工业机器人的核心机构，核心设备如图 1-18 所示。当今主流的工业机器人的每个关节轴都由伺服电机和减速器组成的驱动系统进行驱动。工业机器人能够快速移动、精确定位依靠的就是驱动系统。伺服电机由定子、转子和脉冲编码器构成；减速器主要有 RV 减速器和谐波减速器两种。

（a）　　　　　　　　　　（b）　　　　　　　　　　（c）

图 1-18　工业机器人驱动系统的核心设备

（a）伺服电机；（b）谐波减速器；（c）RV 减速器

3）控制柜及控制系统

控制系统是工业机器人的"大脑"，它通过各种控制电路和控制软件的结合来操纵工业机器人，协调工业机器人与生产系统中其他设备的关系。工业机器人控制系统集成在控制柜中，其中包括机器人的中央处理器（central processing unit，CPU）、主板、内存、控制接口、各种板卡、伺服系统的驱动电路，以及工业机器人的制动电路等。工业机器人控制柜如图 1-19 所示。

（a）　　　　　　　　　　　　　　　　（b）

图 1-19　工业机器人控制柜

3. 工业机器人的主要技术参数

选用机器人时需要考虑机器人轴数、动作范围、手腕部可搬运质量、重复定位精度等，具体可参照工业机器人的产品手册。表 1-1 所示为 FANUC M-10*i*A/M-20*i*A 型系列工业机器人的本体参数。

表 1-1　FANUC M-10*i*A/M-20*i*A 型系列工业机器人的本体参数

项目		规格				
		M-10*i*A/12S	M-10*i*A/12	M-10*i*A/7L	M-20*i*A	M-20*i*A/12L
控制轴数		6 轴（J1、J2、J3、J4、J5、J6）				
工作半径 /mm		1 098	1 420	1 632	1 811	2 009
安装方式		地面安装、顶吊安装、倾斜角安装				
动作范围（最大速度）	J1 轴回转	340°/360°（选项）（260°/s）5.93 rad/6.28 rad（选项）（4.54 rad/s）	340°/360°（选项）（230°/s）5.93 rad/6.28 rad（选项）（4.01 rad/s）		340°/370°（选项）（195°/s）5.93 rad/6.45 rad（选项）（3.40 rad/s）	340°/370°（选项）（200°/s）5.93 rad/6.45 rad（选项）（3.49 rad/s）
	J2 轴回转	250°（280°/s）4.36 rad（4.89 rad/s）	250°（225°/s）4.36 rad（3.93 rad/s）		260°（175°/s）4.54 rad（3.05 rad/s）	
	J3 轴回转	340°（315°/s）5.93 rad（5.50 rad/s）	445°（230°/s）7.76 rad（4.01 rad/s）	447°（230°/s）7.80 rad（4.01rad/s）	458°（180°/s）8.00 rad（3.14 rad/s）	460°（190°/s）8.04 rad（3.32 rad/s）

续表

项目		规格				
		M-10iA/12S	M-10iA/12	M-10iA/7L	M-20iA	M-20iA/12L
动作范围（最大速度）	J4 轴手腕旋转	380°（430°/s）6.63 rad（7.50 rad/s）			400°（360°/s）6.98 rad（6.28 rad/s）	400°（430°/s）6.98 rad（7.50 rad/s）
	J5 轴手腕摆动	380°（430°/s）6.63 rad（7.50 rad/s）			360°（360°/s）6.28 rad（6.28 rad/s）	360°（430°/s）6.28 rad（7.50 rad/s）
	J6 轴手腕旋转	720°（630°/s）12.57 rad（11.0 rad/s）			900°（550°/s）15.71 rad（9.60 rad/s）	900°（630°/s）15.71 rad（11.0 rad/s）
手腕部可搬运质量 /kg		12		7	20	12
手腕允许负载转矩 /（N·m）	J4 轴	22.0		15.7	44.0	22.0
	J5 轴	22.0		10.1	44.0	22.0
	J6 轴	9.8		5.9	22.0	9.8
手腕允许负载转动惯量 /（kg·m²）	J4 轴	0.65		0.63	1.04	0.65
	J5 轴	0.65		0.38	1.04	0.65
	J6 轴	0.17		0.061	0.28	0.17
重复定位精度 /mm		±0.03		±0.03		
机器人质量 /kg		130		130	250	
安装条件		环境温度：0~45 ℃。环境湿度：通常在 75%RH 以下（无结露现象），短期 95%RH 以下（1 个月之内）。振动加速度：4.9 m/s²（0.5g）以下				

1）控制轴数

控制轴数代表工业机器人的自由度，当今主流的工业机器人为 6 轴机器人，也有些专用机器人少于 6 轴，可以理解为轴数越多，工业机器人就越灵活，可控制的角度和范围就越大。用户可根据需要选择适合的工业机器人。

2）工作半径

工作半径代表工业机器人能够工作的最大距离。在进行系统设计时要充分参考此参数来设计工业机器人的工作点，不可超出工作半径。

3）动作范围（最大速度）

动作范围代表工业机器人各轴的最大旋转角速度，此参数越大，工业机器人的动作就越快，动作范围也就越大。工业机器人多数情况下是各轴联动进行工作的，各轴的速度越大，动作范围越大，联动后的速度就越大，动作范围也就越大。

4）手腕部可搬运质量

手腕部可搬运质量代表工业机器人末端能够承载的最大质量，在进行工业机器人设计时，应充分考虑此参数的设定是否满足需求。

5）重复定位精度

重复定位精度代表机器人完成例行工作任务每次到达同一位置的能力，此参数越小，则说明工业机器人的运动精度越高。

1.4.2 工业机器人的发展历程

1. 工业机器人的发展及应用

1）工业机器人的发展背景及定义

随着社会的不断进步及工业化的不断发展，中国目前已经成为世界

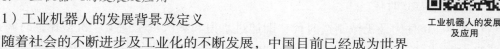
工业机器人的发展
及应用

第二大经济体，中国制造业面临着巨大挑战的同时也迎来巨大机遇。针对中国制造业大而不强的现状，国家提出了"中国制造2025"的战略规划，就是希望中国从制造业大国向制造业强国转变。这就对中国制造业提出了更高的要求，既要实现产品的升级换代，也要实现生产向智能制造转变。"中国制造2025"将智能制造作为主攻方向，推进制造过程智能化，在重点领域试点建设智能工厂、数字化车间，加快人机智能交互、工业机器人、智能物流管理等技术和装备在生产过程中的应用，促进制造工艺的仿真优化、数字化控制、状态信息实时监测和自适应控制。

工业机器人是机器人的一种，国际上不同的组织或协会对它有不同的定义，随着技术的发展，对它的定义又会有所变化。按照目前主流工业机器人的技术特点来归纳，其主要由操作机、控制器、伺服系统、检测传感装置和末端执行器等机构组成，是一种在生产线上能够按照指令要求实现高速、高精度、高强度的重复运动及工作的仿人机器设备。工业机器人能够用于替代生产线上的高强度、简单密集型劳动操作，恶劣环境下的劳动操作及高精度的劳动操作，因此，受到现代企业的青睐，是中国制造业装备升级的主要产品。

2）工业机器人的发展历程

工业机器人的发展经历了多个重要时期，具体如图1–20所示。从1956年第一家机器人公司成立到1959年世界上第一台工业机器人诞生再到今天，工业机器人先后经历了工业现场应用、6轴机器人面世、电动机驱动机器人诞生、6自由度机器人诞生和生产、计算机控制系统用于机器人，以及智能化机器人应用等阶段，技术的不断革新使得工业机器人广泛应用于国民生产的各个领域，并发挥着重要作用。

图 1-20　工业机器人的重要发展历程

2. 工业时代发展历程

1）工业 1.0 时代

工业 1.0 时代是机械制造时代，即通过水力和蒸汽机实现工厂机械化，时间是 18 世纪 60 年代至 19 世纪中期。这次工业生产的巨大变革带来了生产力的巨大提升，促进了生产技术的巨大变革，为欧洲的发展提供了巨大动力。典型的工业 1.0 时代的机械装备如图 1-21 所示。

图 1-21　典型的工业 1.0 时代的机械装备

2）工业 2.0 时代

工业 2.0 时代是电气化与自动化时代，即在劳动分工的基础上采用电力驱动产品的大规模生产。电力的产生并将其用于生产是工业 2.0 时代的重要特征，时间是 19 世纪后半叶至 20 世纪初。典型的工业 2.0 时代的电气自动控制台如图 1-22 所示。

3）工业 3.0 时代

工业 3.0 时代是电子信息化时代，即广泛应用电子与信息技术。这个时代的工业生产实现了自动化，并且促进了工业生产的智能控制设备发展，智能控制设备、传感设备和工业网络通信技术等开始应用于工业生产中。该时代从 20 世纪 70 年代开始一直延续至今。典型的工业 3.0 时代的电气自动控制系统结构如图 1-23 所示。

图 1-22　典型的工业 2.0 时代的电气自动控制台

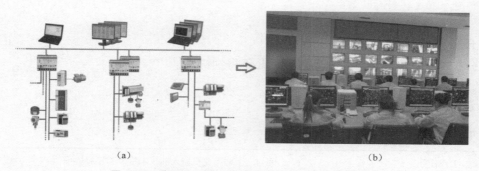

（a）　　　　　　　　　　　　　　　　　　　　（b）

图 1-23　典型的工业 3.0 时代的电气自动控制系统结构

4）工业 4.0 时代

工业 4.0 时代的概念包括由集中式控制向分散式增强型控制的基本模式转变，其目标是建立一个高度灵活的个性化和数字化产品与服务的生产模式。在这种模式中，传统的行业界限将消失，并会产生各种新的活动领域和合作形式。创造新价值的过程正在发生改变，产业链分工将被重组。

工业 4.0 项目主要分为三大主题。

一是"智能工厂"，重点研究智能化生产系统及过程，以及网络化分布式生产设施的实现；二是"智能生产"，主要涉及整个企业的生产物流管理、人机互动和 3D 技术在工业生产过程中的应用等，该计划特别注重吸引中小企业参与，力图使中小企业成为新一代智能化生产技术的使用者和受益者，同时也成为先进工业生产技术的创造者和供应者；三是"智能物流"，主要通过互联网、物联网和物流网整合物流资源，充分提高现有物流资源供应方的效率，而需求方则能够快速获得服务匹配，得到物流支持。工业 4.0 时代如图 1-24 所示，工业时代将从现在开始由工业 3.0 时代逐步向工业 4.0 时代发展和转变。

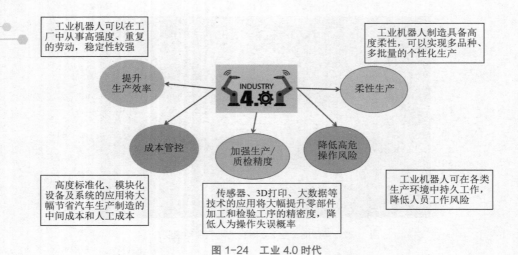

图 1-24　工业 4.0 时代

【任务实操】

分析一下，为什么工业机器人在近几年得到快速推广？

【任务工单】

请按照要求完成该工作任务。

工作任务		任务 4　了解工业机器人的技术特点和发展历程				
姓名		班级		学号		日期	

学习情景

请按阶段总结工业机器人技术发展经历的几个重要时期，每个时期都有什么特点，谈一谈工业机器人在发展新质生产力中起到什么作用。

任务要求

完成工业机器人技术发展的先后阶段及在国民生产中的应用调查，并结合工业机器人在发展新质生产力中的作用完成调研报告。

搬运工作站硬件系统的认知和简单调试

项目导学

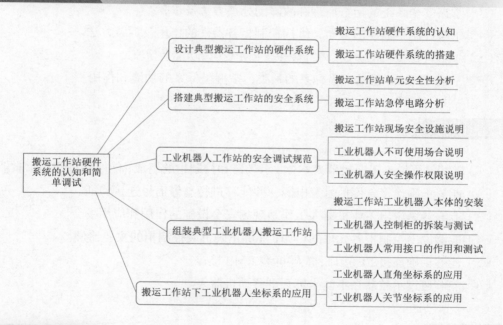

对于一个搬运工作站来说，其硬件系统的组成将对整条生产线的运作起到至关重要的作用，因此，企业在建设搬运工作站时，需要对工作站的硬件系统有深入了解，才能保证搬运工作站能够安全、高效、低成本地运行。本项目以搬运工作站硬件系统的认知和简单调试为总任务，以某企业的柴油发动机生产线搬运工作站为参考，学习搬运工作站的硬件知识及技能，主要包括搬运工作站的硬件系统、安全系统，典型搬

运工作站的组建，工业机器人坐标系的应用等。本项目通过任务带领学生学习，对搬运工作站硬件系统有一个深入的认识与了解，并完成简单调试工作。

项目描述

　　企业需要组装一个搬运工作站，安装时需要掌握搬运工作站硬件系统以便进行简单的调试工作。本项目需要学习搬运工作站的硬件系统，掌握工作站的安全回路系统及坐标系等相关知识。

知识目标

　　（1）掌握工业机器人本体的组成及原理，掌握示教器的功能和作用。

　　（2）了解急停电路板信号引脚，掌握急停信号的连接。

　　（3）掌握安全系统的运行原理和故障的处理方法及步骤。

　　（4）了解控制柜器件的分布，掌握控制柜各器件的作用及拆装方法。

　　（5）了解气路接口的分布，掌握 EE、RMP 接口功能及定义。

　　（6）了解 FANUC 机器人坐标系的种类，掌握坐标系的功能和作用。

技能目标

　　（1）能够熟练说出工业机器人本体、示教器和控制柜的组成；能够熟练使用示教器。

　　（2）能够正确连接急停信号及电源，并能够进行急停信号连接验证。

　　（3）能够熟练说出工业机器人工作站现场安全设施的作用和应用场合。

　　（4）能够说出控制柜各元件的作用；能够正确拆装控制柜的主要器件。

　　（5）能够正确连接 EE 接口；能够拆装 RMP 接口。

　　（6）能够通过示教器在不同坐标系下移动机器人。

素养目标

　　（1）培养创新思维和解决问题的能力，能够设计出适应不同搬运任务的硬件系统。

　　（2）增强责任意识、安全生产意识，确保安全系统的搭建符合相关规范和标准。

　　（3）提升动手能力，能够独立完成安全系统的搭建工作。

　　（4）增强空间想象力和动手能力，能够正确组装搬运工作站。

　　（5）提升团队协作能力，在组装过程中与团队成员有效沟通，共同完成任务。

（6）增强逻辑思维能力，理解和掌握坐标系设置的原理和方法。

（7）提高创新实践能力，能够将理论知识应用于实际的搬运工作站操作中。

对应工业机器人操作与运维职业技能等级要求（中级）

工业机器人操作与运维职业技能等级要求（中级）参见工业机器人操作与运维职业技能等级标准（标准代码：460001）中的表2。

（1）能根据操作手册的安全规范要求，对工业机器人工作站物理环境进行安全检查（1.1.1）。

（2）能根据任务要求，对工业机器人工作站进行安全装置（如安全光栅、安全门等）检查（1.1.2）。

（3）能根据安全规范要求，对工业机器人工作站急停保护装置进行功能检查（1.1.3）。

（4）能根据机械图纸和工艺要求，安装工业机器人应用系统（1.2.1）。

（5）能对工业机器人的各轴进行归零调试、试运行功能调试（1.3.1）。

任务 2.1　设计典型搬运工作站的硬件系统

【知识目标】

（1）掌握工业机器人本体的组成及原理。

（2）掌握示教器的功能和作用。

机器人本体、示教器、控制柜的认知

【技能目标】

（1）能够熟练说出工业机器人本体、示教器和控制柜的组成。

（2）能够熟练使用示教器。

【素养目标】

（1）培养创新思维和解决问题的能力，能够设计出适应不同搬运任务的硬件系统。

（2）增强责任意识、安全生产意识，确保安全系统的搭建符合相关规范和标准。

【任务情景】

某柴油发动机生产线由于硬件设备老化导致生产力低下，现需要重新更换搬运工作站的硬件系统。请列出构建典型搬运工作站的硬件系统所需要的元器件，并对其中主要元器件进行简单的功能分析。

【任务分析】

（1）列出典型搬运工作站的硬件系统组成。
（2）分析并掌握搬运工作站硬件系统主要元器件的组成。
（3）掌握示教器的正确使用方法。

【知识储备】

2.1.1　搬运工作站硬件系统的认知

搬运工作站的任务是由工业机器人完成工件的搬运，即将输送线送过来的工件搬运到仓库中，并进行码垛，如图 2-1 所示。

搬运工作站由工业机器人系统、PLC 控制系统、机器人安装底座、视觉系统、输送线系统、仓库、操作按钮等组成，整体布置如图 2-2 所示。

图 2-1　搬运工作站

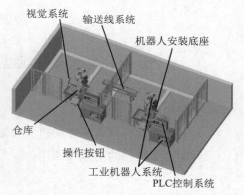

图 2-2　搬运工作站整体布局图

1. 工业机器人系统

1）工业机器人控制柜

如图 2-3 所示，控制柜是控制机构，是工业机器人的"大脑"。常用的机器人控制柜有三种类型，分别是 A，B 和 Mate 箱体，箱体根据应用和负载由生产厂家给出标准配置，箱体配置确定后，后续可根据实际情况和箱体功能进行相对应的硬件扩展和改造。

2）工业机器人本体

当今主流的工业机器人由 6 个自由度组成，俗称 6 轴机器人，其每个轴都有单独一套伺服电机系统配合减速器进行控制，每个轴的运动方式和运动行程根据各生产厂家各型号机器人的不同而各有特点，具体参数需要查看相关产品手册。以 FANUC M-10iA/12 型机器人为例，图 2-4 中已经标示出其 6 个轴的分布和各轴运动方向。该机器人的 6 个轴分布在机器人本体上，各轴可以独立动作，也可以多轴联动，系统会根据程序针对动作的要求及位置驱动机器人各轴动作，最终实现控制要求。

图 2-3　工业机器人控制柜

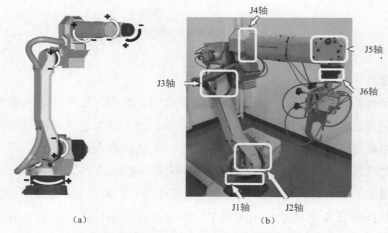

（a）　　　　　　　　　　（b）

图 2-4　FANUC M-10iA/12 型机器人本体

（1）伺服系统。

伺服系统主要由伺服驱动电路、伺服电机、检测机构组成，其中装在工业机器人本体上的主要有抱闸单元、交流伺服电机和绝对值脉冲编码器，具体如图 2-5 所示；而伺服驱动电路则装在工业机器人控制柜体内。伺服系统能够实现闭环控制一个机械系统的位置，并能对扭矩、速度或加速度进行控制，是工业机器人系统中的执行单元。它可把上位控制器的控制信号转换成伺服电机轴上的角位移或角速度输出。工业机器人各轴之所以能够精确运动，是因为每个轴都有一套伺服系统进行控制，由绝对值脉冲编码器将位置信息反馈给伺服系统进行位置闭环控制，其控制原理图如图 2-6 所示。

抱闸单元　伺服电机

绝对值脉冲编码器

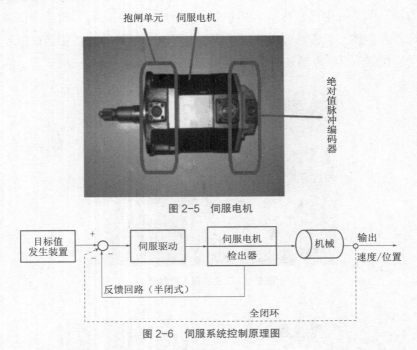

图 2-5　伺服电机

图 2-6　伺服系统控制原理图

（2）减速器。

减速器又称精密减速器，是一种精密的动力传达机构。它利用齿轮的速度转换器将伺服电机的回转数减速到所需的回转数，并得到较大转矩，从而降低转速，增加转矩。精密减速器是工业机器人最重要的零部件。工业机器人运动的核心部件关节就是由它和伺服电机系统构成，每个关节都要用到不同的减速器产品。

目前应用于工业机器人领域的减速器主要有两种，一种是 RV 减速器，另一种是谐波减速器，具体如图 2-7 所示。一般将 RV 减速器放置在机座、大臂、肩部等重负载的位置，将谐波减速器放置在小臂、腕部或手部等轻负载的位置。

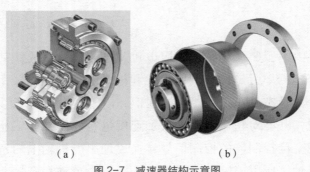

（a）　　　　　　　　　（b）

图 2-7　减速器结构示意图

（a）RV 减速器；（b）谐波减速器

3）示教器

示教器（见图2-8）又称示教盒（teach pendant，TP），其使用步骤如下。

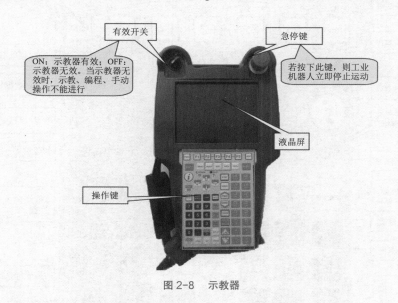

有效开关

ON：示教器有效；OFF：示教器无效。当示教器无效时，示教、编程、手动操作不能进行

急停键

若按下此键，则工业机器人立即停止运动

液晶屏

操作键

图2-8 示教器

（1）移动工业机器人。

（2）编写工业机器人程序。

（3）试运行程序。

（4）生产运行。

（5）查看工业机器人状态（输入/输出（input/output，I/O）设置，位置信息等）。

（6）手动运行。

示教器键说明如图2-9所示。

2. 视觉系统

视觉系统对工件的信息，包括数量、质量等信息进行处理，发送给搬运工作站PLC控制系统，控制机器人搬运工件入库。

机器视觉由三部分组成，分别是光学系统、图像处理系统和执行机构与人机界面，三部分缺一不可。选取合适的光学系统，采集适合处理的图像，是完成视觉检测的基本条件；开发稳定可靠的图像处理系统是视觉检测的核心任务；可靠的执行机构和人性化的人机界面是实现最终功能的临门一脚。

光学系统是视觉系统中不可或缺的部分，如果没有适合的光学系统采集适于处理的图片，则难以有效地完成图像检测，甚至直接导致视觉检测的失败。因此，适合的光学系统是成功完成视觉应用的前提条件。一个典型的光学系统包括光源、相机和镜头，如图2-10所示。

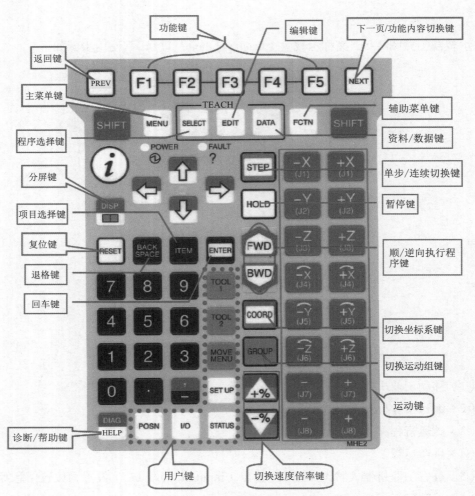

图 2-9　示教器键说明

图 2-10　光学系统

图像处理系统在获取图像后,需要对图像进行处理、分析、计算,并输出检测结果。图像处理部分包括软件和硬件,如图 2-11 所示。

执行机构与人机界面在完成所有的图像采集和图像处理工作之后,需要输出图像处理的结果(见图 2-12),并进行动作(如报警、剔除、位移等);通过人机界面显示生产信息,并在型号、参数发生改变时对系统进行切换和修改工作。

图 2-11 图像处理系统

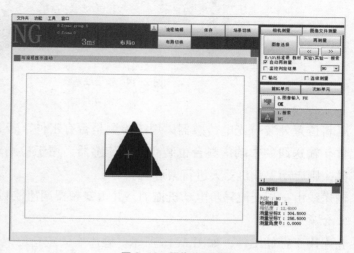

图 2-12 图像处理结果

3. PLC 控制系统

PLC 控制系统的主要功能是控制外部系统,该外部系统可以是单机、集群或生产过程。PLC 控制系统安装有断路器、PLC、变频器、伺服驱动器、中间继电器、交换机等元器件,搬运机器人的启动与停止、输送线的运行等均由 PLC 控制系统实现。PLC 控制系统如图 2-13 所示。

图 2-13 PLC 控制系统

4. 输送线系统

输送线系统的主要功能是把上料位置处的工件传送到输送线的末端落料台上，以便工业机器人搬运。输送线系统如图 2-14 所示。

图 2-14 输送线系统

上料位置处装有光电传感器，用于检测是否有工件，若有工件，则启动输送线输送工件。输送线的末端落料台也装有光电传感器，用于检测落料台上是否有工件，若有工件，则启动工业机器人进行搬运。

输送线由三相交流异步电动机拖动，并由变频器调速控制。

5. 仓库

仓库用于存储工件，如图 2-15 所示。仓库有固定仓位，若仓位已满，则程序将不允许工业机器人向仓库中搬运工件。

图 2-15 仓库

2.1.2 搬运工作站硬件系统的搭建

1. 工业机器人选型

1）使用场合及自由度

（1）需要人工与机器协同完成，即一般的人机混合半自动线，特别是需要经常变换工位或移位移线的工况，以及配合新型力矩感应器的场合，应选择协作型机器人（Cobot）。

（2）若需要一个紧凑型的取放料机器人，则应选择水平关节型机器人（Scara）。

（3）针对快速取放小型物件的工况，应选择并联机器人（Delta）。

（4）垂直关节多轴机器人（Multi-axis）适用于从上下料到码垛，以及满足喷涂、打磨、焊接、切割等专用工艺要求范围的应用领域。

图 2-16 所示为 FANUC M-10iA/12L 型垂直关节多轴机器人。图 2-17 给出了 FANUC M-10iA 型系列机器人工作范围及外围尺寸。

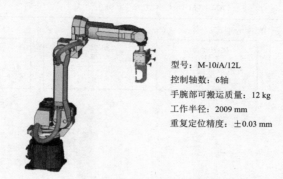

型号：M-10iA/12L
控制轴数：6轴
手腕部可搬运质量：12 kg
工作半径：2009 mm
重复定位精度：±0.03 mm

图 2-16　FANUC M-10iA/12L 型垂直关节多轴机器人

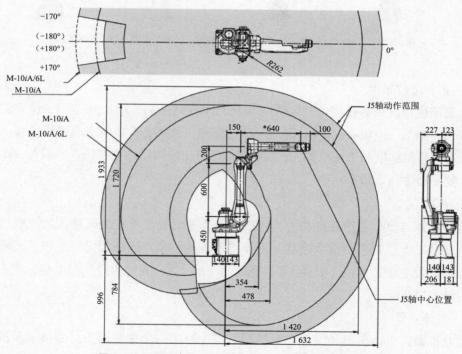

图 2-17　FANUC M-10iA 型机器人工作范围及外围尺寸

2）工业机器人有效负载和最大动作范围

有效负载是指工业机器人在其工作空间可以携带的最大负载，一般从几千克到几百千克不等。若工业机器人要完成将目标工件从一个工位搬运到另一个工位的工作，也就是俗称的码垛，则需要将工件的质量及工业机器人手爪的质量一起算作其工作负载。选择一个工业机器人不是要看它的有效载荷，还需要综合考虑它的臂展距离。每个公司都会给出相应机器人的动作范围参数，借此可以判断该机器人是否适合于特定的应用场合。图 2-18 给出了 FANUC M-10*i*A/M-20*i*A 型系列机器人的有效负载及最大动作范围。

FANUC M-10*i*A/M-20*i*A 型系列机器人

4个模型最大动作范围分别可达1.4 m、1.6 m、1.8 m、2.0 m

| M-10*i*A
标准的手臂类型
有效载荷能力10 kg
最大动作范围1.42 m | M-10*i*A/6L
长臂式
有效载荷能力6 kg
最大动作范围1.63 m | M-20*i*A
标准的手臂类型
有效载荷能力20 kg
最大动作范围1.81 m | M-20*i*A/10L
长臂式
有效载荷能力10 kg
最大动作范围2.01 m |

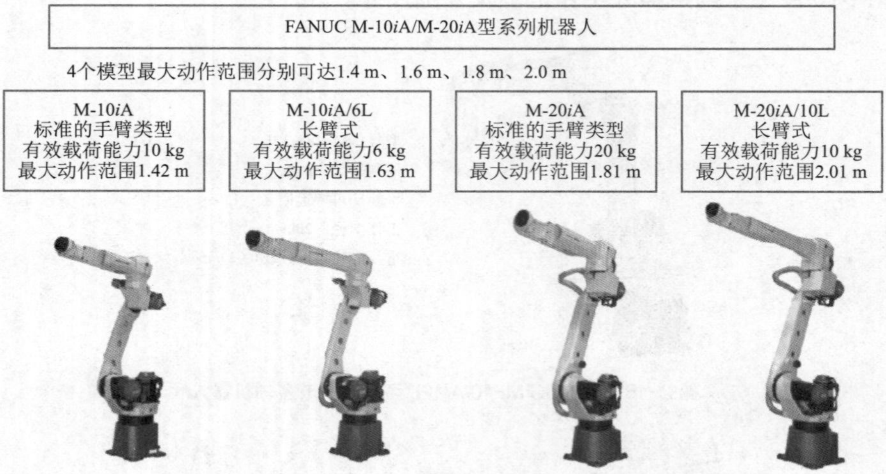

图 2-18　FANUC M-10*i*A/M-20*i*A 型系列机器人的有效负载及最大动作范围

3）重复定位精度

重复定位精度可以描述为机器人完成例行工作任务后，每次到达同一位置的精准度能力，一般为 $\pm 0.05 \sim \pm 0.02$ mm，甚至更精密。如果要组装一个电子线路板，则需要一个超高重复精度的工业机器人；如果应用工序比较粗糙，如打包、码垛等，则工业机器人就不需要那么精密。

4）速度

这个参数与每个用户息息相关，取决于在作业时需要完成的循环次数。规格表会列明该型号工业机器人的最大速度。工业机器人从一个点运动到另一个点，实际速度会在 0 和最大速度之间。这项参数单位通常为（°）/s。有的生产厂家也会标注工业机器人的最大加速度。

5）本体质量

工业机器人本体质量是设计工业机器人单元时的一个重要因素。如果工业机器人必须安装在一个定制的机台，甚至是导轨上，则需要知道它的质量来设计相应的支撑。

6）制动系统和转动惯量

基本上每个工业机器人生产厂家都会提供制动系统信息。有些工业机器人在所有轴都会配备制动系统，而有些型号则不会。要在工作区中确保精确和可重复的位置，就需要有足够数量的制动系统。另外一种特别情况是，若发生意外断电，则不带制动系统的负重机器人，其轴不会锁死，有造成意外的风险。

7）防护等级

根据工业机器人的使用环境，选择达到一定的防护（ingress protection，IP）等级的标准。一些生产厂家会提供不同的末端执行器针对不同场合、不同 IP 等级的产品系列。如果工业机器人在与生产食品相关，或医药、医疗器具，或易燃易爆的环境中工作，则 IP 等级会有所不同。一般来说，标准环境：IP40；油雾环境：IP67；清洁 ISO 等级：3。

2. PLC 选型

PLC 的主要功能是控制外部系统，不同类型的 PLC 有不同的应用范围。PLC 可根据生产过程的要求，分析被控对象的复杂性，对 I/O 点和 I/O 点的类型进行计数，给出一个列表。在不浪费资源的前提下，应合理估计内存容量，确定合适的模型，结合市场情况，对 PLC 生产厂家的产品及售后服务、技术支持、网络通信等综合情况进行调查，选择性价比较高的 PLC 机型。表 2-1 给出了西门子 CPU 1214C 技术规范；图 2-19 所示为西门子 CPU 1214C 接线图。

表 2-1　西门子 CPU 1214C 技术规范

型号	CPU 1214C AC/DC/RLY	CPU 1214C DC/DC/RLY	CPU 1214C DC/DC/DC
订货号（MLFB）	6ES7 214-1BG40-0XB0	6ES7 214-1HG40-0XB0	6ES7 214-1AG40-0XB0
常规			
尺寸 $W \times H \times D$/（mm × mm × mm）	110 × 100 × 75		
质量 /g	475	435	415
功耗 /W	14	12	
可用电流（SM 和 CM 总线）	最大 1 600 mA（5 V DC）		
可用电流（24 V DC）	最大 400 mA（传感器电流）		
数字输入电流消耗（24 V DC）	所用的每点输入 4 mA		
CPU 特征			
用户存储器	100 KB 工作存储器 /4 MB 负载存储器，可用专用 SD 卡扩展 /10 KB 保持性存储器		
板载数字 I/O	14 点输入 /10 点输出		
板载模拟 I/O	2 路输入		
过程映像大小	1024 B 输入（I）/1024 B 输出（Q）		
位存储器	8192 B		
临时（局部）存储器	（1）16 KB 用于启动和循环程序（包括相关的 FB 和 FC）（2）4 KB 用于标准中断事件（包括 FB 和 FC）（3）4 KB 用于错误中断事件（包括 FB 和 FC）		

续表

型号	CPU 1214C AC/DC/RLY	CPU 1214C DC/DC/RLY	CPU 1214C DC/DC/DC
CPU 特征			
信号模块扩展	最多 8 个信号模块		
信号板扩展	最多 1 块信号板		
通信模块扩展	最多 3 个通信模块		
高速计数器	共 6 个。单相：3 个 100 kHz 及 3 个 30 kHz 的时钟频率。正交相位：3 个 80 kHz 及 3 个 20 kHz 的时钟频率		
脉冲输出	不论是使用板载 I/O，SBI/O 还是两者的组合，最多可以组态 4 个脉冲发生器		
脉冲捕捉输入	14		
延时中断 / 循环中断	共 4 个，精度为 1 ms		
沿中断	12 个上升沿和 12 个下降沿（若使用可选信号板，则各为 14 个）		
存储卡	SIMATIC 存储卡（选件）		
实时时钟精度	± 60 s/ 月		
实时时钟保持时间	通常为 20 天，40 ℃时最少为 12 天（免维护超级电容）		
性能			
布尔运算执行速度	0.08 μs/ 指令		
移动字执行速度	1.7 μs/ 指令		
实数数学运算执行速度	2.3 μs/ 指令		

1）I/O 点的估计

在估计 I/O 点时，应考虑适当的盈余。一般情况下，I/O 点要加上 10%~20% 的可扩展盈余。在实际订货时，I/O 点数应根据生产厂家的 PLC 产品特点进行四舍五入。

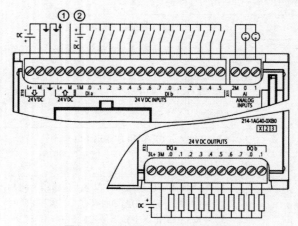

图 2-19　西门子 CPU 1214C 接线图

本项目需要与触摸屏、FANUC 工业机器人进行网络通信，通过分析整个控制流程及具体硬件连接，可知实现整个动作流程需要输入点数为 46，输出点数为 42。整个工作台都采用数字量控制，没有模拟量的计算，整个项目控制并不复杂，因此，控制器只需选用小型 PLC 即可，并且通信网络与 FANUC 机器人控制柜和触摸屏需要兼容。

2）I/O 模块的选择

I/O 模块的选择应使考虑因素和应用需求统一。输入模块应考虑信号电平、信号传输距离、信号隔离、信号供电方式等应用要求。输出模块应考虑输出模块的类型。例如，继电器输出模块一般具有价格低廉、电压范围宽、使用寿命短、响应时间长等特点；晶闸管输出模块适用于开关频率高、电感功率因数低的场合，但晶闸管输出模块价格相对昂贵、过载能力差。

根据本项目需求，I/O 模块选择 SM1221 输入模块和 SM1222 输出模块，具体参数和接线图分别如表 2-2、图 2-20、表 2-3、图 2-21 所示。

表 2-2 SM1221 输入模块技术规范

型号	SM1221 DI 8 × 24 V DC	SM1221 DI 16 × 24 V DC
订货号（MLFB）	6ES7 221-1BF32-0XB0	6ES7 221-1BH32-0XB0
常规		
尺寸 $W \times H \times D /$（mm × mm × mm）	45 × 100 × 75	
质量 /g	170	210
功耗 /W	1.5	2.5
电流消耗（SM 总线）/mA	105	130
所用的每点输入电流消耗（24 V DC）/mA	4	4
数字输入		
输入点数	8	16
类型	漏型 / 源型（IEC 1 类漏型）	
额定电压	4 mA 时 24 V DC，额定值	
允许的连续电压	最大 30 V DC	
浪涌电压	35 V DC，持续 0.5 s	
逻辑 1 信号（最小）	2.5 mA 时 15 V DC	
逻辑 0 信号（最大）	1 mA 时 5 V DC	
隔离（现场侧和逻辑侧）	500 V AC，持续 1 min	
隔离组	2	4

续表

型号	SM1221 DI 8 × 24 V DC	SM1221 DI 16 × 24 V DC
数字输入		
滤波时间	0.2 ms，0.4 ms，0.6 ms，0.8 ms，1.6 ms，3.2 ms，6.4 ms 和 12.8 ms（可选择，4 个为一组）	
同时接入的输入数	8	16
电缆长度 /m	500（屏蔽）；300（非屏蔽）	

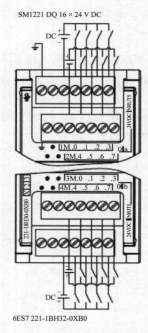

图 2-20　SM1221 数字量输入模块接线图

表 2-3　SM1222 输出模块技术规范

型号	SM1222 DQ8 × RLY	SM1222 DQ8 × RLY（双态）	SM1222 DQ16 × RLY	SM1222 DQ8 × 24 V DC	SM1222 DQ16 × 24 V DC
订货号	6ES7 222-1HF32-0XB0	6ES7 222-1XF32-0XB0	6ES7 222-1HH32-0XB0	6ES7 222-1BF32-0XB0	6ES7 222-1BF32-0XB0
常规					
尺寸 $W \times H \times D/$（mm × mm × mm）	45 × 100 × 75	70 × 100 × 75	45 × 100 × 75	45 × 100 × 75	45 × 100 × 75
质量 /g	190	310	260	180	220
功耗 /W	4.5	5.0	8.5	1.5	2.5

续表

型号	SM1222 DQ8×RLY	SM1222 DQ8×RLY（双态）	SM1222 DQ16×RLY	SM1222 DQ8×24 V DC	SM1222 DQ16×24 V DC
常规					
电流消耗（SM 总线）/mA	120	140	135	120	140
所用的每个继电器线圈电流消耗（24 V DC）/mA	11.0	16.7	11.0	—	
数字输出					
输出点	8	8	16	8	16
类型	继电器，干触点	继电器，切换触点	继电器，干触点	固态 -MOSFET	
电压范围	5～30 V DC 或 5～250 V AC			20.4～28.8 V DC	
最大电流时的逻辑 1 信号	—			最小 20 V DC	
具有 10 kΩ 负载时的逻辑 0 信号	—			最大 0.1 V DC	
电流（最大）/A	2.0			0.5	
灯负载	30 W DC/200 W AC			5 W	
通态触点电阻	新设备最大为 0.2Ω			最大 0.6Ω	
每点的漏泄电流	—			最大 10 μA	
浪涌电流	触点闭合时为 7 A			8 A，最长持续 100 ms	
过载保护	无				
隔离（现场侧与逻辑侧）	1 500 V AC，持续 1 min（线圈与触点），无（线圈与逻辑侧）	1 500 V AC，持续 1 min（线圈与触点）	1 500 V AC，持续 1 min（线圈与触点），无（线圈与逻辑侧）	500 V AC，持续 1 min	
隔离电阻	新设备最小为 100 mΩ			—	
断开触电间的绝缘	750 V AC，持续 1 min			—	
隔离组	2	8	4	1	1
每个公共端的电流（最大）/A	10	2	10	4	8
电感钳位电压	—			L+-48 V，1 W 损耗	
开关延迟	最长 10 ms			断开到接通最长为 50 μs 接通到断开最长为 200 μs	

续表

型号	SM1222 DQ8 × RLY	SM1222 DQ8 × RLY（双态）	SM1222 DQ16 × RLY	SM1222 DQ8 × 24 V DC	SM1222 DQ16 × 24 V DC
数字输出					
机械寿命（无负载）	10 000 000 个断开 / 闭合周期			—	
额定负载下的触点寿命	100 000 个断开 / 闭合周期			—	
RUN-STOP 时的行为	上一个值或替换值（默认值为 0）				
同时接通的输出数	8	4（无相邻点）/8	16	8	16
电缆长度 /m	500（屏蔽）；150（非屏蔽）				

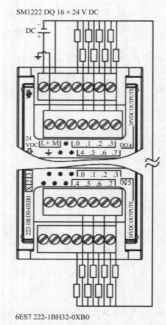

6ES7 222-1BH32-0XB0

图 2-21　SM1222 数字量输出模块接线图

3）内存容量的估计

内存容量（memory capacity）是 PLC 本身提供的硬件存储单元的大小。程序容量是用户的应用程序项在内存中使用的存储单元的大小，因此，程序容量应小于内存容量。在设计阶段，由于用户的应用程序尚未编译，因此，该阶段程序容量未知，需要在程序调试后才能知道。为了估计程序容量，通常使用内存容量。

PLC 的内存容量没有固定的计算公式。许多文献资料给出了不同的公式，一般是数字 I/O 点数的 10 ~ 15 倍，加上模拟 I/O 点数的 100 倍。这个数字是内存中的单元总数。此外，盈余被认为是这个数字的 25%。

4）控制功能的选择

控制功能的选择包括操作功能、控制功能、通信功能、编程功能、诊断功能和速度处理功能的选择。

3. 其余设备选型

除主要设备外，根据工艺需要，其余设备选型清单如表2-4所示，软件配置如表2-5所示。

表2-4 其余设备选型清单

序号	名称	数量	单位	备注
1	机器人工夹具	1	套	
2	立体仓库	1	套	设10层1列共10个仓位
3	变频器	1	套	6SL3210-5BB11-2UV0
4	伺服系统	1	套	MADKT1505E
5	触摸屏	1	台	TP1200精致面板，TFT显示屏，PROFINET/工业以太网接口（2个端口）
6	安全防护系统	1	套	防止意外闯入、保护人员安全
7	电气控制柜	1	套	用于放置电气元器件和电气设备

表2-5 软件配置

序号	软件名称	数量	单位	基本功能
1	博途软件	1	套	负责周边设备及工业机器人控制，实现智能制造单元的流程和逻辑总控
2	机器人仿真软件	1	套	单元设备模拟，虚拟安装调试，布局优化
3	SOLIWORKS或NX软件	1	套	三维模型设计和编程，编制零件加工工艺
4	EPLAN电气设计软件	1	套	电气线路绘制

【任务实操】

公司购买的搬运工作站只有你熟悉，请教会本公司其他员工使用工业机器人控制柜、示教器及工业机器人的外部硬件设备等。

具体的操作步骤如下。

（1）讲解搬运工作站的工业机器人本体及其工作原理。

（2）讲解工业机器人控制柜的作用。

（3）讲解搬运工作站的外部硬件设备，如PLC、仓库等。

【任务工单】

请按照要求完成该工作任务。

工作任务		任务 5　设计典型搬运工作站的硬件系统					
姓名		班级		学号		日期	

学习情景

公司已购买工业机器人，现在请你熟悉工业机器人的系统组成结构，包括系统的软件系统和硬件系统。

任务要求

公司购买的搬运工作站只有你熟悉，请教会本公司其他员工使用工业机器人控制柜、示教器及工业机器人的外部硬件设备等。

引导问题 1：

一个典型的工业机器人的系统主要由＿＿＿＿＿和＿＿＿＿＿组成。

引导问题 2：

当今主流的工业机器人由＿＿＿＿个自由度组成，俗称 6 轴机器人。

引导问题 3：

伺服系统主要由＿＿＿＿＿、＿＿＿＿＿、＿＿＿＿＿组成。

引导问题 4：

伺服系统是把上位控制器的控制信号转换成电动机轴上的＿＿＿＿＿或＿＿＿＿＿输出。

引导问题 5：

交流伺服电机主要有＿＿＿＿＿、＿＿＿＿＿和＿＿＿＿＿。

引导问题 6：

目前应用于工业机器人领域的减速器主要有两种，一种是＿＿＿＿＿，另一种是＿＿＿＿＿。

引导问题 7：

＿＿＿＿＿是根据指令及传感信息控制搬运机器人完成一定动作或作业任务的装置。

引导问题 8：

示教器打到＿＿＿＿挡位时，可以在手动模式下工作。当打到＿＿＿＿挡位时，手动运行无效。

引导问题 9：

＿＿＿＿＿是调试工业机器人时主要用到的工具。

引导问题 10：

如图 2-22 所示，填写对应的伺服电机组成部件名称。

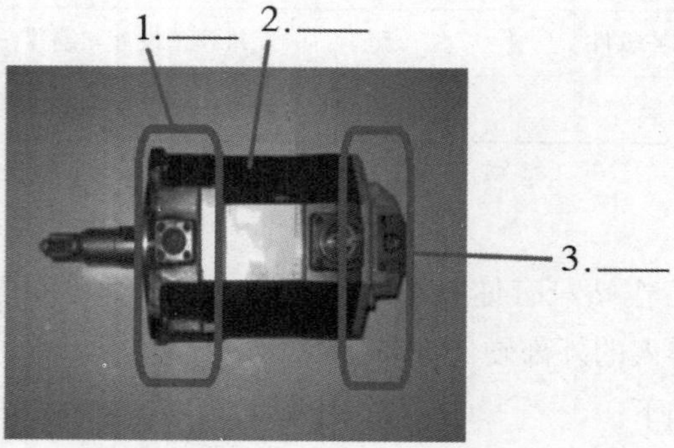

图 2-22　引导问题 10 图

引导问题 11：

判断题

1. 伺服驱动电路装在工业机器人本体内。　　　　　　　　　　（　　）

2. 伺服系统能够实现开环控制。　　　　　　　　　　　　　　（　　）

续表

工作任务		任务 5 设计典型搬运工作站的硬件系统					
姓名		班级		学号		日期	

3. 一般将谐波减速器放置在机座、大臂、肩部等重负载的位置，而将 RV 减速器放置在小臂、腕部或手部等轻负载的位置。　　　　　　　　　　　　　　　　　　　　　　　　（　　）

4. 工业机器人本体是机器人系统的核心。　　　　　　　　　　　　　　　　　　　（　　）

5. 控制器由硬件和软件系统组成。　　　　　　　　　　　　　　　　　　　　　　（　　）

6. A 柜防尘等级较高、散热好，适用于环境较差的场合。　　　　　　　　　　　　（　　）

7. 示教器上的急停键主要用于在运行过程中发生紧急情况时方便按下。　　　　　　（　　）

引导问题 12：

如图 2-23 所示，请分别说出示教器各键的名称及作用。

图 2-23　引导问题 12 图

引导问题 13：

如图 2-24 所示，填写对应的示教器组成部件名称及作用。

ON：___；OFF：___。
当示教器无效时，不能进行___操作

若按下此键，则工业机器立即停止运动

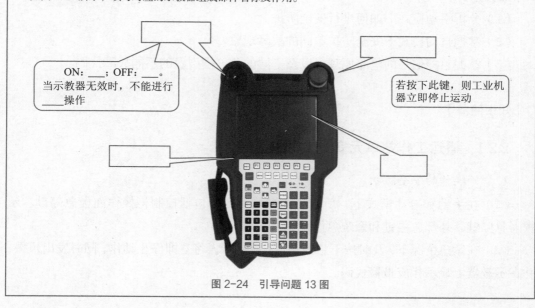

图 2-24　引导问题 13 图

任务 2.2　搭建典型搬运工作站的安全系统

🔑【知识目标】

（1）掌握安全系统的运行原理和故障的处理方法及步骤。

（2）了解急停电路板信号引脚，掌握急停信号的连接。

🔑【技能目标】

能够正确连接急停信号及电源，并能够进行急停信号连接验证。

🔑【素养目标】

（1）能够独立完成安全系统的搭建，提升动手能力，在搭建中培养学生爱岗敬业的职业道德。

（2）通过安全系统的搭建强调遵纪守法精神，培养遵守规范和标准的好习惯。

⭐【任务情景】

某柴油发动机生产线搬运工作站不能自动运行，经过故障排查，发现有可能是安全防护出现问题或急停信号出现故障。请你对故障进行综合分析判断，并了解安全防护出现故障的现象，以及急停信号出现故障的现象。

⭐【任务分析】

（1）分析手动模式下如何进行安全防护。

（2）掌握自动模式下安全防护不同的故障现象。

（3）掌握急停信号的电路原理，以及不同的急停键引发的不同故障代码。

⭐【知识储备】

2.2.1　搬运工作站单元安全性分析

1. 急停操作的安全防护

（1）在手动和自动模式下，所有急停键均有效，包括控制柜操作面板急停键、示教器急停键、外部急停键和系统急停键。

（2）在紧急情况下，及时按下急停键，工业机器人将立即停止动作，同时发出报警，并在示教器上显示相应报警代码。

2.手动模式下的安全防护

（1）安全门的钥匙由指导教师保管，当学生需要进入工作区域时，由教师开门。

（2）当人员进入工作区域时，必须佩戴安全帽。

（3）当安全门打开，有人员进入工业机器人工作区域时，系统输入信号 UI[3]（安全速度信号）断开，并将工业机器人的速度倍率限制在 30% 以下；进入人员将安全门挡器放置到工作状态，使安全门无法关闭。

（4）将工业机器人的正常运行速度倍率限制在 50% 以下。

3.自动模式下的安全防护

（1）若安全门没有关闭，则工业机器人不能自动运行；自动运行前，应将安全门关闭并上锁，钥匙由指导教师保管。

（2）工业机器人在运行过程中，一旦有人或物体进入防护栅区域，工业机器人将停止动作，示教器显示报警 SRVO-004，防护栅打开。

（3）当安全门被打开时，工业机器人将停止动作，并在示教器上显示报警 SRVO-030 制动器作用停止，以及 SYST-033 UOP 的 SFSPD 信号丢失。直至安全门关闭，UI[3]（安全速度信号）自动恢复正常，此时需手动消除报警，方可重新发送启动信号，开始运行程序。

2.2.2 搬运工作站急停电路分析

工业机器人外部急停
按钮的接线及验证

通过 2.2.1 搬运工作站单元安全性分析的学习，了解到外部急停键是工业机器人安全系统的一个重要组成部分，它关乎工业机器人的使用安全。在集成工业机器人系统时，往往需要自行设计外部急停电路，那么外部急停信号是如何定义并连接的？下面将介绍工业机器人外部急停信号的连接。

1.工业机器人急停信号的输出

急停信号输出的连接是在急停电路板上完成的，如图 2-25 所示。

图 2-25　急停电路板

通过急停电路板平面图（见图 2-26）可以看到，在急停电路板上一共有 2 个插座，分别是 TBOP19 和 TBOP20。

TBOP19

序号	名称
4	EXT 0 V
3	INT 0 V
2	INT 24 V
1	EXT 24 V

TBOP20

序号	名称	
12	E-STOP	21
11	(ESPB)	2
10		11
9		1
8	FENCE	21
7	(EAS)	2
6		11
5		1
4	EMGIN	21
3	(EES)	2
2		11
1		1

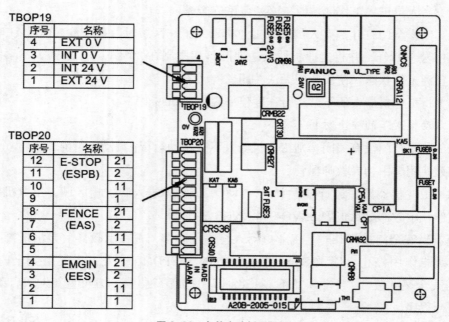

图 2-26　急停电路板平面图

其中插座 TBOP19 用于连接外部电源，而插座 TBOP20 用于连接急停信号。

1）急停信号的输出

急停输出信号的连接如图 2-27 所示，ESPB1-ESPB11 及 ESPB2-ESPB21 两组信号是系统急停的输出信号，当按下示教器或者操作面板的急停键时，接点开启。当控制装置的电源被切断时，不管急停键的状态如何接点都会开启；当急停电路连接外部电源时，即使控制装置的电源已被切断也会动作。急停输出信号在出厂时就已连接好，所以不需要自己连接。

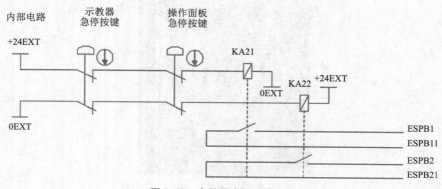

图 2-27　急停输出信号的连接

2）外部电源的连接

如果不想让控制柜电源影响急停输出信号，则可将用于急停输出信号和外部急停输入信号的继电器电源与控制柜电源分开，此时应连接外部 +24 V 而不是柜内 +24 V，如图 2-28 所示。

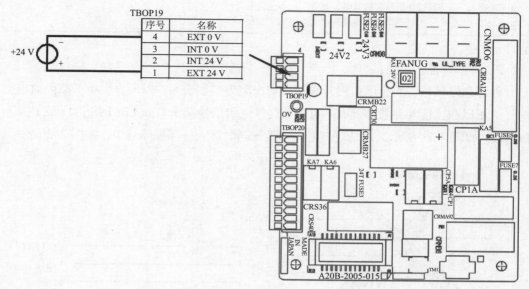

图 2-28 外部电源连接

外部电源要求：+24 V；300 mA 以上；符合电磁兼容性（electromagnetic compatibility，EMC），也就是贴有 CE 标志的装置。

这样通过使用外部电源，可以将控制装置的内部电源与外部连接的外部急停信号、安全围栏信号等输入电路的电源分离开来。此外，通过使用外部电源，可在控制装置的电源被切断期间，将示教器及操作面板上急停键的状态反映到外部急停输出信号。

2. 工业机器人外部急停信号的输入

外部急停信号输入的连接也是在急停电路板上完成的。

1）外部急停信号的输入

外部急停输入信号，如表 2-6 所示。

表 2-6 外部急停输入信号

信号名称	作用
EES1 EES11 EES2 EES21	将外部急停键的接触件连接到这些接线端。 当触点打开时，工业机器人停止。当使用继电器或电流接触器的接触件而不是开关时，需要将一个灭弧器连接到继电器或电流接触器的线圈上，以抑制干扰噪声。 如果不适用于接线端，则应将它们短接

信号名称	作用
EAS1 EAS11 EAS2 EAS21	在 AUTO 模式下，当安全门开启时，可使用这些信号来停止工业机器人。 在 T1 或 T2 模式下，如果示教器上的 Deadman 键处于按下状态，并且示教器使能有效，则这些信号将被忽略，紧急停止不会发生。 如果不适用于接线端，则应将它们短接

2）外部急停信号连接

外部急停信号、安全围栏信号等信号均设定为双重输入，以便发生单一故障时也会动作，所以在连接外部急停键时不可以只连接一组信号端子，如 EES1–EES11 或 EES2–EES21，如图 2-29 所示，而是应该将两组信号同时接入外部急停键中，如图 2-30 所示。

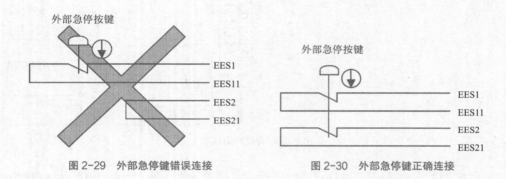

图 2-29　外部急停键错误连接　　　　图 2-30　外部急停键正确连接

3）外部急停键的连接及验证

为了更好地说明外部急停信号的连接方法，现以一个外部急停键的连接和验证为例来进一步说明。

（1）外部急停键的连接。

① 首先要准备好一个 TBOP20 插头，如图 2-31 所示。

② 两个专业取送工具，如图 2-32 所示。

图 2-31　TBOP20 插头

图 2-32　专业取送工具

③一个急停键，如图 2-33 所示。

④短接片若干（见图 2-34），导线若干。

图 2-33　急停键

图 2-34　短接片

⑤将短接片分别接入插头上的 ESPB1-ESPB11，ESPB2-ESPB21，EAS1-EAS11 及 EAS2-EAS21 四组信号接口中。

⑥将 4 根导线分别接入插头上的 EES1-EES11 及 EES2-EES21 两组信号接口中。

⑦将接入 EES1-EES11 及 EES2-EES21 的导线分别接入急停键的两组常闭触点。

⑧打开工业机器人控制柜柜门。

⑨取下急停电路板上原有的 TBOP20 插头，替换为接好急停键的插头。

（2）外部急停键连接的验证。

①按下外部急停键。

②查看示教器上是否出现对应的 SRVO-037 报警。

③如果示教器上出现 SRVO-271 或 SRVO-266/267 报警（见图 2-35），则说明接线错误，未满足信号同时连接双重接触件的要求（见图 2-36）。

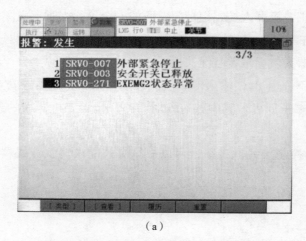

（a）

图 2-35　SRVO-271 或 SRVO-266/267 报警

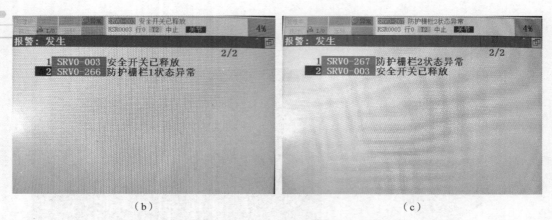

（b）　　　　　　　　　　　　　（c）

图 2-35　SRVO-271 或 SRVO-266/267 报警（续）

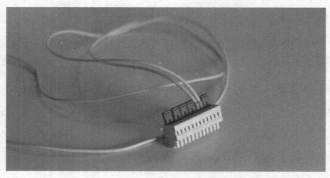

图 2-36　接线错误

【任务实操】

在构建搬运工作站时，往往需要自行设计外部急停电路，那么外部急停信号是如何定义并连接的？

（1）找到贴在工业机器人控制柜柜门背面的安全单元引脚定义图。

（2）出厂时，TBOP13 及 TBOP14 的触点都是利用短接片两两短接的，如果拔掉短接片，则工业机器人就会报警且无法运行。

（3）一般情况下，由 PLC 输出干节点信号接入到工业机器人安全单元，通常只需使用 TBOP13 接线端子即可。其中共有 6 对回路，包含了机器人的急停、暂停、伺服上电等功能。

（4）设计 PLC 控制接线原理图，可以根据具体需求对工业机器人的急停、暂停、伺服上电进行控制。

【任务工单】

请按照要求完成该工作任务。

工作任务		任务6 搭建典型搬运工作站的安全系统					
姓名		班级		学号		日期	

学习情景

在构建搬运工作站时，往往需要自行设计外部急停线路，那么外部急停信号是如何定义并连接的？

任务要求

请按照工业机器人型号设计外部急停电路。

引导问题1：

插座 TBOP19 用于连接_____。

引导问题2：

插座 TBOP20 用于连接_____。

引导问题3：

_____及_____两组信号是系统急停的输出信号。

引导问题4：

判断题

1. 当控制装置的电源被切断时，不管急停键的状态如何接点都会开启。　　　（　　）

2. 当急停电路连接外部电源时，即使控制装置的电源已被切断也会动作。　　（　　）

引导问题5：

画出急停输出信号连接图。

引导问题6：

画出正确连接外部急停信号电路图。

引导问题7：

1. 如表2-7所示，填写外部急停输入信号表。

表2-7　引导问题7表

信号名称	作用
（　　） （　　） （　　） （　　）	将外部急停键的接触件连接到这些接线端。 当触点打开时，工业机器人停止。当使用继电器或电流接触器的接触件而不是开关时，需要将一个灭弧器连接到继电器或电流接触器的线圈上，以抑制干扰噪声。 如果不适用于接线端，则应将它们短接
（　　） （　　） （　　） （　　）	在 AUTO 模式下，当安全门开启时，可使用这些信号来停止工业机器人。 在 T1 或 T2 模式下，如果示教器上的 Deadman 键处于按下状态，并且示教器使能开关有效，则这些信号将被忽略，紧急停止不会发生。 如果不适用于接线端，则应将它们短接

引导问题8：

画出外部急停键的连接图。

任务2.3　工业机器人工作站的安全调试规范

🔑【知识目标】

（1）了解工业机器人工作站现场的安全设施。

（2）掌握工业机器人的安全操作权限和使用场合。

【技能目标】

能够熟练说出工业机器人工作站现场安全设施的作用和应用场合。

【素养目标】

（1）通过安全调试，引导学生增强风险评估能力，学会识别潜在的安全隐患并及时采取措施加以避免。

（2）通过规范要求引导学生做事要有全局意识，做到整体把握，协同发展。

【任务情景】

某柴油发动机生产线搬运工作站新进一批员工，作为生产线的车间主管，需要你对新进员工进行工业机器人工作站的安全调试规范讲解，便于新进员工熟悉工作站安全系统的各种键，以及养成按照安全操作规范使用工业机器人的习惯。

【任务分析】

（1）熟知搬运工作站的现场安全设施说明。

（2）掌握工业机器人的使用场合。

（3）掌握工业机器人的安全操作权限。

【知识储备】

工业机器人安全
系统的运行及组
成原理

2.3.1　搬运工作站现场安全设施说明

1. 安全设施

（1）工业机器人实训室安全操作规程，如图 2-37 所示。

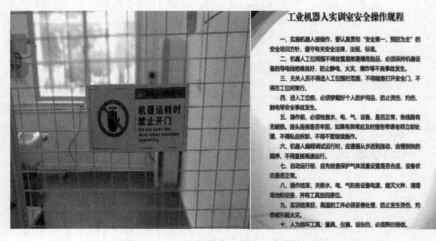

图 2-37　工业机器人实训室安全操作规程

（2）工业机器人实训室管理制度，如图 2-38 所示。

（3）安全防护用具。

每个工业机器人工作站均应配有安全帽，按每个工作站最多 3 人同时训练的要求，每个工作站应配有 3 个安全帽，并要求学生按要求佩戴安全帽进行训练和学习，如图 2-39 所示。

工业机器人实训室管理制度

一、参加机器人基础操作培训学员必须穿戴工作服、劳保鞋、安全帽、违反规定者不允许进入培训场地。

二、机器人练习工位的设备设施必须定点存放，摆放整齐。严禁将工位内设备设施私自带出使用，未学习掌握的设备设施不得乱动乱调；出现故障或者损坏应及时向指导老师反映，不得私自处理，否则造成严重后果的由学员自行负责赔偿。

三、机器人作业为带电作业，无论训练与实际应用过程中，都应注意安全第一，做好安全保护及物品管理，严格遵守各项规章制度。

四、机器人误操作极易造成安全事故，必须严格按照指导老师的指示操作，仅可在指定的工位，指定项目操作，不得自行改变培训内容。如违反规定造成设备损坏的，必须照价赔偿，并给予相应的处分，如果故意损坏设备设施或者有偷窃行为的，送有关部分严肃处理。

五、设备操作必须按照正确的流程进行，学员可以相互提醒或监督，但须注意不得无故干扰操作者，应保证每个学员都可以独立完成相关操作。

六、机器人基础操作培训工位严禁喧哗、打闹、玩手机，尽量保持安静。培训期间应将手机设置为静音。

七、爱护公物，保持场地工位卫生。操作介绍后自觉打扫场地卫生。

八、禁止乱丢纸屑、杂物，禁止带食物、饮料等进入工位，禁止吸烟、吃零食等。

九、自觉维护场地安全，防火防盗，遵守次序。操作介绍后注意关闭电源，保护气，压缩空气及门窗，放好材料及工具用具。

图 2-38　工业机器人实训室管理制度

（a）

（b）

图 2-39　安全帽及使用

进行工业机器人的操作、编程、维护时，作业人员必须至少佩戴以下安全工具。

① 适合于作业内容的工作服。

② 安全鞋。

③ 安全帽。

④ 与作业内容及环境相关的必备其他安全装备（如防护眼镜、防毒面具等）。

（4）安全围栏（见图 2-40）应满足以下要求。

① 安全围栏高度为 1.8 m，能够抵挡可预见的操作及周围冲击。

② 没有锋利的边缘，不能成为危险源。

③ 能够阻止人员绕过互锁设备进入保护区域。

④ 位置固定，需借助工具才能移动。

⑤ 不妨碍对工业机器人的工作过程进行查看。

⑥ 在工业机器人最大运动范围之外留有足够距离。

⑦ 要接地！

（a）

（b）

图 2-40　安全围栏

（5）安全器件及报警代码，如图 2-41 所示。

图 2-41　安全器件及报警代码

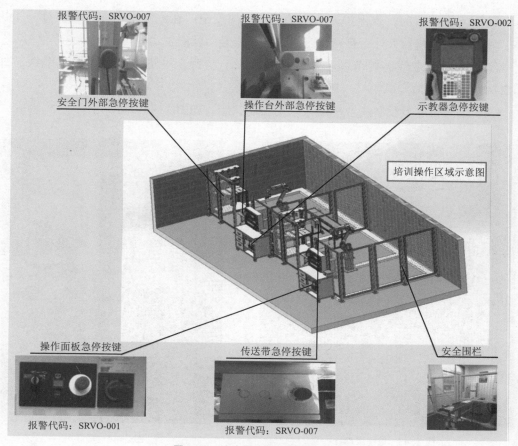

图 2-41 安全器件及报警代码（续）

注：自动模式下，若安全门未关闭，则报警代码：SRVO-004。

（6）安全门（见图 2-42）应满足以下要求。

① 除非安全门关闭，否则工业机器人不能自动运行。

② 安全门的关闭无法直接启动自动运行程序。

③ 当人员进入工作区域时，应使用安全门挡使安全门无法关闭。

④ 安全门可利用安全插销和插槽实现互锁。

（a）

（b）

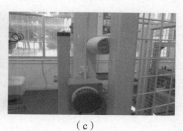
（c）

图 2-42 安全门

（a）安全门锁；（b）安全插销；（c）安全门挡

使用互锁装置时，带保护闸的防护装置应使安全门在危险发生前一直保持关闭状态，并且在工业机器人处于运行状态时，打开安全门就能发送一个停止或急停信号。

（7）电缆线走线需规范，并加线槽和盖板，走廊、过道内不可铺设电缆线，如图2-43所示。

（8）塔灯可有效反映工业机器人系统当前状态，如图2-44所示。

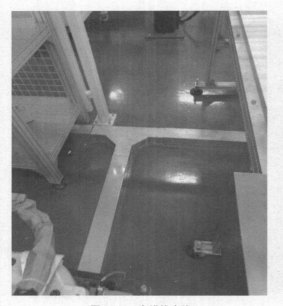

图2-43　电缆线走线

图2-44　塔灯

2.3.2　工业机器人不可使用的情况说明

不可使用工业机器人的情况如下。

（1）易燃的环境。

（2）有爆炸可能的环境。

（3）无线电干扰的环境。

（4）水中或高湿度的环境。

（5）以运输人或动物为目的的场合。

（6）需要攀附的场合。

（7）其他与FANUC公司推荐的安装及使用场合不一致的情况下。

2.3.3　工业机器人安全操作权限说明

1. 各作业人员的操作内容与权限

各作业人员的操作内容与权限如表2-8所示。

表 2-8　各作业人员的操作内容与权限

操作内容	操作人员	编程 / 示教人员	维护人员
打开 / 关闭控制柜电源	√	√	√
选择操作模式（AUTO，T1，T2）		√	√
选择 Remote/Local 模式		√	√
用示教器选择工业机器人程序		√	√
用外部设备选择工业机器人程序		√	√
在操作面板上启动工业机器人程序	√	√	√
用示教器启动工业机器人程序		√	√
用操作面板复位报警		√	√
用示教器复位报警	√	√	√
在示教器上设置数据	√		
用示教器示教			
用操作面板紧急停止		√	√
用示教器紧急停止		√	√
打开安全门紧急停止		√	√
操作面板的维护		√	
示教器的维护			√

1）操作人员

（1）打开或关闭控制柜电源。

（2）从操作面板启动机器人程序。

2）编程 / 示教人员

（1）操作工业机器人。

（2）在安全围栏内进行工业机器人的示教、外围设备的调试等。

3）维护人员

（1）操作工业机器人。

（2）在安全围栏内进行工业机器人的示教、外围设备的调试等。

（3）进行维护（修理、调整、更换）作业。

2. 注意

（1）操作人员不能在安全围栏内作业。

（2）编程人员、示教人员及维护人员可在安全围栏内作业，包括移机、设置、示教、调整、维护等。

【任务实操】

（1）在现场找到工业机器人实训室安全操作规程、工业机器人实训室管理制度、安全防护用具、安全围栏、安全器件及报警代码、安全门、电缆走线、塔灯这些安全设施，并观察其在安全状态下的形式。

（2）观察工业机器人的使用场合是否符合要求。

（3）明确作业人员的操作内容与权限。

【任务工单】

请按照要求完成该工作任务。

工作任务		任务 7　工业机器人工作站的安全调试规范					
姓名		班级		学号		日期	

学习情景

　　大家在对工业机器人技术有了一定的认识后，要进行大量的工业机器人编程、调试等训练，在进入实验室进行实训前，必须了解工业机器人安全系统的运行及组成原理。

任务要求

　　熟悉工业机器人培训现场安全设施及安全操作权限。

引导问题 1：

　　进行工业机器人的_____、_____、_____时，作业人员必须佩戴安全用具。

引导问题 2：

　　安全围栏高度为_____ m。

引导问题 3：

　　_____应使安全门在危险发生前一直保持关闭状态。

引导问题 4：

　　工业机器人工作站的急停包括_____急停键、_____急停键、_____急停键和_____急停键。

引导问题 5：

　　当安全门打开，并有人员进入工业机器人工作区域时，应将工业机器人的速度倍率限制在____以下。

引导问题 6：

　　工业机器人在运行过程中，一旦有人或物体进入防护栅区域，工业机器人将停止动作，示教器显示报警_____防护栅打开。

引导问题 7：

　　应在断开控制装置电源的状态下进行_____或_____作业。

引导问题 8：

　　_____安全速度信号，在安全围栏开启时，使工业机器人暂停。

引导问题 9：

　　应做到通过_____和_____等来识别工业机器人处在动作中。

引导问题 10：

　　应在系统的周围设置_____和_____。

引导问题 11：

　　进行_____和_____的作业人员，务必通过 FANUC 工业机器人的培训课程，并接受适当的培训。

工作任务		任务 7　工业机器人工作站的安全调试规范			
姓名		班级		学号	日期

引导问题 12：

判断题

1. 工业机器人可以应用于无线电干扰的环境中。　　　　　　　　　　　　　（　　）

2. 工业机器人工作站运行时，人员可以随意进出工作站防干涉区域。　　　　（　　）

3. 若将工业机器人应用于不当的环境中，可能会导致工业机器人的损坏，甚至还可能会对操作人员和现场其他人员的生命财产安全造成严重威胁。　　　　　　　　　　　　　　　　　（　　）

4. 下肢无裸露违反了操作工业机器人的规范。　　　　　　　　　　　　　　（　　）

5. 将工业机器人的正常运行速度倍率限制在 30% 以下。　　　　　　　　　（　　）

6. 必须按照系统配置的要求准备安全装置、安全门和互锁装置。　　　　　　（　　）

引导问题 13：

请在表 2-9 中作业人员对应的操作内容与权限上打√。

表 2-9　引导问题 13 表

操作内容	操作人员	编程 / 示教人员	维护人员
打开 / 关闭控制柜电源			
选择操作模式（AUTO，T1，T2）			
选择 Remote/Local 模式			
用示教器选择工业机器人程序			
用外部设备选择工业机器人程序			
在操作面板上启动工业机器人程序			
用示教器启动工业机器人程序			
用操作面板复位报警			
用示教器复位报警			
在示教器上设置数据			
用示教器示教			
用操作面板紧急停止			
用示教器紧急停止			
打开安全门紧急停止			
操作面板的维护			
示教器的维护			

任务 2.4　组装典型工业机器人搬运工作站

【知识目标】

（1）了解工业机器人本体的组成，掌握本体的作用及拆装方法。

（2）了解控制柜各器件的分布，掌握控制柜各器件的作用及拆装方法。

（3）了解气路接口的分布，掌握 EE，RMP 接口左右及定义。

【技能目标】

（1）能够熟练地拆装工业机器人本体。

（2）能够说出控制柜各器件的作用，能够正确拆装控制柜的主要器件。

（3）能够正确连接 EE 接口；能够拆装 RMP 接口。

【素养目标】

（1）增强空间想象力和动手能力，能够正确组装搬运工作站。

（2）在组装过程中与团队成员有效沟通，共同完成任务，提升团队协作能力。

【任务情景】

某柴油发动机生产线搬运工作站由于设备老化需要更换新的设备，其中包括工业机器人本体及控制柜。学生需要熟练掌握工业机器人本体和控制柜的拆装相关知识，同时还要正确连接工业机器人的气路。

【任务分析】

（1）了解工业机器人本体的组成，掌握本体的拆装技术。

（2）了解工业机器人控制柜的组成，掌握控制柜主要器件的拆装。

（3）了解工业机器人的进气口与出气口，并正确连接 EE 接口与 RMP 接口。

【知识储备】

一个典型的工业机器人系统（见图 2-45 所示）主要由软件系统和硬件系统组成，其中硬件系统主要由工业机器人本体、工业机器人控制柜、示教器及工业机器人的外部硬件设备（包括手爪、焊枪、传送带等）组成。

软件系统配置在控制柜内，可根据具体应用领域和控制柜内所配置的扩展卡件自行选择所要配置的系统软件，系统软件一般由生产厂家派出工程师根据客户需求进行安装。硬件系统的安装则要按照说明书以实际的安装情况进行，本节主要学习搬运工作站工业机器人本体的安装、控制柜的拆装与测试，以及工业机器人常用接口的作用和测试。

图 2-45 典型的工业机器人系统

2.4.1 搬运工作站工业机器人本体的安装

构建典型搬运工作站时，需要把出厂后的 FANUC 机器人本体安装到工作站中合适的位置。安装时一般不直接将本体安装于地面，而是安装在机器人底座上。机器人底座根据场地环境可自行设计，也可向生产厂家定制。对于重载机器人，可以采用吊运、叉车或起重机搬运的方法将其安装到底座上；对于轻载机器人，可以直接人工将其搬运到工作台上。

在安装 FANUC 机器人本体之前需要准备的安全措施有戴手套、穿安全鞋、戴安全帽，空置机器人电源电缆插头；需要准备的工具有羊角榔头，撬棒，叉车（2 t 以上）或起重机（2 t 以上），活动扳手 2 个，斜口钳，内六角扳手，安装用螺栓、螺母及垫片（与工业机器人型号有关），万用表，十字螺丝刀，夹线钳，金属接头，电工胶带，扎带，四芯线（单芯 2.5 mm² 以上）的电源电缆。

下面是 FANUC M-10iA/12 型机器人本体的安装步骤。

1. 开箱

（1）先拆木箱顶盖，再拆木箱四周（注意钉子伤人）。

（2）将工业机器人本体从运输的木箱中取出，并确定运输中无损坏。

2. 搬运工业机器人本体

（1）组合使用 2 个活动扳手将固定工业机器人本体与木箱底板的螺母拆掉。

（2）使用叉车或起重机将工业机器人本体及控制器搬运（吊装）至安装位置。

3. 安装工业机器人本体

用内六角扳手将工业机器人本体安装在底座上，并通过螺栓紧固，如图 2-46 所示。

4. 工业机器人上电

（1）使用夹线钳将金属接头装在电缆末端，并用电工胶带将电缆裸露处包好，如图 2-47 所示。

图 2-46　安装紧固螺栓

图 2-47　包好电缆裸露处

（2）将电源电缆安装在工业机器人电源开关的上装头（不分相位）。

（3）将 RMP 电缆的浩亭（HARTING）工业航空插头插在机器人底座相应插座上并扣好，再将地线用内六角螺丝固定在机器人底座的相应位置上，如图 2-48 所示。

（4）将工业机器人的 TP 电缆与工业机器人示教器相连接并拧紧接头。

（5）将工业机器人的电源开关置于 OFF 挡，再将电源电缆插头插在相应的电源插座上，正确连接好地线，如图 2-49 所示。

图 2-48　扣好电缆插头

图 2-49　正确连接地线

（6）使用万用表在电源开关上装头处量取线电压和相电压，确认线电压和相电压与控制器门板上的标签，以及机器人的检验数据表（inspection data sheet）中的数据一致，线电压的上、下限应为额定电压的 10%。

（7）释放操作面板和示教器的急停键。

（8）接通工业机器人电源，将电源开关置于 ON 挡，按下 POWERON 键给机器人通电。

在 FANUC M-10iA/12 型机器人本体的安装过程中，要注意以下几点。

（1）机器人的质量为 130 kg，必须使用相应负载能力的起重配件。

（2）在机器人固定到底座之前，不要改变机器人的姿态。

（3）机器人固定必须牢固可靠。

（4）安装时注意安全。

机器人控制柜器件
分布、作用及拆装
步骤

2.4.2 工业机器人控制柜的拆装与测试

以 FANUC 机器人 R-30iB Mate 控制柜为例学习控制柜核心控制器件、驱动模块和控制单元的分布。

1. 控制柜正面器件的分布和作用

图 2-50 所示为 R-30iB Mate 控制柜的外部正面图，在外部面板上分布着模式转换旋钮、控制柜启动键、急停键、电源开关和散热风扇。

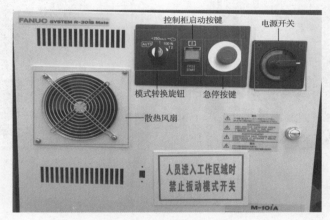

图 2-50　R-30iB 控制柜器件正面分布图

1）模式转换旋钮

模式转换旋钮用于切换工业机器人的手动和自动模式。当旋钮旋至 AUTO 挡时，工业机器人处于自动模式；当按钮旋至 T1 挡或 T2 挡时，工业机器人处于手动模式。T1 挡和 T2 挡的区别在于 T1 挡会对工业机器人的调试速度进行限速，最大调试速度为 250 mm/s，T2 挡可实现全速调试。

2）控制柜启动键

在自动模式下，将启动方式设置为"本地启动"后，按下控制柜启动键即可运行当前程序，它是自动运行方式中其中一种方式的启动键。

3）急停键

急停键在特殊情况和异常情况时按下。

4）电源开关

电源开关的作用是给工业机器人控制柜上电及打开控制柜柜门。当开关拨到红色区域时，控制柜上电；当开关拨到绿色区域时，控制柜断电。打开柜门的方法是在断电模式下，将电源开关拨到绿色区域后再逆时针旋钮即可。

5）散热风扇

因为控制柜中集成有伺服驱动模块、工业机器人主板、制动单元等电路，功率较大，器件容易发热，所以需要配置散热风扇给控制柜内部空间散热。

2. 控制柜内部器件和模块的分布及作用

控制柜内部分成两部分，分别是柜门背板部分和内部底板部分，其中柜门背板部分主要是工业机器人的主板模块，而内部底板部分主要是 6 轴伺服放大器、急停单元和 I/O 单元，具体如图 2-51 所示。各器件的功能介绍如下。

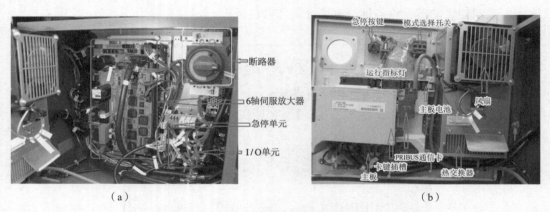

（a）　　　　　　　　　　　　　　　　　　（b）

图 2-51　控制柜内部器件分布图

（a）控制柜内部底板部分器件分布；（b）控制柜门背面器件分布

1）主板

工业机器人主板的功能类似于计算机主板，上面集成有 CPU、内存和各种用于扩展专用的卡件插槽。控制柜中配置了 PROFIBUS 通信板卡，同时还有 CRMA15 和 CRMA16 的接口，用于与外部设备进行信号交换，具体如图 2-52 所示。图 2-53 中标出了通信插槽位置，只需要用专门的板卡和插头接入相应插槽即可。

CRMA15 和 CRMA16 接口为工业机器人的数字 I/O（DI/DO）接口，需要与外部设备进行信号通信，因此，需要配置专门的插头，一头插到主板上的插槽，另一头接入接线端子的插槽，接头可以根据需要自行焊接。接口定义需要查看产品手册。

2）6 轴伺服放大器

6 轴伺服放大器在控制柜内的位置如图 2-54 所示，其作用是对工业机器人本体上 6 个轴上配套的伺服电机进行控制。工业机器人能够精确运动，主要是依靠该模块对工业机器人的位置和运行进行精确控制。

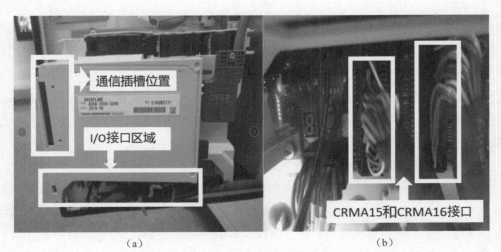

（a） （b）

图 2-52 控制柜内部主板结构

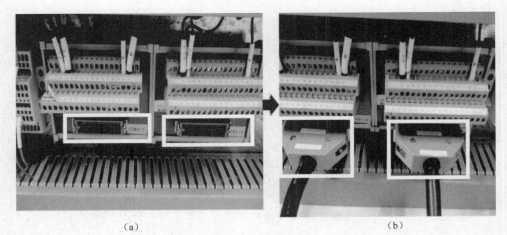

（a） （b）

图 2-53 通信插槽

图 2-54 6 轴伺服放大器

3）急停单元

急停单元主要用于处理工业机器人的急停键信号。当急停单元的接口接收到需要急停的信号时，将会按照对应的急停信号要求控制工业机器人急停。

3. 工业机器人控制柜主要器件的拆装

工业机器人控制柜由相关的控制单元组成，这些控制单元已由生产厂家在出厂时通过配置的标准接头进行连接，用户只需将插头插入对应的插口即可。以 R-30*i*B Mate 控制柜为例，各硬件单元在进行连接时，插头主要集中在主板和伺服放大器上，因此，在进行硬件单元的拆卸时，首先要拆卸这些插头。

1）主板的拆卸

第一步：如图 2-55 所示，首先切断电源，然后拆除视频接口（displayport，DP）电缆和 DP 板卡，再拆风扇和电池，最后拆黄色固定板的螺钉，把黄色固定板拿出即可。拆装时需要注意 DP 板卡是向外拔出，而风扇和电池向下按即可完成拆卸。

第二步：如图 2-56 所示，主板上有很多插头，插头的线上有具体插口标签，标签上的数字对应插头号，将这些插头从插座上拔下来。

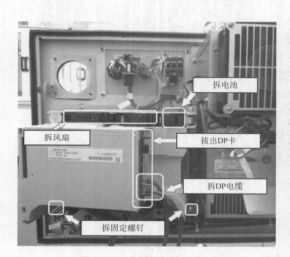

图 2-55　主板拆卸第一步

图 2-56　主板主要接口图

第三步：拆下主板与控制柜的固定螺钉即可完成主板的拆卸。

注意：把主板装回去时，插头和插座之间的标号一定要对上。

2）伺服放大器的拆卸

伺服放大器的拆卸步骤和主板的拆卸步骤相似，首先拆连接插头，然后拆固定螺钉，再将固定板拿出即可。拆卸完成的伺服放大器如图 2-57 所示。

主板和伺服放大器的安装过程与拆卸过程是互逆的，只需按照拆卸步骤的相反顺序即可将原来的器件和接线插头装回。

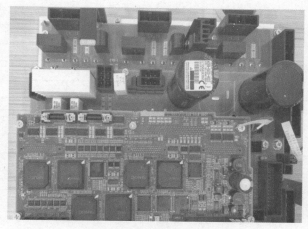

图 2-57 拆卸完成的伺服放大器

2.4.3 工业机器人常用接口的作用和测试

1. EE 接口的作用及接口定义

EE 接口是工业机器人本体上的 DI/DO 接口和电源输出接口，其在工业机器人上的位置及样式如图 2-58 所示。EE 接口的作用是为装在工业机器人本体上的设备提供 DI/DO 电气接线接口，并提供 24 V 控制电

机器人本体接口的作用及连接

源。图 2-58（a）中工业机器人本体上额外装了一个白色箱子，该箱子用于装载气阀和相应的继电器，EE 接口为这些气动装置提供了控制接口和电源，以达到工艺要求的气路控制。

  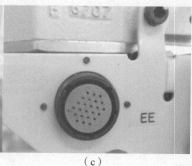

（a） （b） （c）

图 2-58 EE 接口

EE 接口的接口定义如图 2-59 所示，该接口主要分布着工业机器人的 DI/DO 通道，以及工业机器人本体自带的 24 V 电源。在该工业机器人本体上的 DI 接口用 RIX 表示，DO 接口用 ROX 表示，从图 2-59 中可知，该工业机器人分别有 8 个数字输入口和 8 个数字输出口。

71

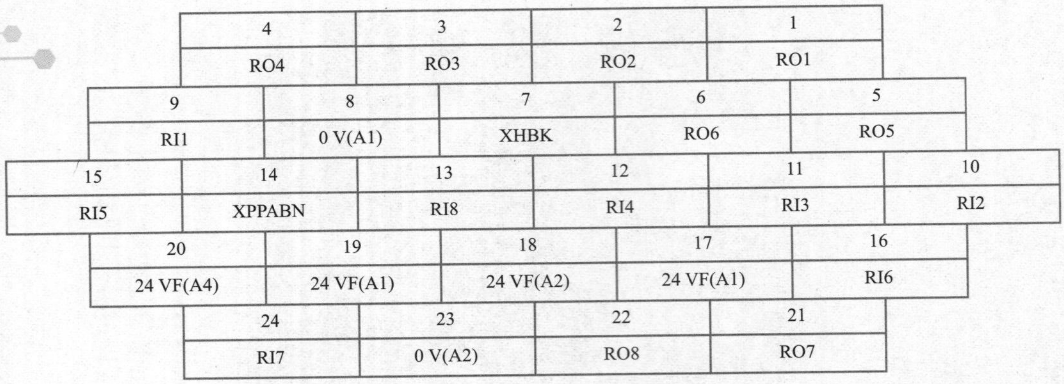

4
RO4
3
RO3
2
RO2
1
RO1
9
RI1
8
0 V(A1)
7
XHBK
6
RO6
5
RO5
15
RI5
14
XPPABN
13
RI8
12
RI4
11
RI3
10
RI2
20
24 VF(A4)
19
24 VF(A1)
18
24 VF(A2)
17
24 VF(A1)
16
RI6
24
RI7
23
0 V(A2)
22
RO8
21
RO7

图 2-59　EE 接口的接口定义

EE 接口为插针式接口，接口上有相应的阿拉伯数字对应图 2-58 中的针脚，在使用时根据需要选择对应的针脚，然后将信号线焊接到该针脚上引出即可。

EE 接口的调试是在手动模式下进行的。打开工业机器人的机器人接口界面，手动控制或监控工业机器人本体上 DI/DO 接口。图 2-60 所示为完成电气接线后，通过示教器监控数字输出口的监控界面。

I/O 机器人输出
#
模拟
状态
8/8
RO[1] U OFF
RO[2] U OFF
RO[3] U OFF
RO[4] U OFF
RO[5] U OFF
RO[6] U OFF
RO[7] U OFF
RO[8] U OFF
IN/OUT
ON
OFF
PREV
SHIFT
MENU
SELECT
EDIT
DATA
FCTN
NEXT
RESET
ITEM
ENTER
STEP
HOLD
FWD
BWD
POSN
I/O
STATUS

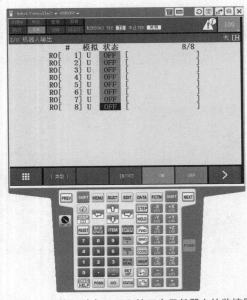

图 2-60　EE 接口对应 DI/DO 接口在示教器上的监控界面

举个例子，图 2-61 所示为通过 EE 接口实现气路控制的原理图，数字压力表接入的是 EE 接口的第 9 针，通过对比图 2-59，可知其信号接入了 RI1 接口，这表示可通过该接口的信号读取数字压力表的信号，然后通过程序对工业机器人进行控制。

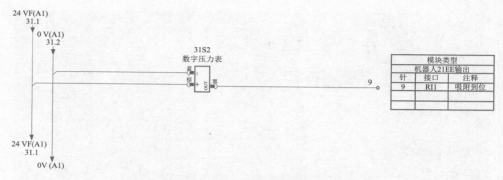

图 2-61　通过 EE 接口实现气路控制的原理图

2. RMP 接口的分布和作用

RMP 接口是工业机器人本体与控制柜系统连接的电气接口，如图 2-62 所示，工业机器人本体上伺服电机的电源线和控制线、编码器的电源线和信号线等都是通过该接口接入工业机器人本体。该接口也是插针式，具体的接口定义需要查看生产厂家提供的手册和资料。若要将该接口的公头和母头分开，则需将外部的两个金属卡扣（见图 2-62（a））往工业机器人本体方向拨开即可。

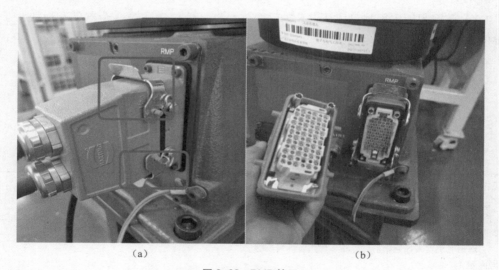

（a）　　　　　　　　　　　　　（b）

图 2-62　RMP 接口

3. 气路接口的分布和作用

该型号工业机器人有一对气路接口，分别是 RMP 接口旁的 AIR1 接口和 EE 接口旁的 AIR2 接口，如图 2-63 所示。外部气源通过 AIR1 接口接入工业机器人，并通过 AIR2 接口排出。因为工业机器人的外部工具主要接在第 6 轴上，为了防止气管在工业机器人上缠绕影响其动作，所以采取这样的接口布置方式。

（a）　　　（b）

图 2-63　气路接口

【任务实操】

（1）说出安装工业机器人本体的操作步骤。

（2）在控制柜上找到模式转换旋钮、控制柜启动键、急停键、电源开关，并解释它们的作用。

（3）在控制柜内部找到主板、6 轴伺服放大器、急停单元这 3 个器件和模块，了解它们的具体位置分布及作用。

（4）在工业机器人本体上找到 EE 接口，了解 EE 接口的定义及作用。

（5）在工业机器人本体上找到 RMP 接口，了解 RMP 接口的分布及作用。

【任务工单】

请按照要求完成该工作任务。

工作任务		任务 8　组装典型工业机器人搬运工作站					
姓名		班级		学号		日期	

学习情景
　　了解工业机器人控制柜器件分布、作用及拆装步骤。

引导问题 1：
　　控制柜面板上分布着_____、_____、_____、_____和_____。

引导问题 2：
　　当控制柜面板上模式转换旋钮旋至 AUTO 挡时，工业机器人处于_____。

引导问题 3：
　　T1 挡会对工业机器人的调试速度进行限速，最大调试速度为_____ mm/s，T2 挡可实现_____调试。

引导问题 4：
　　CRMA15 和 CRMA16 接口为工业机器人的_____接口，需要与外部设备进行信号通信。

引导问题 5：
　　控制柜内部由_____、_____、_____组成。

续表

工作任务	任务 8　组装典型工业机器人搬运工作站					
姓名		班级		学号		日期

引导问题 6：

判断题

当控制柜面板上模式转换旋钮旋至 T1 挡或 T2 挡时，工业机器人处于自动模式。　　　（　　　）

引导问题 7：

根据图 2-64 找到对应的实物所在位置，并说出对应部件的作用。

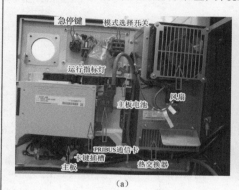

(a)

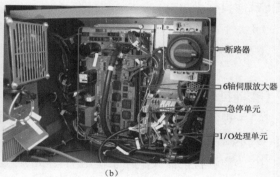

(b)

图 2-64　引导问题 7 图

引导问题 8：

写出主板的拆卸顺序。

引导问题 9：

写出 6 轴伺服放大器的拆卸顺序。

引导问题 10：

在表 2-10 中填写控制柜内部器件设备名称。

表 2-10　引导问题 10 表

序号	名称	型号或规格	数量

任务 2.5　搬运工作站下工业机器人坐标系的应用

🔑【知识目标】

（1）了解 FANUC 机器人坐标系的种类。

（2）掌握机器人坐标系的功能和作用。

工业机器人的基本
坐标系

🔑【技能目标】

（1）能够说出直角坐标系和关节坐标系的作用。

（2）能够通过示教器在不同坐标系下移动机器人。

🔑【素养目标】

（1）理解和掌握机器人坐标系设置的原理和方法，增强逻辑思维能力，培养严谨和一丝不苟的敬业奉献精神，以及精益求精的大国工匠精神。

（2）能够将机器人坐标系应用于实际的搬运工作站操作中，提高创新实践能力。

⚙【任务情景】

某柴油发动机生产线由于设备老化更换新的工业机器人，工业机器人安装完毕后，需要选择合适的机器人坐标系进行调试。本任务需要掌握 FANUC 机器人坐标系的功能与作用等相关知识，以便进行工业机器人的调试。

⚙【任务分析】

（1）了解机器人坐标系的概念。

（2）了解机器人坐标系的种类。

（3）掌握机器人坐标系的作用。

（4）能够在示教器上熟练设置不同坐标系并移动工业机器人。

✵【知识储备】

在任务 1.4 和任务 2.1 中已经讲解了工业机器人的发展、分类、基本结构，对工业机器人有了初步了解，也知道工业机器人是一种能够灵活且精确运动的智能设备，其主要功能是在特定场合进行精密运动和工作。工业机器人实现精密运动需要特定的坐标系，这样工业机器人才能知道自己的运动位置和运动方向。目前主流的工业机器人都是使用绝对值编码器进行位置检测，因此，确定了工业机器人的坐标系和坐标原点，也就确定了工业机器人在空间上的运动方向和位置值，可见，坐标系是机器人运动的依据。工业机器人有多种坐标系，用户可根据需要调用合理的坐标系。

2.5.1　工业机器人直角坐标系的应用

1. FANUC 机器人坐标系的种类

FANUC 机器人的坐标系分为关节坐标系和直角坐标系，如图 2-65 所示。其中直角坐标系又分为世界坐标系、手动坐标系、用户坐标系、工具坐标系 4 类。

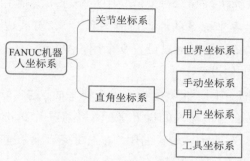

图 2-65　FANUC 机器人坐标系的分类

2. 直角坐标系的功能和作用

直角坐标系中机器人的位置和姿势，是通过从空间直角坐标系原点到工具侧直角坐标系原点（即 TCP）的坐标值（X，Y，Z），以及空间直角坐标系的相对 X 轴、Y 轴、Z 轴周围工具侧直角坐标系的旋转角（W，P，R）予以定义。

1）世界坐标系

世界坐标系是指空间上的标准直角坐标系，固定在机器人事先确定的位置，可用于手动操纵、一般移动、处理具有若干机器人或外部轴移动机器人的工作场合，是机器人默认的坐标系。其原点定义为机器人 J1 减速器轴线与 J2 减速器轴线所在平面的交点，Z 轴垂直于地面向上，X 轴指向机器人正前方，最后遵循右手法则确定 Y 轴。图 2-66 展示了世界坐标系下 X 轴、Y 轴、Z 轴的正负方向，以及机器人绕各轴旋转的正负方向。图 2-67 所示为在示教器上显示的 TCP 相对于世界坐标系的坐标值。

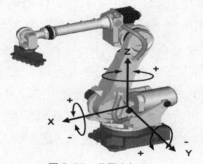

图 2-66　世界坐标系

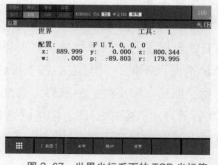

图 2-67　世界坐标系下的 TCP 坐标值

2）手动坐标系

手动坐标系是指在作业区域中为有效进行直角点动而定义的直角坐标系。只有在进行手动进给时才使用该坐标系，因此，手动坐标系的原点没有特殊含义。若未定义手动坐标系，则由世界坐标系来代替。

3）用户坐标系

用户坐标系是指用户对每个作业空间定义的直角坐标系，用于位置寄存器的示教和执行、位置补偿指令的执行等。若未定义用户坐标系，则由世界坐标系来代替。用户坐标系通过相对于世界坐标系的原点位置 (X, Y, Z)，以及 X 轴、Y 轴、Z 轴的旋转角 (W, P, R) 来定义。最多可以设置 9 个用户坐标系。三点法、四点法和直接输入法将在任务 5.4 介绍如何设置。

用户坐标系通常用于不同于世界坐标系的工作平面，这样方便用户校点。如图 2-68 所示，桌面上工件的平面与机器人的世界坐标系不在一个标准平面上，因此，需要设置用户坐标系，如图 2-69 所示。设置的用户坐标系与工件在同一个平面上，这样方便用户进行机器人轨迹和工作点的调试。

图 2-68　世界坐标系与工件平面　　　图 2-69　用户坐标系

4）工具坐标系

工具坐标系的原点一般为工业机器人第 6 轴法兰盘上的中心点。工具坐标系及其原点一旦成功设置，那么其相对于世界坐标系和用户坐标系的坐标值就会在空间上确定，而其他坐标系的坐标值也是相对于当前工具坐标系原点而言的，因此，工具不同，工具坐标系原点不同，其对应的各坐标值都会不同。FANUC 机器人可以设置多个工具坐标系，但是在出厂时，一般将工具坐标系原点默认设置在第 6 轴法兰盘的中心处。图 2-70 所示为示教器中工具坐标系设置界面，可看出系统有 10 个工具坐标系，但是其对应的 X, Y, Z 的值都为 0，这就意味着这些工具坐标都没有重新定义，处于默认位置，即第 6 轴法兰盘的中心处。

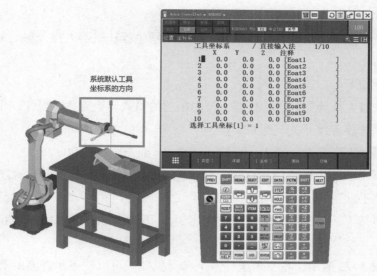

图 2-70 默认工具坐标系及其设置界面

在工业机器人的实际使用过程中，为了使用方便，会根据装在第 6 轴法兰盘上的工具设置工具坐标系，这是因为在特殊场合使用时，如焊接和喷涂，需要让工具绕着某个轴转，如果不重新设置工具坐标系，则当工具绕着某个轴转时，焊接点和喷涂点就会发生位置的偏移，无法满足工作需要。如图 2-71 所示，经过设置，已经将工具坐标系 1 的工具坐标系原点设置在焊枪的尖点处，而工具坐标系 1 的值也发生了变化。

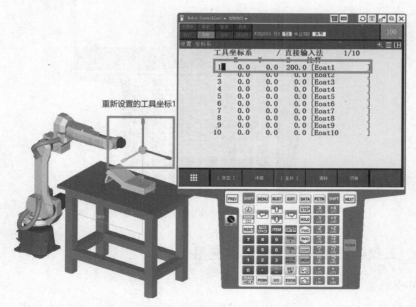

图 2-71 工具坐标系 1 设置界面

3. 在直角坐标系下移动机器人

在直角坐标系下用示教器移动机器人，即用示教器让机器人按 X 轴、Y 轴、Z 轴的正负方向移动。

具体步骤如下。

（1）给机器人系统上电，将机器人控制柜上的模式转换旋钮旋至 T1 挡。

（2）将示教器有效开关调到 ON 挡。

（3）将机器人姿态恢复到 J1：0；J2：0；J3：0；J4：0；J5：-90；J6：0。

（4）按下示教器上的 COORD 键，该键为坐标系的切换键，直到示教器显示为直角坐标系中"手动""世界""用户""工具"之一为止。

（5）同时按下运动键和 SHIFT 键进行上电，即按下 SHIFT+J1 轴到 J6 轴的任意一个键移动。

（6）如图 2-72 所示，在直角坐标系下移动机器人可以按下示教器的 POSN 键，再按下"世界"或"用户"功能键，实时观察机器人移动的位置值变化。

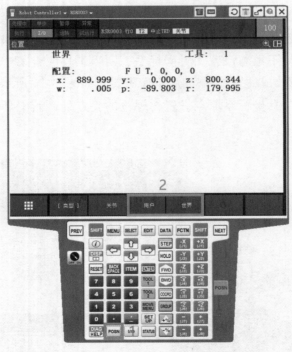

图 2-72　直角坐标系下移动机器人坐标值监控界面

2.5.2　工业机器人关节坐标系的应用

1. 关节坐标系的功能和作用

关节坐标系是定义各个关节移动时所对应坐标的坐标系。当在关节坐标系下调试机器人时，每个关节都独立移动。图 2-73 所示为关节坐标系下机器人各关节的运动方向。各关节在运动时都会相对关节坐标系原点有对应且独立的坐标值，具体如图 2-74 所示，其中坐标值表示机器人在当前姿态下所对应的各个轴的坐标值。

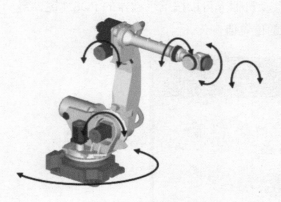

图 2-73 各关节运动方向

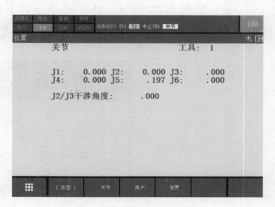

图 2-74 各关节运动的坐标值

需要注意的是这些坐标值对应的参考点就是机器人的机械零点，生产厂家在出厂时已经定义并设置好机械零点的位置。若机械零点丢失，则可参考各轴上的标记进行设置。图 2-75 和图 2-76 所示为机器人 J1 轴和 J3 轴生产厂家默认机械坐标零点的位置标记。其余 4 个轴在相应的位置都有类似标记。

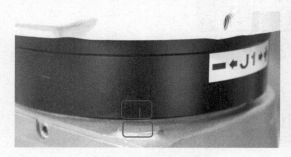

图 2-75 J1 轴坐标零点标记

图 2-76 J3 轴坐标零点标记

2. 在关节坐标下移动机器人

在关节坐标系和世界坐标系下移动机器人是最常用的移动机器人的方法。

在关节坐标系下用示教器移动机器人，即用示教器让机器人的 6 个轴按正负方向移动。

具体步骤如下。

（1）给机器人系统上电，将机器人控制柜上的模式转换旋钮旋至 T1 挡。

（2）示将教器自动运行开关调到 ON 挡。

（3）将机器人姿态恢复到 J1：0；J2：0；J3：0；J4：0；J5：-90；J6：0。

（4）按下示教器上的 COORD 键，直到示教器显示为"关节"坐标模式。

（5）同时按下运动键和 SHIFT 键进行上电，即按下 SHIFT+ 各轴移动的键。

（6）如图 2-77 所示，在关节坐标系下移动机器人可以按下示教器的 POSN 键，再按下"关节"功能键，实时观察机器人移动的位置值变化。

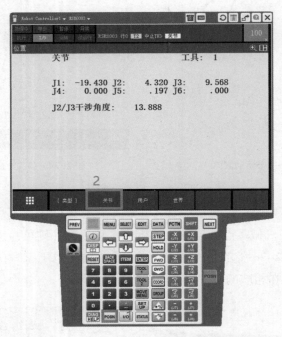

图 2-77　关节坐标系下移动机器人坐标值监控界面

🔑【任务实操】

　　某柴油发动机生产线搬运工作站 FANUC 机器人的运动轨迹定位不精准，需要重新示教机器人坐标才能投入生产，请利用学过的知识根据现场生产情况来示教机器人坐标。

（1）从储备知识中认识直角坐标系与关节坐标系的区别与作用。

（2）根据情况确定是选择直角坐标系还是关节坐标系。

（3）通过示教器在直角坐标系下示教机器人，并观察机器人坐标值监控界面。

（4）通过示教器在关节坐标系下示教机器人，并观察机器人坐标值监控界面。

🔑【任务工单】

　　请按照要求完成该工作任务。

工作任务		任务 9　搬运工作站下工业机器人坐标系的应用					
姓名		班级		学号		日期	

学习情景

　　工业机器人实现精密运动需要特定的坐标系，这样工业机器人才能知道自己的运动位置和运动方向。目前主流的工业机器人都是使用绝对值编码器进行位置检测，因此，确定了工业机器人的坐标系和坐标原点，也就确定了工业机器人在空间上的运动方向和位置值，可见坐标系是机器人运动的依据。工业机器人有多种坐标系，用户可根据需要调用合理的坐标系。

任务要求

　　某柴油发动机生产线搬运工作站 FANUC 机器人的运动轨迹定位不精准，需要重新示教机器人坐标才能投入生产，请利用学过的知识根据现场生产情况来示教机器人坐标。

引导问题 1：

　　FANUC 机器人的坐标系分为_____和_____。

引导问题 2：

　　直角坐标系又分为_____、_____、_____、_____ 4 类。

引导问题 3：

　　世界坐标原点定义为机器人_____轴线与_____轴线所在平面的_____。

引导问题 4：

　　若_____、_____未定义，则由世界坐标系来代替。

引导问题 5：

　　_____是用户对每个作业空间进行定义的直角坐标系。

引导问题 6：

　　_____的原点一般为工业机器人第 6 轴法兰盘上的中心点。

引导问题 7：

　　FANUC 机器人可以设置多个工具坐标系，在出厂时，一般默认为____个。

引导问题 8：

　　开机时，首先应将控制柜面板上的_____置于 ON 挡。

引导问题 9：

　　_____是指在作业区域为有效进行直角点动而定义的直角坐标系。

引导问题 10：

判断题

　　1. 关节坐标系是定义各个关节移动时所对应坐标的坐标系。　　　　　　　　　　　（　　　）

　　2. 当在关节坐标系下调试机器人时，每个关节都一起移动。　　　　　　　　　　（　　　）

　　3. 用户坐标系是指在作业区域中为有效进行直角点动而定义的直角坐标系。　　　（　　　）

　　4. 用户坐标系默认最多可以设置 10 个。　　　　　　　　　　　　　　　　　　　（　　　）

　　5. 工具坐标系原点没有重新定义，默认位置为第 6 轴法兰盘的中心处。　　　　　（　　　）

引导问题 11：

　　在关节坐标系下用示教器移动机器人的方法和步骤是什么？

引导问题 12：

　　在直角坐标系下用示教器移动机器人的方法和步骤是什么？

项目三

工业机器人仿真软件的应用

项目导学

项目图谱

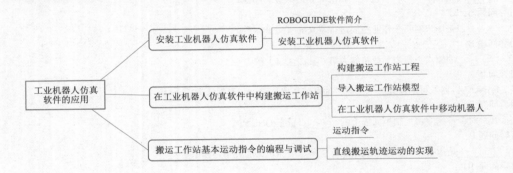

项目场景

　　为了生产新型柴油发动机，某企业的柴油发动机产线需要进行技术改造，其中搬运工作站需要重新布局调试。为避免重复工作，现需要使用工业机器人仿真软件进行场景布局及项目调试仿真。

　　本项目情境以如何利用工业机器人仿真软件对实际的搬运工作站进行离线仿真，学习工业机器人仿真软件的基础知识与操作技能，主要包括软件安装、工程创建、环境建立、基本指令编程及调试等，通过"做中学""做中教"，最终实现搬运工作站的仿真布局及调试。

项目描述

　　工业机器人仿真软件既可以用于辅助学习工业机器人的应用，也可以用来进行方案的设计、验证和展示，因此，在实际中有着广泛应用。本项目主要利用工业机器人仿真软件辅助学习工业机器人的编程、调试和参数设置，因此，只学习一些简单的仿真软件功能。若想进一步深入学习，则需要学习机器人虚拟仿真技术相关课程。

知识目标

（1）理解工业机器人仿真软件参数设置原理。
（2）理解工业机器人仿真软件菜单功能和控件原理。
（3）掌握构建简单搬运工作站的方法和步骤。
（4）掌握工业机器人基本动作指令的使用步骤和设置方法。

技能目标

（1）能够安装 ROBOGUIDE 软件。
（2）能够新建一个简单的工程。
（3）能够灵活利用各种空间和菜单构建一个搬运工作站。
（4）能够灵活应用基本动作指令。

素养目标

（1）培养自主学习和解决问题的能力，增强对新技术的接受和适应能力。
（2）培养创新思维和空间想象力，解决实际工业问题。
（3）通过对现实搬运工作站的模拟，理解和优化其工作流程，增强系统分析和解决问题的能力。
（4）将个人的技术成长与国家的工业化进程紧密相连，为国家的科技创新和产业升级贡献力量。
（5）在编程与调试过程中，团队成员应相互协助，共同完成任务，增强团队合作意识。

对应工业机器人集成应用职业技能等级要求（中级）

工业机器人集成应用职业技能等级要求（中级）参见工业机器人集成应用职业技能等级标准（标准代码：460009）中的表2。

（1）能使用离线编程软件，搭建虚拟工作站并进行模型定位和校准（3.1.1）。

（2）能使用离线编程软件，进行工业机器人运动轨迹的模拟，避免工业机器人在运动过程中的奇异点或设备碰撞等问题（3.1.3）。

（3）能按照工作站应用要求，进行工作站应用的虚拟仿真（3.1.4）。

任务 3.1 安装工业机器人仿真软件

【知识目标】

（1）了解工业机器人仿真软件的基本情况。

（2）掌握工业机器人仿真软件参数设置原理。

机器人仿真软件的
安装及工程的构建

【技能目标】

（1）能够检测工业机器人仿真安装环境。

（2）能够安装 ROBOGUIDE 软件。

【素养目标】

（1）通过独立完成工业机器人仿真软件的安装，培养自主学习和解决问题的能力。

（2）熟练掌握工业机器人仿真软件的安装和使用方法，增强对新技术的接受和适应能力，以适应新时代要求，为工业机器人技术的发展贡献智慧和力量。

【任务情景】

为了仿真搬运工作站，需要安装 ROBOGUIDE 软件。

【任务分析】

（1）了解工业机器人仿真软件的基本情况。

（2）掌握安装 ROBOGUIDE 软件的方法。

（3）正确安装 ROBOGUIDE 软件。

【知识储备】

3.1.1 ROBOGUIDE 软件简介

ROBOGUIDE 软件是 FANUC 机器人公司提供的一款离线仿真软件。该软件可围绕一个离线的三维世界模拟现实工业机器人及其周边设备的布局，并通过其中的示教器进行示教、编程，进一步模拟工业机器人的运动轨迹。通过这样的模拟可以验证方

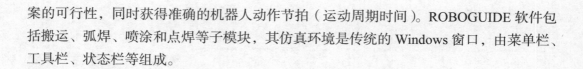

案的可行性，同时获得准确的机器人动作节拍（运动周期时间）。ROBOGUIDE 软件包括搬运、弧焊、喷涂和点焊等子模块，其仿真环境是传统的 Windows 窗口，由菜单栏、工具栏、状态栏等组成。

❖【任务实操】

3.1.2　安装工业机器人仿真软件

本书中所用 ROBOGUIDE 软件版本号为 V9.40，不同版本的操作界面略有不同。软件安装需要按照标准步骤进行，具体如下。

（1）在存储路径下打开…\FANUC ROBOGUIDE V9.4 文件夹，双击文件夹中的 setup.exe 文件，弹出图 3-1 所示对话框。

注意：有时系统也会提醒需要重启计算机后才可安装，若出现此提示，则按提示重启计算机后再重复安装步骤（1）。

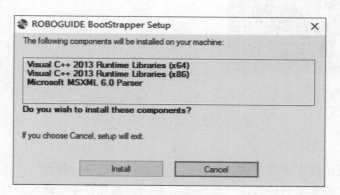

图 3-1　软件安装对话框

（2）在安装 ROBOGUIDE V9.40 前，需要先安装必要组件，单击图 3-1 所示对话框中的 Install 按钮即可安装。若单击后无法安装，可打开安装文件下的 Support 文件夹，在其中选择所列的组件手动安装，如图 3-2 所示。

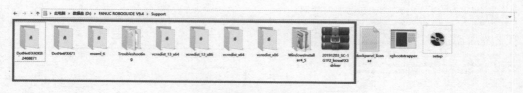

图 3-2　插件文件夹

（3）打开软件的安装文件夹，找到 setup.exe 文件，如图 3-3 所示。双击后弹出图 3-4 所示对话框，单击 Next 按钮进入下一步。

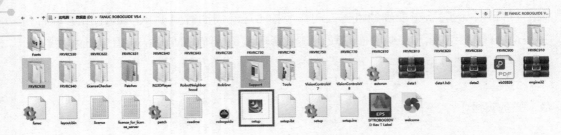

图 3-3　setup.exe 文件

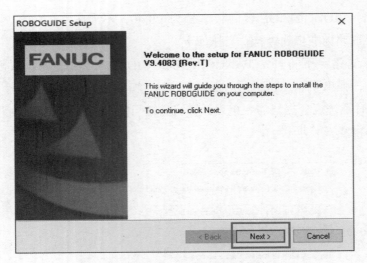

图 3-4　ROBOGUIDE Setup 对话框

（4）进入授权注意事项界面，如图 3-5 所示。单击 Yes 按钮。

（5）进入选择安装路径界面，如图 3-6 所示。选择好安装路径后单击 Next 按钮。

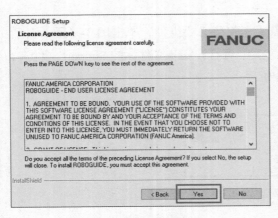

图 3-5　授权注意事项界面

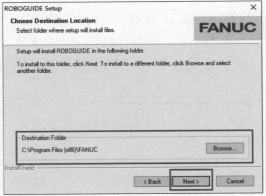

图 3-6　安装路径界面

（6）进入功能选择界面，如图 3-7 所示。保持默认状态，并单击 Next 按钮。

（7）进入授权数量选择界面，如图 3-8 所示。保持默认状态，并单击 Next 按钮。

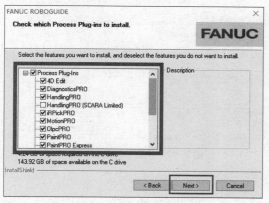

图 3-7　功能选择界面

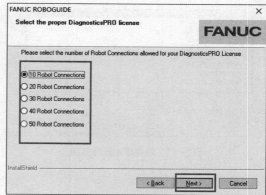

图 3-8　授权数量选择界面

（8）进入辅助功能选择界面，如图 3-9 所示。保持默认状态，并单击 Next 按钮。

（9）进入功能模块选择界面，如图 3-10 所示。根据需求选择需要的功能模块，选择好后单击 Next 按钮。

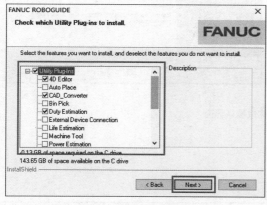

图 3-9　辅助功能选择界面

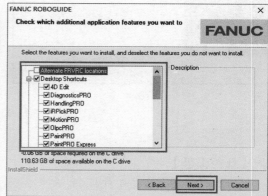

图 3-10　功能模块选择界面

（10）进入软件版本选择界面，如图 3-11 所示。本任务并不需要安装所有的软件版本，只需选择最新的或适用的版本进行安装即可。在此选择 V9.40 版本后单击 Next 按钮。

（11）进入设置信息汇总界面，如图 3-12 所示。此界面列出了设置信息，确认无误后单击 Next 按钮，开始安装，若发现错误，则单击 Back 按钮返回修改。

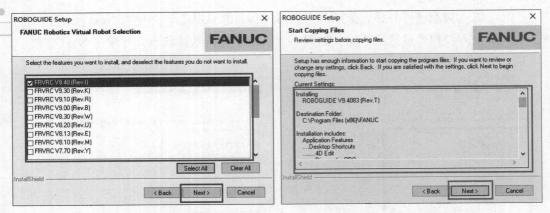

图 3-11　软件版本选择界面　　　　　图 3-12　设置信息汇总界面

（12）进入安装完成确认界面，如图 3-13 所示。单击 Finish 按钮结束安装，重启计算机后即可使用 ROBOGUIDE 软件。

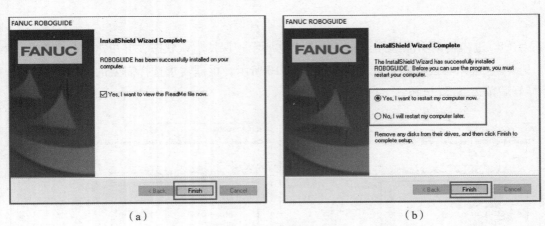

（a）　　　　　　　　　　　　　　　　　（b）

图 3-13　安装完成确认界面

【任务工单】

请按照要求完成该工作任务。

工作任务	任务 10　安装工业机器人仿真软件				
姓名		班级		学号		日期	

学习情景

　　ROBOGUIDE 软件是 FANUC 机器人公司提供的一款离线仿真软件。该软件可围绕一个离线的三维世界模拟现实工业机器人及其周边设备的布局，并通过示教、编程，进一步模拟工业机器人的运动轨迹。软件具体还包括搬运、弧焊、喷涂和点焊等典型应用模块，可针对性地对工业机器人的各种典型应用进行离线编程和仿真。

任务要求

　　安装 ROBOGUIDE 软件。

续表

工作任务		任务 10	安装工业机器人仿真软件				
姓名		班级		学号		日期	

引导问题 1：

　　ROBOGUIDE 是_____。

引导问题 2：

　　在安装 ROBOGUIDE V9.40 前，需要先安装若干组件，可单击_____按钮以安装。

引导问题 3：

　　组件安装后，继续安装_____。

任务 3.2　在工业机器人仿真软件中构建搬运工作站

【知识目标】

（1）了解工业机器人的工作流程和设计方法。

（2）掌握工业机器人仿真软件菜单功能和控件原理。

机器人仿真软件构
建搬运工作站

【技能目标】

（1）能够新建一个简单的工程。

（2）能够以真实工作站为参照，在工业机器人仿真软件中完成搬运工作站的搭建。

【素养目标】

（1）能够灵活运用工业机器人仿真软件构建复杂的搬运工作站模型，培养创新思维和空间想象力，解决实际工业问题。

（2）通过对现实工作站的模拟，理解和优化其工作流程，增强系统分析和解决问题的能力，强化创新思维，实践使命担当。

【任务情景】

　　工业机器人仿真软件已经安装完成，现在要按照已经建好的数字模型搭建搬运工作站。

【任务分析】

（1）掌握工业机器人仿真软件菜单功能和控件原理。

（2）能够新建一个简单的工程。

（3）能够以真实工作站为参照在工业机器人仿真软件中完成搬运工作站的搭建。

【知识储备】

3.2.1 构建搬运工作站工程

（1）ROBOGUIDE 软件安装完成后，双击图标即可进入软件，如图 3-14 所示。

图 3-14 仿真软件图标

（2）单击"新建工作单元"按钮（见图 3-15），弹出"工作单元创建向导"对话框。

图 3-15 "新建工作单元"按钮

（3）新建工作站总共要经过 9 个步骤，现在进入"步骤 1- 选择进程"界面，即根据任务需求选择合适的进程，这里选择 HandlingPRO 命令，如图 3-16 所示，然后单击"下一步"按钮。

（4）进入"步骤 2- 工作单元名称"界面，即给工作单元起名，注意要用英文。在"名称"文本框中输入 TEST0001,如图 3-17 所示,然后单击"下一步"按钮。

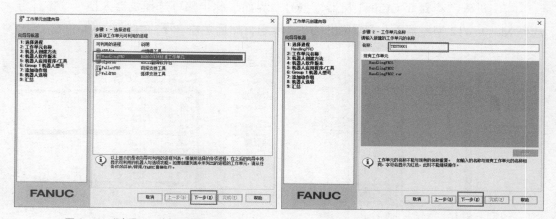

图 3-16 "步骤 1- 选择进程"界面   图 3-17 "步骤 2- 工作单元名称"界面

(5)进入"步骤 3- 机器人创建方法"界面,共提供 4 种机器人创建方法,具体如图 3-18 所示,分别为"新建""从上次的构成创建""从备份创建"及"创建虚拟机器人的副本"。一般只选中"新建"单选按钮,即根据默认配置创建一个新的机器人。单击"下一步"按钮。

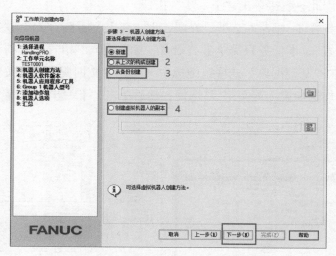

图 3-18 "步骤 3- 机器人创建方法"界面

(6)由于本项目只安装了一个版本的 ROBOGUIDE 软件,因此跳过"步骤 4- 机器人软件版本的选择"界面,直接进入"步骤 5- 机器人应用程序/工具"界面,如图 3-19 所示,此步骤可选择机器人的应用程序及工具,FANUC 机器人提供码垛、搬运、焊接、打磨等多种专用系统应用,可根据应用场合选择配置。以搬运为例,通常选择高版本,选择"稍后设置手爪"命令，然后单击"下一步"按钮。

（7）进入"步骤 6–Group1 机器人型号"界面，此步骤可选择机器人型号。本任务选择 M-10iA/12 型机器人，具体如图 3–20 所示，然后单击"下一步"按钮。

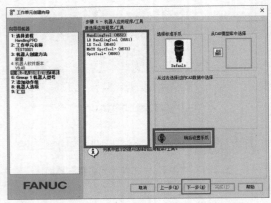

图 3-19　"步骤 5- 机器人的应用程序 / 工具"界面　　　图 3-20　"步骤 6-Group1 选择机器人型号"界面

（8）进入"步骤 7- 添加动作组"界面，该步骤为配置附加轴或机器人，如图 3–21 所示。当机器人要加行走轴、变位机等附加轴或机器人时在此步骤进行配置，而本任务不需要添加，因此，直接单击"下一步"按钮。

（9）进入"步骤 8- 机器人选项"界面，此处有 3 个标签，分别为"软件选项""语言"和"详细设置"，本任务只需单击"语言"标签进入"语言"选项卡，具体配置如图 3–22 所示，在"基础词典"选项组中选中"简体中文词典"单选按钮，"加选词典"选项组中勾选"加选词典（英文）"复选框，然后单击"下一步"按钮。

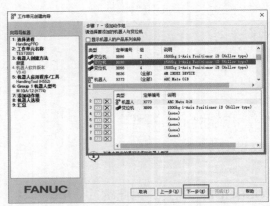
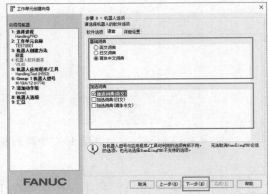

图 3-21　"步骤 7- 添加动作组"界面　　　　　图 3-22　"步骤 8- 机器人选项"界面

（10）进入"步骤 9- 汇总"界面，如图 3–23 所示。在此可以看见所有的配置信息，并检查配置是否正确，若不正确，则可返回修改，若没问题，则单击"完成"按钮。

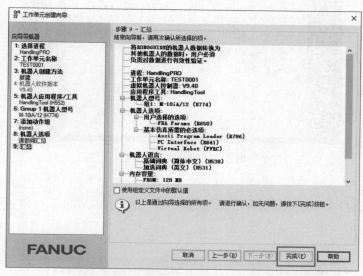

图 3-23 "步骤 9- 汇总"界面

（11）完成配置后弹出"正在开始 Robot Controller1：初始化启动"对话框，具体配置参照如下步骤。

第一步：选择法兰盘类型，如图 3-24 所示，在此输入 1 选择常规法兰盘，按下 ENTER 键进入下一步。

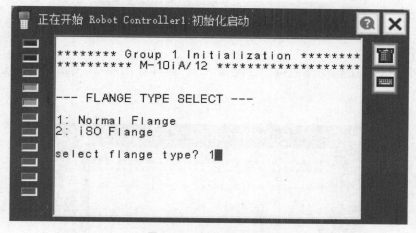

图 3-24 选择法兰盘类型

第二步：选择机器人型号，如图 3-25 所示，在此根据选用的机器人型号输入 2，按下 ENTER 键进入下一步。

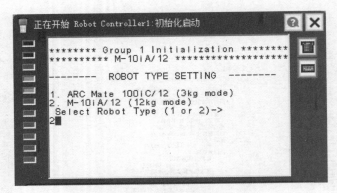

图 3-25　选择机器人型号

　　第三步：选择 J5 轴和 J6 轴的动作范围界面，如图 3-26 所示，在此输入 1，按下 ENTER 键进入下一步。

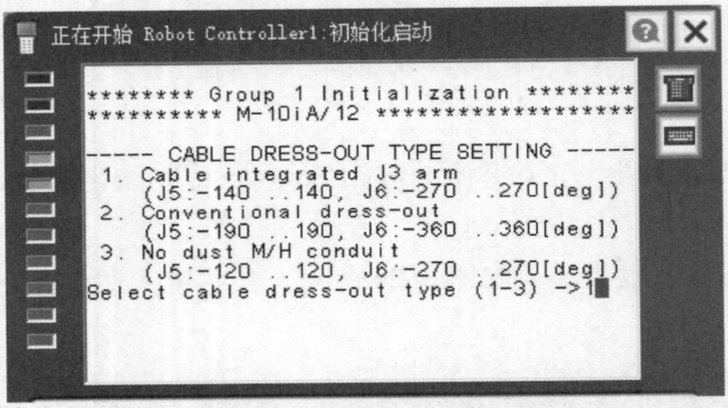

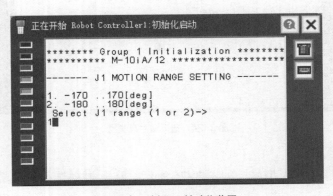

图 3-26　选择 J5 轴和 J6 轴的动作范围

　　第四步：选择 J1 轴动作范围，在此输入 1，具体如图 3-27 所示，按下 ENTER 键结束选择。

图 3-27　选择 J1 轴动作范围

配置完成后进入软件开始窗口，在工具栏单击"示教器"按钮即可弹出示教器，如图 3-28 所示。由于在"步骤 8"中已经设置"基础词典"为"简体中文词典"，因此，示教器的语言为中文。

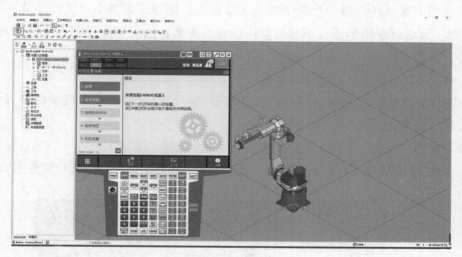

图 3-28 示教器

【任务实操】

3.2.2 导入搬运工作站模型

进入 ROBOGUIDE 软件后，窗口中仅显示机器人，周边都是空的，因此，应将需要的模型导入软件才能组成形象的仿真系统。在 ROBOGUIDE 软件中，有 3 种常用节点可进行模型导入，分别是"工装""工件"和"障碍物"，节点具体位置如图 3-29 所示。

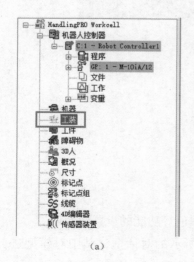

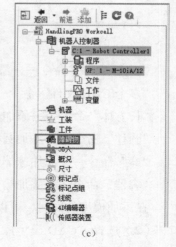

（a） （b） （c）

图 3-29 模型导入节点位置

由"工装""工件"和"障碍物"3 个节点所导入的模型在软件中对应的具体功能不同，由"工装"节点导入的模型具有动画运动功能，若需要在工作台表现抓取和放下物料的仿真效果，则必须利用该节点导入模型；"工件"节点通常用于导入物料，若需要在仿真中从传送带中把箱子放到工作台上，则箱子需要由"工件"节点导入；"障碍物"节点通常用于导入不参与动作仿真的模型，如安全围栏和工业机器人的控制柜等。

1. 导入系统自带模型的方法和步骤

ROBOGUIDE 软件系统自带一部分通用模型，可以通过模型库目录将模型导入，以"工装"节点导入模型库中的模型为例，具体操作步骤如下。

（1）右击"工装"节点，在弹出的快捷菜单中选择"添加工装"→"CAD 模型库"命令，如图 3-30 所示。在"添加工装"级联菜单下还有多个命令，其功能分别如下。

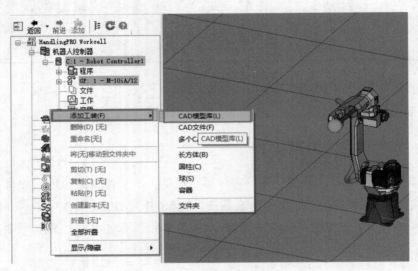

图 3-30　导入模型步骤

"CAD 文件"命令——添加单个 CAD 文件。

"多个 CAD 文件"命令——添加多个 CAD 文件。

"长方体"命令——添加长方体。

"圆柱"命令——添加圆柱体。

"球"命令——添加球体。

"容器"命令——添加箱子。

在添加模型的同时，可以对模型进行大小、尺寸、颜色等功能的设置及修改。

（2）选择"CAD 模型库"命令后，会弹出图 3-31 所示的对话框，其中对模型进行分类，包含常用的安全围栏、货架、桌子、传送带、工件等，可根据需要自行选用。

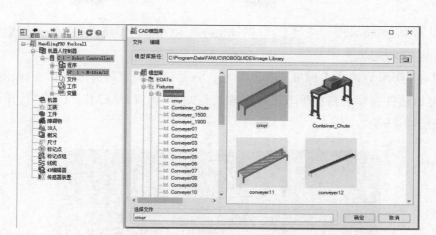

图 3-31 "CAD 模型库"对话框

在"CAD 模型库"对话框中双击 cnvyr 节点，即可将该传送带模型显示在窗口中，如图 3-32 所示。导入模型后会弹出相应对话框，可设置模型的大小和位置，同时也可拖动模型的坐标轴调整位置。模型生成后会在"工装"节点下产生一个 cnvyr 节点，即为当前模型，可右击删除模型，也可双击配置模型参数。

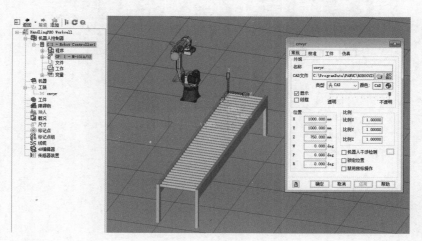

图 3-32 导入模型

2. 导入外部模型的方法和步骤

ROBOGUIDE 软件系统自带的模型库种类虽然较多，但在实际应用中往往需要与想要仿真的实体一一对应，因此，就需要导入已经设计好的模型。下面介绍如何将已经设计好的模型进行编辑并导入到 ROBOGUIDE 软件中。

根据本任务描述，搬运工作站中除了工业机器人外，还有外部工作平台、工业机器人的夹具放置平台及传送带等，此时可利用 SOLIDWORKS 软件调试搬运工作站的三维建模，然后再将该模型按照 1：1 的比例导入 ROBOGUIDE 软件中。具体步骤如下。

1）打开标准模型

图 3-33 所示为机器人标准工作站模型，只要计算机上装有 SOLIDWORKS 软件，即可通过该软件在存放路径下双击"标准工作站布局 .SLDASM"文件，打开该模型，具体如图 3-34 所示。

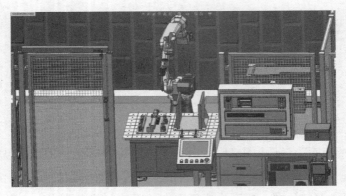

图 3-33 机器人标准工作站模型

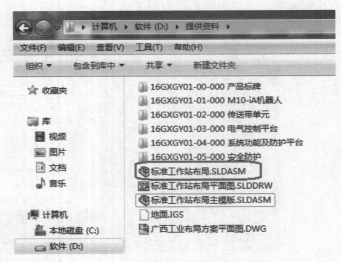

图 3-34 机器人标准工作站模型文件

2）分析模型

打开标准模型后需要分析哪些是需要的，哪些是不需要的。例如，在 ROBOGUIDE 软件新建工程后自带机器人，因此，导入的模型中不需要机器人。模型处理步骤如下。

（1）首先确定模型中哪些需要，哪些不需要，如图 3-35 所示，方框中圈出的部分是不需要的模型。

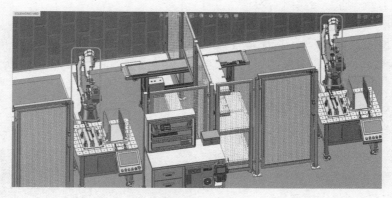

图 3-35　分析模型

（2）确定不要的模型后，需要在 SOLIDWORKS 软件中将这些不要的模型进行压缩，压缩并不是删除这些模型，而是把这些模型隐藏起来，这样导入 ROBOGUIDE 软件时就不会显示出来。以图 3-35 中的机器人为例，需要隐藏机器人，首先在 SOLIDWORKS 软件中找到目录树，具体如图 3-36 所示。当单击目录树中机器人所对应的节点时，机器人会变成深灰色。

注意：在 SOLIWORKS 软件中机器人由很多组合体组成，正确操作是选中根节点使机器人全部变成深灰色，若没选中根节点，则机器人仅会部分变成深灰色。

图 3-36　找到要隐藏的模型

3）压缩模型

压缩模型的目的是隐藏不需要的模型。选中目录树中机器人对应的节点并右击，在弹出的快捷菜单中单击"压缩"按钮即可隐藏该模型，具体如图 3-37 所示。

图 3-37　压缩机器人模型

压缩完成后如图 3-38 所示。在图 3-35 中圈出的模型已经隐藏。

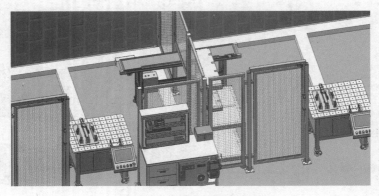

图 3-38　压缩完成的模型

4）另存文件

完成模型的压缩后，需要对工程以 ROBOGUIDE 软件能够识别的文件格式进行保存，具体步骤为选择"保存"→"另存为"命令，在弹出的对话框中选择 IGES 格式，并将文件命名为"标准工作站布局 1"，具体如图 3-39 所示。

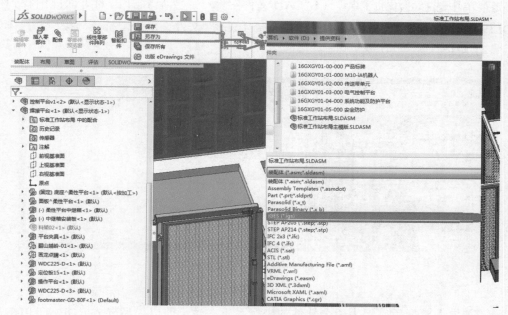

图 3-39　另存模型文件

在保存过程中，若弹出图 3-40 所示对话框，则单击"否"按钮，因为在步骤 3）中隐藏了不需要的模型，若单击"是"按钮，则模型会隐藏失败。

图 3-40　隐藏功能选择对话框

保存成功后，在存储文件夹中将会出现"标准工作站布局 1.IGS"文件。

5）在 ROBOGUIDE 软件中导入模型

完成标准模型的处理后，需要将该模型导入 ROBOGUIDE 软件，具体步骤如下。

（1）打开 3.2.1 节建立的 TEST0001 工程，然后右击"工装"节点，在弹出的快捷菜单中选择"添加工装"→"CAD 文件"命令，然后在弹出的对话框中找到用 SOLIWORKS 软件保存的"标准工作站布局 1.IGS"文件，单击"打开"按钮，具体如图 3-41 所示。

图 3-41　导入所需的模型

（2）导入模型后，因为两个软件的坐标系不一致，所以模型导入 ROBOGUIDE 软件后，会出现很大的位置偏差。如图 3-42 所示，模型导入的位置离基准面很远，要把窗口缩小才能找到导入的模型，因此，需要对模型的位置进行设置和调整。

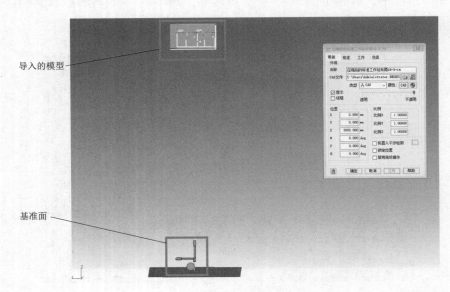

图 3-42　导入的模型

（3）导入的模型与基准面并不对应，因此，需要对导入的模型进行旋转调整。根据坐标系情况，需要让模型首先绕 X 轴旋转 90°，然后再绕 Z 轴旋转 90°。旋转后的效果如图 3-43 所示。此时导入的模型已经与基准面布局方向吻合，但是仍然不在一个平面上，需要进一步调整。

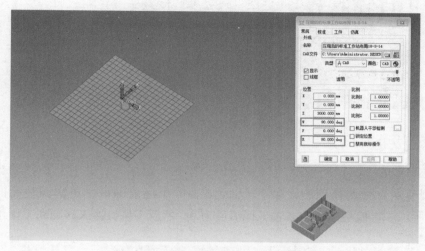

图 3-43 旋转后的模型

（4）单击工具栏中的"测量"按钮，弹出"测量距离"对话框，然后选择机器人底座作为基准点的起始点，选择模型的地面作为测量点的终点，可看到对话框中 $X, Y,$ Z 对应的文本框中会自动生成测量数值，再将这些值全部设置为 0，这样模型的基准面和机器人的基准面基本对应完成。参数设置如图 3-44 所示，调整完成后的效果如图 3-45 所示。

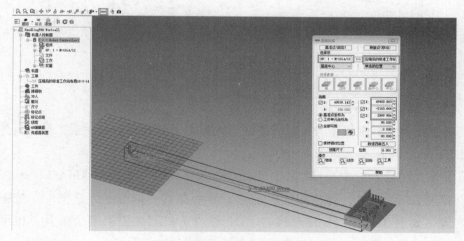

图 3-44 测量及设置数值

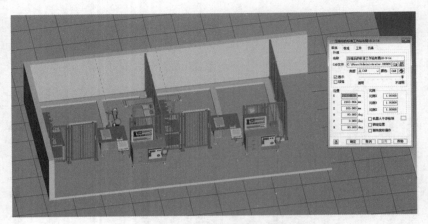

图 3-45 调整完成后的模型分布图

通过测量的方法调整模型的位置还是会存在一定偏差，此时只需移动机器人或双击模型节点，微调模型的 X 轴、Y 轴、Z 轴的坐标值即可。再次调整后的效果如图 3-46 所示。将模型当前的 Z 轴坐标值设为 0，然后再将机器人移动到工作位置。

图 3-46 调整好的模型效果图

6）导入机器人第 6 轴上的手爪工具

完成工作站的标准模型导入后，下面导入机器人第 6 轴上的手爪工具。具体操作步骤如下。

（1）首先在目录树中选择 C:1-Robot Controller1 → GP:1-M-10iA/12 → "工具"节点，双击 Eoat1 节点，弹出相应对话框，然后在其中单击"打开文件"按钮进行工具配置，如图 3-47 所示。ROBOGUIDE 软件为机器人提供多个工具，也可以在软件中添加工具，按照对应的工具标号选择工具即可。

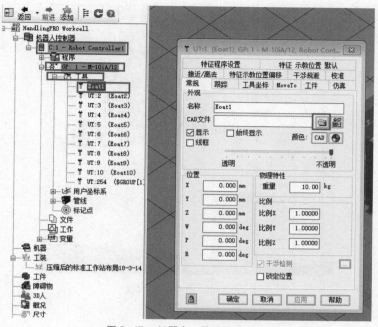

图 3-47　机器人工具配置对话框

（2）在"常规"标签中，单击"打开文件"按钮后，在弹出的对话框中找到模型存放的路径，找到"过曲线手爪 .IGS"文件并打开，即可把已经设计好的手爪模型导入机器人第 6 轴法兰盘上，如图 3-48 所示。

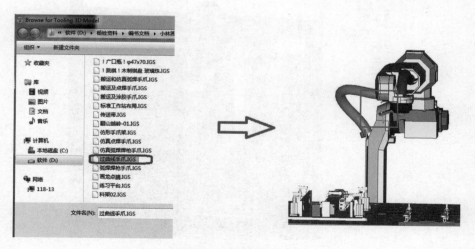

图 3-48　添加手爪工具

（3）手爪导入后发现位置并不完全准确，因此，需要对手爪位置进行调整。拖动手爪中绿色坐标系调整手爪位置，使其和第 6 轴法兰盘位置相互对接，如图 3-49 所示。

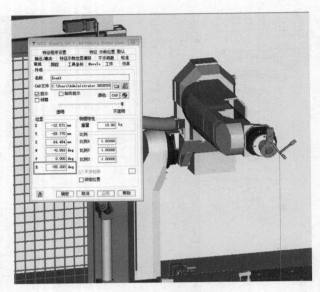

图 3-49　调整手爪位置

7）导入搬运轨迹模型

导入搬运轨迹模型的方法和前面导入工作站标准模型的方法一样，利用"工装"命令按指定路径导入"搬运轨迹 -01.IGS"模型。导入成功后调整搬运轨迹模型到合适位置，效果如图 3-50 所示。

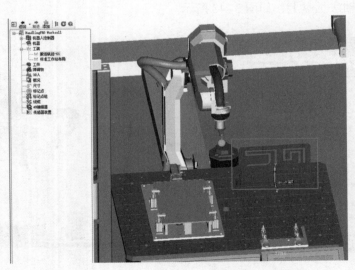

图 3-50　导入"搬运轨迹 -01.IGS"模型并调整位置

3.2.3　在工业机器人仿真软件中移动机器人

在 ROBOGUIDE 软件中移动机器人通常有两种方法，第一种与移动实体机器人的方法相同——使用示教器移动机器人（这个方法在任务 2.5 中讲解，这里不再进行描述）；第二种是通过拖动工具坐标系来移动机器人，其具体步骤如下。

（1）在目录树中选择 C:1–Robot Controller1 → GP:1–M-10iA/12 →"工具"节点，双击 UT:1（Eoat1）节点，在弹出的对话框中单击"工具坐标"标签，进入"工具坐标"选项卡，如图 3-51 所示。

（2）设置手爪工具的工具坐标，如图 3-52 所示，具体步骤如下。

① 勾选"编辑工具坐标系"复选框。

② 拖动绿色工具坐标系至工具尖点位置。

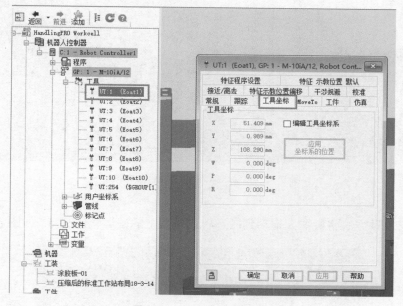

图 3-51　"工具坐标"选项卡

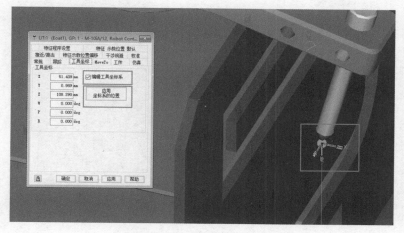

图 3-52　设置手爪的工具坐标

③单击"应用坐标系的位置"按钮，完成设置。

（3）单击工具尖点的绿色球体，会出现一个坐标系，可以通过拖动这个坐标系的 X 轴、Y 轴、Z 轴来移动机器人，也可以通过按住键盘的 SHIFT 键，同时拖动坐标系的 X 轴、Y 轴、Z 轴以旋转机器人末端来改变机器人的姿态，如图 3-53 所示。

图 3-53　拖动工具坐标系各轴移动机器人

通过第二种方法将机器人拖动到搬运轨迹模型上的搬运轨迹起点，如图 3-54 所示。

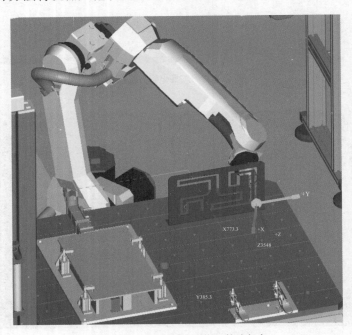

图 3-54　移动机器人到搬运轨迹起点

【任务工单】

请按照要求完成该工作任务。

工作任务		任务 11　在工业机器人仿真软件中构建搬运工作站				
姓名		班级		学号		日期	

学习情景

现在需要设计一个搬运工作站，请利用所学软件进行合理设计。

任务要求

按照实验室的布局标准，利用已经构件好的模型，在 ROBOGUIDE 软件中按照 1 ∶ 1 的比例导入模型，并完成仿真场景下搬运工作站的搭建。

引导问题 1：

"添加工装"级联菜单下的菜单功能分别是什么？

"CAD 文件"命令——_____。

"多个 CAD 文件"命令——_____。

"长方体"命令——_____。

"圆柱"命令——_____。

"球"命令——_____。

"容器"命令——_____。

引导问题 2：

在添加模型的同时，可以对模型进行_____、_____、_____等功能的设置及修改。

引导问题 3：

导入机器人第 6 轴上的手爪工具步骤是什么？

（1）在目录树中选择_____→GP:1-M-10iA/12→"工具"节点，双击_____节点，弹出相应对话框。

（2）在"常规"标签中，单击_____按钮后，在弹出的对话框中找到模型存放的路径，找到"过曲线手爪.IGS"文件并打开，即可把已经设计好的手抓模型导入机器人第 6 轴法兰盘上。

（3）手爪导入后发现位置并不完全准确，因此，需要对手爪位置进行调整。拖动手爪中绿色_____调整手爪位置，使其和第 6 轴法兰盘位置相互对接。

引导问题 4：

导入外部模型的步骤如下，每个步骤都需要注意哪些问题？

（1）打开标准模型。

（2）分析模型。

（3）压缩模型。

（4）另存文件。

（5）向 ROBOGUIDE 软件中导入模型。

引导问题 5：

在工业机器人仿真软件中如何通过示教器移动机器人。

引导问题 6：

在工业机器人仿真软件中如何通过拖动工具坐标系移动机器人。

任务 3.3　搬运工作站基本运动指令的编程与调试

【知识目标】

（1）掌握基本运动指令的使用步骤。

（2）掌握基本运动指令的设置方法。

【技能目标】

（1）能够完成直线段搬运轨迹的程序编写及校点。

（2）能够使用工业机器人仿真软件对程序进行验证和调试。

【素养目标】

（1）通过编程与调试实践，将个人的技术成长与国家的工业化进程紧密相连，为国家的科技创新和产业升级贡献力量。

（2）在编程与调试过程中，团队成员应相互协助，共同完成任务，增强团队合作意识。

【任务情景】

在任务 3.2 构建的搬运工作站中，需要编程控制机器人第 6 轴上的工具按照图 3-55 所示路径规划从点 A 向点 B 运行，完成动作后工具回到机器人的工作起始点。

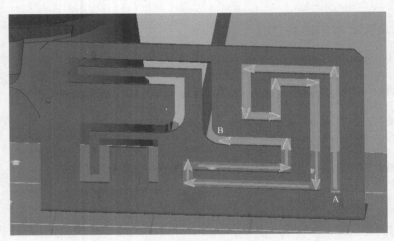

图 3-55　工具路径规划"翻山越岭"模型 1

【任务分析】

要对机器人进行编程和校点，这里会用到机器人的运动指令，使机器人按照图 3-55 所示工具路径规划行走。

【知识储备】

3.3.1　运动指令

运动指令是指以指定的移动速度和移动方法使机器人向作业空间内指定位置移动的指令。FANUC 机器人的运动指令包括位置数据、运动速度、定位类型、动作附加指令等。运动指令书写格式如图 3-56 所示。

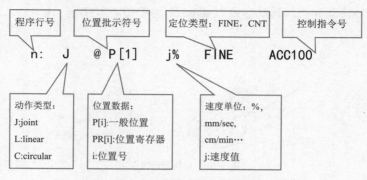

图 3-56 运动指令书写格式

1. 运动指令类型

1）关节运动指令：J（joint）

关节运动是指工具在两个指定的点之间任意运动，不进行轨迹控制和姿势控制，如图 3-57 所示。

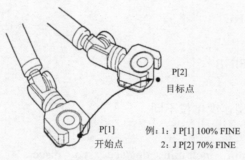

图 3-57 关节运动指令

2）直线运动指令：L（linear）

直线运动是指工具在两个指定的点之间沿直线运动，以线性方式对从动作开始点到结束点的移动轨迹进行控制的一种移动方法，如图 3-58 所示。

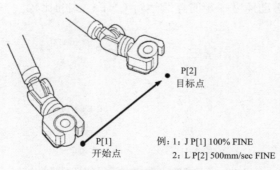

图 3-58 直线运动指令

图 3-59 所示的旋转运动是指使用直线运动，使工具姿势从开始点到结束点以尖点中心旋转的一种移动方法。移动速度以 deg/sec 为单位予以指定。

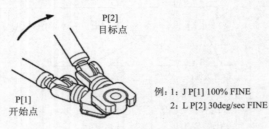

P[2]
目标点

P[1]
开始点

例：1：J P[1] 100% FINE
2：L P[2] 30deg/sec FINE

图 3-59　旋转运动指令

3）圆弧运动指令：C（circular）

圆弧运动指令将在项目四中做详细讲解，这里不做过多讲述。

2. 位置数据

P[ ]：一般位置。

例：J P[1] 100% FINE

PR[ ]：位置寄存器。

例：J PR[1] 100% FINE

3. 速度单位

对应不同的运动类型速度单位不同。

J：%，sec，msec。

L/C：mm/sec，cm/min，inch/min，deg/sec，sec，msec。

4. 定位类型

FINE　　　　　　　例：J P[1] 100%　FINE

CNT（0～100）$\begin{cases} L\ P[2]\ 2000mm/sec\ CNT100 \\ J\ P[3]\ 100\%\quad FINE \\ [END] \end{cases}$

图 3-60 所示为运动速度一定时连续运行 CNT 模式的比较。

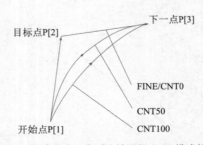

下一点P[3]

目标点P[2]

FINE/CNT0

CNT50

开始点P[1]

CNT100

图 3-60　运动速度一定时连续运行 CNT 模式的比较

由图 3-60 可知，CNT0 与 FINE 的运行模式相当，即均到达点 P[2]，当连续运行分别为 CNT50 和 CNT100 时，点 P[1]、点 P[2]、点 P[3] 之间的弧度曲率随着数值的增加而逐渐减小。

由图 3-61 可知，绕过工件的运动使用 CNT 模式作为运动定位类型，可以使机器人的运动看上去更连贯。在实际的应用中，当机器人手爪的姿态突变时，会浪费一些运行时间；而当机器人手爪的姿态逐渐变化时，机器人可以运动得更快，这也是使用 CNT 模式的一个重要原因。其示教步骤如下。

（1）用一个合适的姿态示教开始点。

（2）用一个和示教开始点差不多的姿态示教最后一点。

（3）在开始点和最后一点之间示教机器人，并观察手爪的姿态是否逐渐变化。

（4）不断调整，尽可能使机器人的姿态不要突变。

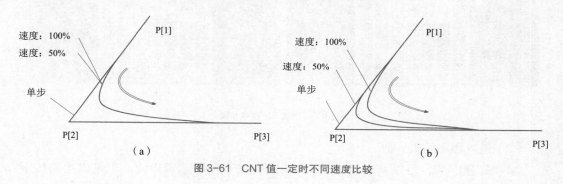

图 3-61　CNT 值一定时不同速度比较

另外，在示教的过程中，注意要避免产生奇异点（MOTN-023 stop in singularity），即机器人 J5 轴在或接近 0° 位置。

当示教中产生该报警时，可以使用关节运动指令将 J5 轴调开 0° 的位置，然后按下 RESET 键即可消除该报警；若运行程序机器人时产生该报警，则可以将动作指令的动作类型改为 J，或者修改机器人的位置姿态，以避开奇异点位置，也可以使用附加动作指令（Wjnt）。

【任务实操】

3.3.2　直线搬运轨迹运动的实现

1. 在示教器中建立程序

（1）在示教器上按下 SELECT 键，在弹出的界面中按下"创建"功能键，进入"创建 TP 程序"界面，在该界面中输入 LX100 以命名程序，最后按下 ENTER 键即可完成程序的创建。整个过程具体如图 3-62 所示，其中所标记的数字为步骤的先后顺序。

提示：本书以 ROBOGUIDE 软件中的仿真示教器为主进行讲解，仿真示教器的功能键从左到右依次对应实物示教器的 F1~F5 功能键。

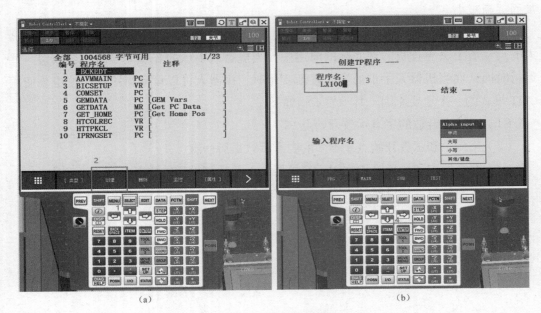

图 3-62　创建 TP 程序步骤

（2）进入程序编辑界面。

建立好程序后，可以直接按下 EDIT 功能键进入程序编辑界面，也可以重新按下 SELECT 键找到刚才建立的程序 LX100，然后移动光标选中该程序，按下 ENTER 键进入该程序的编辑界面，具体如图 3-63 所示。

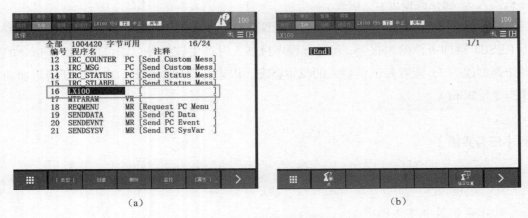

图 3-63　进入程序编辑界面

2. 编写程序并校点

（1）FANUC 机器人在工作时，习惯给机器人设定一个工作起始点，通常在关节坐标系下设定机器人的工作起始点 P[1]，设定方法如下。

①按下"点"功能键，如图 3-64（a）所示；弹出"标准动作"对话框，选择 J P［］100% FINE（关节运动指令）命令，如图 3-64（b）所示。

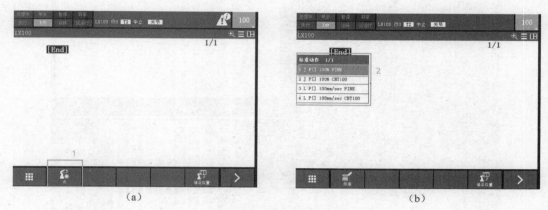

图 3-64　插入关节运动指令步骤

② 将点 P[1] 设置为"关节型坐标点"，J5 轴设置为 -90，其他轴设为 0，该位置点即成为机器人的工作起始点。具体的设置方法为在程序中任意取一个点，然后按下"位置位"功能键，按图 3-65 所示步骤进行设置。

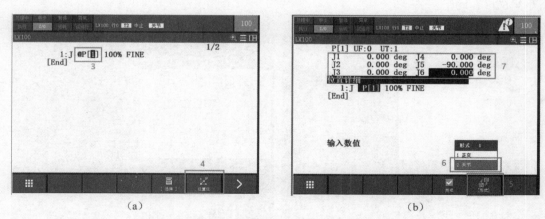

图 3-65　设定机器人工作起始点步骤

（2）将机器人移动到设置好的点 P[1]，首先将有效开关置于 ON 挡，然后按下 SHIFT 键，再按下 FWD 键。

注意：当程序中 P[1] 前出现符号 @ 时，表示机器人已经运动到点 P[1] 设置的工作起始点，如 3-66 图所示。

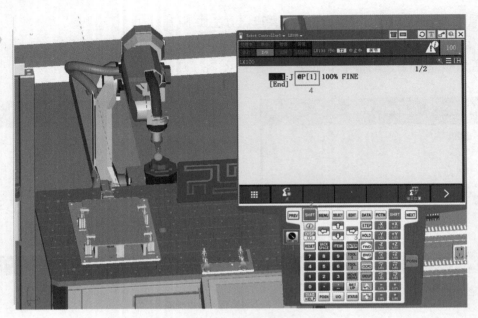

图 3-66　将机器人移动到工作起始点

（3）通过拖动工具坐标系的方法将机器人移动到安全位置 1，并插入关节运动指令记录当前位置，如图 3-67（a）所示；通过相同的方法移动并记录安全位置 2，如图 3-67（b）所示。

（a）　　　　　　　　　　　　　　　　　　　（b）

图 3-67　关节运动到安全位置并记录

（4）通过拖动工具坐标系的方法将机器人移动到搬运轨迹起始点，并插入直线运动指令记录当前位置，如图 3-68 所示。

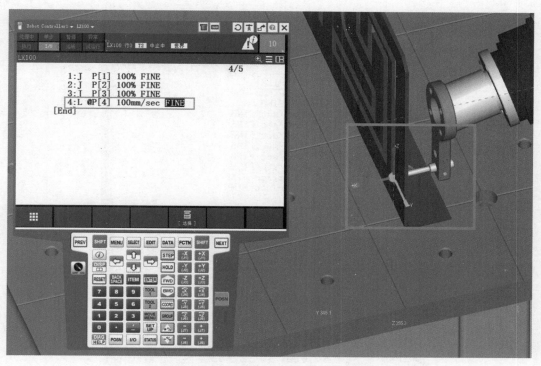

图 3-68 直线运动到搬运轨迹起始点并记录

（5）参考步骤（4）的方法完成图 3-55 所示路径规划，最终程序如图 3-69 所示。

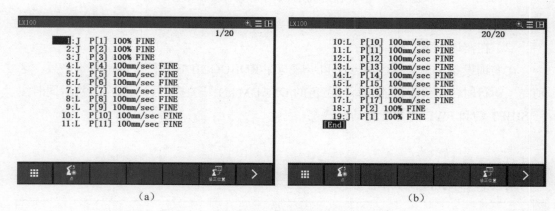

图 3-69 搬运轨迹程序

3. 运行并调试程序

1）在 ROBOGUIDE 软件手动模式下模拟运行程序

首先将有效开关置于 ON 挡，然后将光标移至程序第一行，按下 STEP 键调至连续运行模式，再按下 SHIFT 键，最后按下 FWD 键，步骤如图 3-70 所示。

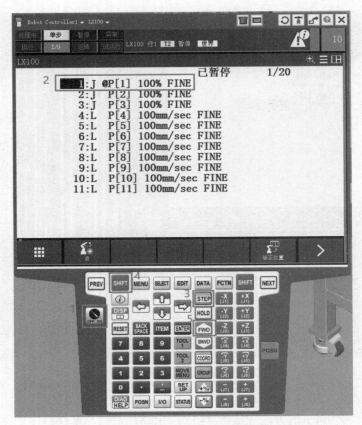

图 3-70　在 ROBOGUIDE 软件手动模式模拟运行程序步骤

2）在实训设备上调试程序

在实训设备上调试程序的方法和步骤与在 ROBOGUIDE 软件中调试基本一致，区别在于运行时，需要将机器人背面黄色的 DEADMAN 开关按下到工作位，然后同时按下 SHIFT 键和 FWD 键才能驱动机器人。

【任务工单】

请按照要求完成该工作任务。

工作任务		任务 12　搬运工作站基本运动指令的编程与调试					
姓名		班级		学号		日期	

学习情景

搬运工作站基本运动指令的编程与调试。

任务要求

在任务 3.2 构建的搬运工作站基础上导出路径规划模型，如图 3-71 所示，然后编程控制机器人第 6 轴上的工具按照图中路径规划从点 A 向点 B 运动，完成动作后再回到机器人的工作起始点。

续表

工作任务	任务 12　搬运工作站基本运动指令的编程与调试					
姓名		班级		学号		日期

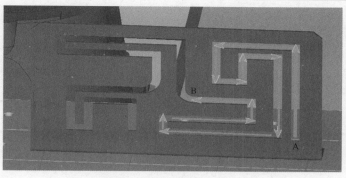

图 3-71　工具路径规划模型

引导问题 1：

关节动作指令用英文字母_____表示，直线动作指令用英文字母_____表示。

引导问题 2：

当出程序中 P[1] 前出现符号 @ 时，表示机器人_____。

引导问题 3：

程序命名方式有 4 种：单词 、_____、_____、_____。

引导问题 4：

示教器启动有_____、_____、_____。

引导问题 5：

FANUC 机器人运动类型有_____、_____、_____。

引导问题 6：

判断题

1. 在 FINE 模式下，机器人运动到一个点后会走直线运动到另外一个点。（　　）

2. 在 CNT 模式下，机器人运动弧度越大说明 CNT 后面数字越小。（　　）

3. 当在两点间选择关节动作指令运动时，机器人一定会走直线。（　　）

4. 需要经过奇异点时，必须用直线运动指令。（　　）

5. 直线运动是指将机器人移动到指定位置的基本移动方法。（　　）

6. 一条动作指令，包含动作类型、位置资料、移动速度、定位类型、动作附加指令等信息。（　　）

7. 在创建和编辑程序时，一定要确认示教器的有效开关处于 OFF 挡状态。（　　）

8. CNT 指定 100 时，机器人在目标位置附近不减速且马上向着下一个点开始动作。（　　）

9. 在 T1 调试模式下，程序只能通过示教器启动，机器人能以指定的最大速度运行，且安全围栏信号无效。

（　　）

引导问题 7：

如图 3-72 所示，写出直线动作指令说明。

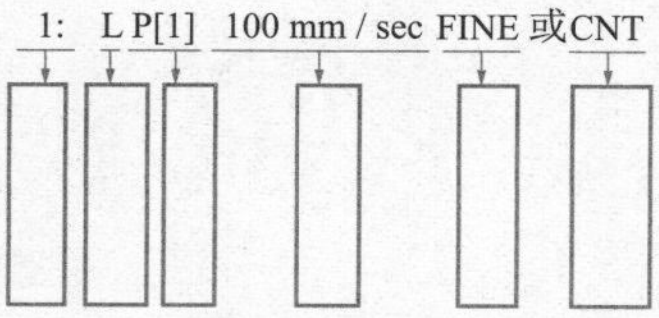

1:　L P[1]　100 mm / sec FINE 或CNT

图 3-72　引导问题 7

工作任务		任务 12　搬运工作站基本运动指令的编程与调试					
姓名		班级		学号		日期	

引导问题 8:

　　定位类型 FINE 和 CNT 的区别是什么?

引导问题 9:

　　为实现任务 12 的方法和步骤。

引导问题 10:

　　在编程、安装接线、程序上传、调试中可能出现哪些问题,应如何解决?

引导问题 11:

　　谈谈完成本任务的心得体会。

项目四

编程调试工业机器人搬运工作站

项目导学

项目图谱

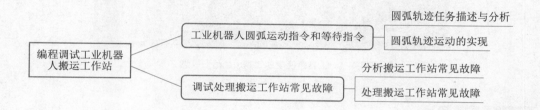

圆弧轨迹任务描述与分析

工业机器人圆弧运动指令和等待指令

圆弧轨迹运动的实现

编程调试工业机器人搬运工作站

分析搬运工作站常见故障

调试处理搬运工作站常见故障

处理搬运工作站常见故障

项目场景

对于一个企业来说，工业机器人对于提高产品的质量和生产效率有十分重要的作用，而工业机器人的程序路径规划又对产品的生产效率至关重要，因此，需要采取科学、合理的机器人编程路径方案，来保证工业机器人高效、安全、稳定、健康、经济地运行。本项目以搬运工作站的维护保养为总任务，以某企业的柴油发动机生产线为参考，学习机器人的编程调试操作技能，主要包括机器人圆弧轨迹运动的实现、搬运工作站常见故障的处理等，通过"做中学""做中教"，最终实现搬运工作站的编程调试。

项目描述

某企业有一条柴油发动机生产线，其搬运工作站在运行过程中因机器人运动轨迹过于生硬（运动轨迹全为直线运动轨迹，并且没有做好路线规划），造成生产过程中机器人在某些路径有轻微摩擦，无法顺利通过，并且还会造成机器人的故障报错。

在项目三中利用 ROBOGUIDE 软件学习了机器人编程，以及利用基本动作指令完成"翻山越岭"模型部分路径的行走。在任务 3.3 中完成了点 A 到点 B 的行走，但是走到点 B 后，发现再往前走将会有一段圆弧路径，如图 4-1 所示，而通过此路径用直线或者关节动作指令无法轻易通过，因此，需要使用圆弧运动指令。本项目学习如何利用圆弧运动指令和等待指令驱动机器人完成"翻山越岭"模型特定路径的行走，并且解决一些常见的机器人故障报错。

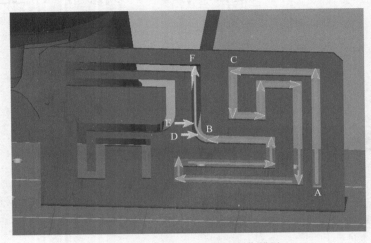

图 4-1　工具路径规划"翻山越岭"模型 2

知识目标

（1）掌握圆弧运动指及等待指令的使用方法、步骤和参数设置。

（2）掌握 FANUC 机器人常见故障原因。

（3）掌握消除 FANUC 机器人常见故障的方法。

技能目标

（1）灵活掌握圆弧运动指令及等待指令的应用。

（2）能够根据报警故障信息消除机器人产生的故障。

素养目标

（1）通过编写圆弧运动指令程序实现工业机器人精准操作，提升编程技能和逻辑思维能力，在指令运用过程中要认真、专注，精益求精。

（2）熟练掌握调试方法，确保圆弧运动指令的准确性，培养细致耐心的素养和专注力，并指出圆弧运动指令在搬运工作站的重要作用，引导学生掌握本领、立足专业、培养工程意识、提升整体工作效率。

（3）通过调试处理常见故障，增强问题解决和应变能力，培养学生的责任心和专业素养。

（4）与团队成员协作处理故障，共同面对挑战，提高工作站的稳定性和可靠性，了解故障的数字化解决方法，追求故障处理结果的尽善尽美。

对应工业机器人操作与运维职业技能等级要求（中级）

工业机器人操作与运维职业技能等级要求（中级）参见工业机器人操作与运维职业技能等级标准（标准代码：460001）中的表2。

（1）能完成工业机器人的典型手动示教操作（矩形轨迹、三角形轨迹、曲线轨迹和圆弧轨迹等）（2.1.6）。

（2）能对工业机器人控制柜软故障进行检测（4.2.1）。

（3）能诊断工业机器人周边设备故障（4.2.2）。

（4）能诊断工业机器人控制柜计算机单元、保险装置（安全板）、伺服驱动单元、配电板等电器部件的故障（4.2.3）。

（5）能根据工业机器人故障现象查询故障码，并排除（4.2.4）。

任务 4.1 工业机器人圆弧运动指令和等待指令

【知识目标】

（1）掌握圆弧运动指令及等待指令的使用方法、步骤和参数设置。

（2）能够说出圆弧运动指令的应用场景。

工业机器人圆弧和
等待指令的运用

【技能目标】

灵活掌握圆弧运动指令及等待指令的应用。

【素养目标】

（1）通过编写圆弧运动指令程序实现工业机器人精准操作，提升编程技能和逻辑思维能力，在指令运用过程中要认真、专注，精益求精。

（2）熟练掌握调试方法，确保圆弧运动指令的准确性，培养细致耐心的素养和专注力，指出圆弧运动指令在搬运工作站的重要作用，引导学生掌握本领，立足专业，培养工程意识，提升整体工作效率。

✪【任务情景】

某企业有一条柴油发动机生产线，其搬运工作站在运行过程中因机器人运动轨迹过于生硬（运动轨迹全为直线运动轨迹，并且没有做好路线规划），造成生产过程中机器人在某些路径有轻微摩擦，无法顺利通过。现在请分析机器人的路径，并对机器人的路径做优化。

✪【任务分析】

熟练使用圆弧运动指令及等待指令。

✪【知识储备】

调试翻山越岭程序

4.1.1 圆弧轨迹任务描述与分析

1. 任务的描述

（1）本任务需要机器人第 6 轴上的工具以"翻山越岭"模型（见图 4-1）为对象，首先以点 A 为路径的起点，到达点 C 后停留 5 s，然后继续沿着路径依次通过点 B、点 D、点 E 和点 F，最后回到工作原点。

（2）在 ROBOGUIDE 软件中完成功能的仿真。

（3）在实训设备上完成编程和调试。

2. 任务的分析

（1）本任务需要在点 C 停留 5 s，因此，需要用到机器人的等待指令。

（2）到达点 B 后需要经过一段圆弧，因此，需要用到机器人的圆弧运动指令。

（3）通过其他点的动作用 3.3.1 节所学的直线和关节动作指令即可实现。

✪【任务实操】

4.1.2 圆弧轨迹运动的实现

实现任务的方法和步骤如下。

（1）打开程序 LX100，然后通过 ROBOGUIDE 软件中的示教器将机器人单步调试到点 C，具体步骤如图 4-2 所示。

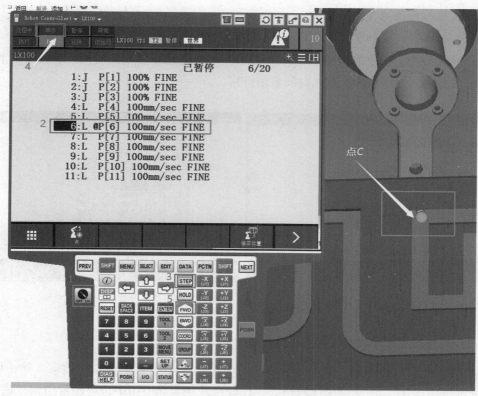

图 4-2　机器人移动到点 C 步骤

（2）通过任务分析可知，当机器人第 6 轴上的工具运动到点 C 后需要停留 5 s，因此，在这里需要插入一段等待指令，具体方法和步骤如下。

① 在程序第 6 行和第 7 行间插入 1 行空行。

具体操作如图 4-3 所示，首先将光标移动到第 7 行，按下"编辑"功能键，弹出"编辑"菜单，选择"插入"命令，弹出"插入多少行？"此处输入数字 1，最后按下 ENTER 键。

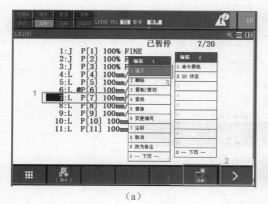

（a）

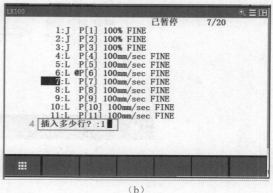

（b）

图 4-3　插入空行步骤

② 在空行中插入 WAIT 指令。

a. 插入 WAIT 指令的步骤如图 4-4 所示。

b. 设置 WAIT 指令的步骤如图 4-5 所示。首先将光标移动到时间处，按下"直接指定"功能键，在示教器上输入时间数值即可。

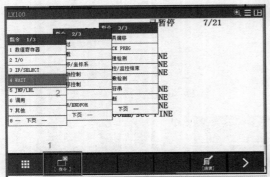

图 4-4　插入 WAIT 指令步骤　　　　图 4-5　设置 WAIT 指令的步骤

③ WAIT 指令解析。

从图 4-4 中可以看到，在调用 WAIT 指令时，菜单中有多种调用形式，除了调用等待时间的格式外，还能调用比较格式。比较格式在实际应用中也会经常用到，现以 = 格式为例来学习如何使用比较格式。

如图 4-6 所示，可以通过"选择"功能键弹出"等待指令"菜单选择比较的对象，可以数字输入口为对象，也可以存储器为对象进行比较，一旦比较条件成立，就可以运行程序下一步。具体选用哪种类型作为比较对象，需要根据控制工艺要求进行确定。

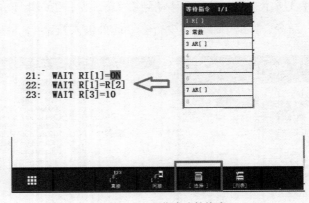

图 4-6　WAIT 指令比较格式

（3）将机器人按轨迹要求调试到点 B，通过本任务分析可知，点 B 之后需要运行一段圆弧轨迹，因此，在点 B 后需要调用一段圆弧运动指令，具体方法和步骤如下。

①圆弧运动指令调用步骤如图 4-7 所示。用示教器在世界坐标系下将机器人第 6 轴法兰盘上的工具移动到点 D 位置，之后在下一行空行位置处用点动作指令调出一段 FINE 模式的指令，然后按下"选择"功能键，弹出"动作修改"菜单，在其中选择"圆弧"命令，调用完成后的界面如图 4-8 所示。

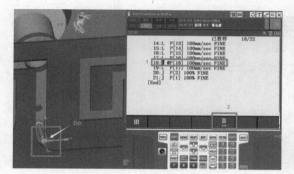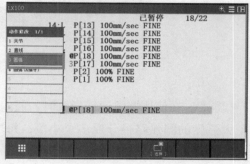

图 4-7　圆弧运动指令调用步骤

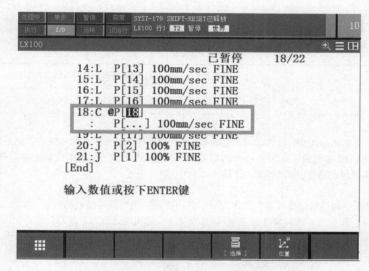

图 4-8　圆弧运动指令的调用

②在调用圆弧运动指令时，有两种圆弧运动指令调用方式，这里只介绍最常用的一种。使用圆弧运动指令的最关键是设置 3 个点，即圆弧的起点、中间点和终点，而本任务中，圆弧的起点是点 B，中间点是点 D，终点是点 E。完成上面的步骤后，就已经设置完成圆弧的起点和中间点，最后一步是圆弧终点的设置，具体步骤如下。

将光标移到终点程序设置处后用示教器在世界坐标系下移动机器人到点 E，然后按下 SHIFT 键和 TOUCHUP 键完成设置。具体步骤如图 4-9 所示。

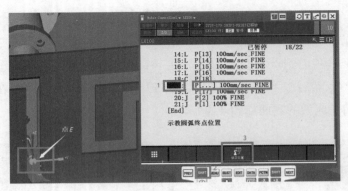

图 4-9　圆弧终点设置步骤

注意：在使用圆弧运动指令时，假如要进行一个弧度很大的圆弧运动，则可以将这个大弧度的圆弧路径分成多个小段，每个小段调用圆弧运动指令完成动作，这样可以保证机器人运动与理想轨迹的精度。

（4）完成圆弧运动指令的调用和设置后，后续路径的点可用常规动作指令完成。

【任务工单】

请按照要求完成该工作任务。

工作任务		任务 13　工业机器人圆弧运动指令和等待指令				
姓名		班级		学号		日期	

学习情景

在项目三中利用 ROBOGUIDE 软件学习了机器人编程，以及利用基本动作指令完成"翻山越岭"模型部分路径的行走。在任务 3.3 中完成了点 A 到点 B 的行走，但是走到点 B 后，发现再往前走将会有一段圆弧路径，如图 4-10 所示，而通过此路径用直线或者关节动作指令无法轻易通过。

任务要求

利用圆弧运动指令和等待指令驱动机器人完成"翻山越岭"模型特定路径的行走，如图 4-10 所示，首先以点 A 为路径起点，到达点 C 后停留 5 s，然后继续沿着路径依次通过点 B、点 D、点 E 和点 F，最后回到工作原点。

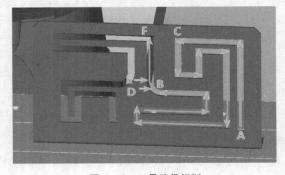

图 4-10　工具路径规划

续表

工作任务		任务 13　工业机器人圆弧运动指令和等待指令					
姓名		班级		学号		日期	

引导问题 1：

_____是 FANUC 机器人的离线编程仿真软件。

引导问题 2：

WAIT 指令除了能调用_____的格式外，还能调用_____的格式。

引导问题 3：

使用圆弧运动指令的使用关键是设置 3 个点，即圆弧的_____、_____和_____。

引导问题 4：

工业机器人仿真软件模拟操作机器人运动时有_____和_____。

引导问题 5：

圆弧运动指令是_____。

引导问题 6：

判断题

1. WAIT 指令只能调用等待时间格式。　　　　　　　　　　　　　　　　　　　（　　）

2. 圆弧运动指令只有一种调用方式。　　　　　　　　　　　　　　　　　　　（　　）

3. 同时按下 SHIFT 键和 TOUCH UP 键，位置资料就发生了更新。　　　　　　（　　）

4. 工业机器人仿真软件可以添加自己做的工作台模型。　　　　　　　　　　　（　　）

5. 离线编程是指在不使用真实机器人的情况下，在软件建立的三维虚拟环境中利用仿真机器人进行编程。　　　　　　　　　　　　　　　　　　　　　　　　　　（　　）

6. 圆弧运动指令中的两个示教点分别是圆弧的起点和终点。　　　　　　　　　（　　）

7. 在工业机器人仿真软件中构建工作站时，可以对新建机器人的位置、大小、3D 显示等参数进行调整。　　　　　　　　　　　　　　　　　　　　　　　　　　　（　　）

引导问题 7：

圆弧运动指令的作用是什么？

引导问题 8：

等待指令的作用是什么？

任务 4.2　调试处理搬运工作站常见故障

【知识目标】

（1）掌握 FANUC 机器人常见故障原因。

（2）掌握消除 FANUC 机器人常见故障的方法。

机器人编程调试常
见故障的处理方法

【技能目标】

能够根据报警故障信息消除机器人产生的故障。

【素养目标】

（1）通过调试处理常见故障，增强问题解决和应变能力，培养学生的责任心和专业素养。

（2）与团队成员协作处理故障，共同面对挑战，提高工作站的稳定性和可靠性，了解故障的数字化解决方法，追求故障处理结果的尽善尽美。

✿【任务情景】

某柴油发动机生产线中的搬运工作站在编程调试路径的过程中，机器人发生故障，出现了一些常见的机器人报警信息。请判断故障原因，并使故障的机器人恢复到正常的生产状态。

✿【任务分析】

在机器人编程调试的过程中，经常会碰到一些无法编写或调试程序的情况。而在碰到这些情况时，有些学生并不清楚如何消除故障，导致程序无法编写下去，或程序编写完成后无法进行调试。本任务将罗列一些经常在编程或调试时出现的故障，以免在碰上相应的情况时不至于不知道怎么处理。

✿【知识储备】

4.2.1 分析搬运工作站常见故障

1. SRVO-001 操作面板紧急停止

如图 4-11 所示，当示教器上出现"SRVO-001 操作面板紧急停止"报警时，可能造成该故障现象的原因有以下几种。

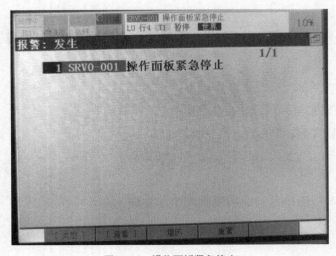

图 4-11 操作面板紧急停止

（1）控制柜/操作面板上的急停键被按下。

（2）急停电路板与急停键之间的导线断开。

（3）急停键损坏。

2. SRVO-002 示教器紧急停止

如图 4-12 所示，当示教器上出现"SRVO-002 示教器紧急停止"报警时，可能造成该故障现象的原因有以下几种。

（1）示教器上的急停键被按下。

（2）示教器损坏。

3. SRVO-003 安全开关已释放

如图 4-13 所示，当示教器上出现"SRVO-003 安全开关已释放"报警时，可能造成该故障现象的原因有以下几种。

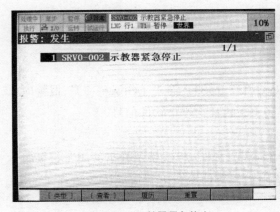

图 4-12 示教器紧急停止

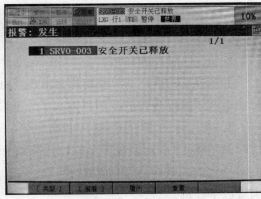

图 4-13 安全开关已释放

（1）在示教器有效的状态下，尚未按下安全开关。

（2）在示教器有效的状态下，用力按下了安全开关。

4. SRVO-004 防护栅打开

如图 4-14 所示，当示教器上出现"SRVO-004 防护栅打开"报警时，可能造成该故障现象的原因有以下几种。

（1）在自动运转模式下，防护栅之间有手或其他物体。

（2）在没有使用防护栅信号的情况下，急停电路板上 TBOP20 插座的 EAS1-EAS11 之间、EAS2-EAS21 之间形成短路。

5. SRVO-007 外部紧急停止

如图 4-15 所示，当示教器上出现"SRVO-007 外部紧急停止"报警时，可能造成该故障现象的原因有以下几种。

图 4-14　防护栅打开　　　　　　　　　　图 4-15　外部紧急停止

（1）任意一个外部急停键被按下。

（2）在没有按下外部急停键的情况下，急停电路板上 TBOP20 插座的 EES1–EES11 之间、EES2–EES21 之间形成短路。

6. SRVO-037 IMSTP 输入（Group：1）

如图 4-16 所示，当示教器上出现 "SRVO-037 IMSTP 输入（Group：1）" 报警时，可能造成该故障现象的原因是输入了外围设备 I/O 的紧急停止软件信号。

7. SRVO-233 T1，T2 模式中示教盘关闭

如图 4-17 所示，当示教器上出现 "SRVO-233 T1，T2 模式中示教盘关闭" 报警时，一般会同时出现 "在 T1/T2 模下，示教器禁用" 告警信息，可能造成该故障现象的原因有以下几种。

 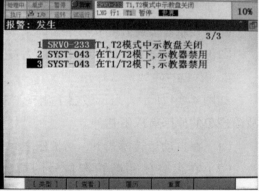

图 4-16　IMSTP 输入（Group：1）　　　　图 4-17　T1，T2 模式中示教盘关闭

（1）模式转换旋钮旋至 T1 或 T2 挡，且示教器有效 / 无效开关置于 OFF 挡。

（2）模式转换旋钮旋至 T1 或 T2 挡，且控制柜的柜门开启。

【任务实操】

4.2.2　处理搬运工作站常见故障

1. SRVO-001 报警的处理方法

（1）解除控制柜 / 操作面板上的急停键的接通状态。

（2）按下示教器上的 RESET 键，报警解除。

2. SRVO-002 报警的处理方法

（1）解除示教器上急停键的接通状态。

（2）按下示教器上的 RESET 键，报警解除。

3. SRVO-003 报警的处理方法

（1）在示教器有效的状态下，适当用力按下安全开关。

（2）确认控制柜 / 操作面板上的模式转换旋钮旋至 T1 或 T2 挡，且示教器有效 / 无效开关置于 ON 挡。

（3）按下示教器上的 RESET 键，报警解除。

4. SRVO-004 报警的处理方法

（1）将置于防护栅之间的手或其他物体移开。

（2）按下示教器上的 RESET 键，报警解除。

5. SRVO-007 报警的处理方法

（1）确认是哪一个外部急停键被按下，并解除该外部急停键的接通状态。

（2）按下示教器上的 RESET 键，报警解除。

6. SRVO-037 报警的处理方法

（1）确认是哪一个外部急停键被按下，并解除该外部急停键的接通状态。

（2）按下示教器上的 RESET 键，报警解除。

7. SRVO-0233 报警的处理方法

（1）当模式转换旋钮旋至 T1 或 T2 挡时，将示教器的有效 / 无效开关置于 ON 挡。

（2）将控制柜的柜门关闭。

（3）按下示教器上的 RESET 键，报警解除。

在实际使用机器人的过程中还可能会出现很多其他故障，需要使用人员学会查看 FANUC 公司提供的故障手册进行故障排除。

【任务工单】

请按照要求完成该工作任务。

工作任务		任务 14　调试处理搬运工作站常见故障					
姓名		班级		学号		日期	

学习情景

　　在机器人编程调试的过程中，经常会碰到一些无法编写或调试程序的情况。而在碰到这些情况时，有些学生并不清楚如何消除故障，导致程序无法编写下去，或程序编写完成后无法进行调试。

引导问题 1：

　　控制柜 / 操作面板上的急停键被按下，示教器上出现"＿＿＿＿＿＿"报警。

引导问题 2：

　　急停电路板与急停键之间的导线断开，示教器上出现"＿＿＿＿＿＿"报警。

引导问题 3：

　　在示教器有效的状态下，＿＿＿＿＿＿，示教器上出现"SRVO-003 安全开关已释放"报警。

引导问题 4：

　　任意一个外部急停键被按下，示教器上出现"＿＿＿＿＿＿"报警。

引导问题 5：

　　输入了外围设备 I/O 的急停信号，示教器上出现"＿＿＿＿＿＿"报警。

引导问题 6：

判断题：

　　1. 示教器上急停键被按下，示教器上出现"SRVO-001 操作面板紧急停止"报警。　　　　　　（　　　）

　　2. 当示教器上出现"SRVO-003 安全开关已释放"报警时，说明示教器损坏。　　　　　　　（　　　）

　　3. 当示教器上出现"SRVO-233 T1, T2 模式中示教盘关闭"报警时，说明 T1, T2 模式中示教器关闭。（　　　）

引导问题 7：

　　当示教器上出现"SRVO-001 操作面板紧急停止"报警时，可能造成该故障现象的原因有什么，应如何处理？

引导问题 8：

　　当示教器上出现"SRVO-002 示教器紧急停止"报警时，可能造成该故障现象的原因有什么，应如何处理？

引导问题 9：

　　当示教器上出现"SRVO-003 安全开关已释放"报警时，可能造成该故障现象的原因有什么，应如何处理？

引导问题 10：

　　当示教器上出现"SRVO-004 防护栅打开"报警时，说明出现了什么故障，应如何处理？

项目五

设置搬运工作站工业机器人的坐标系

项目导学

项目图谱

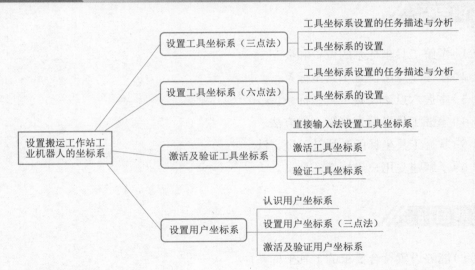

项目场景

在项目二中，介绍了机器人的坐标系分为关节坐标系和直角坐标系，其中直角坐标系又分为世界坐标系、手动坐标系、工具坐标系和用户坐标系 4 类。设置机器人工具坐标系有两个好处：①在做机器人进行重定位旋转时，可以很方便地让机器人绕着定义的点做空间旋转，从而把机器人调整到需要的姿态；②更换工具时，只要按照第一个工具设置 TCP 的方法再设置一个新的 TCP，即可不需要重新示教机器人轨迹，从而很方便地实现轨迹纠正。设置机器人用户坐标系也有两个好处：①在机器人现行运行时，可按照坐标系的方向做线性运动，而不拘泥于系统提供的基座坐标系和世界坐标系这几种固定坐标系；②当工作台面与机器人之间的位置发生相对移动时，只需要更新工件坐标系，即可不需要重新示教机器人轨迹，从而很方便地实现轨迹的纠正。

本项目以搬运工作站典型任务的编程调试为总任务，以某企业的柴油发动机生产线为典型案例，学习机器人坐标系设置的知识与操作技能，主要包括工具坐标系（三点法）的设置、工具坐标系（六点法）的设置、用户坐标系（三点法）的设置等，通过"做中学""做中教"，最终实现搬运工作站典型任务的编程与调试。

项目描述

搬运工作站能通过设置机器人工具坐标系和用户坐标系，很方便地调整机器人姿态，更换工具时实现轨迹纠正，运行时按照建立的坐标系方向做线性运动，发生相对移动时不需要重新示教机器人轨迹或更新用户坐标系。

知识目标

（1）了解工具坐标系的位置和姿态。
（2）掌握三点法设置工具坐标系。
（3）掌握六点法设置工具坐标系。
（4）掌握工具坐标直接输入的方法。
（5）掌握工具坐标的激活及验证方法。
（6）了解建立用户坐标系的意义。

技能目标

（1）能够设置符合要求的工具坐标系。
（2）能够使用直接输入法设置符合要求的工具坐标系。
（3）能够激活并验证工具坐标系的正确性。
（4）能够用三点法建立用户坐标系。

素养目标

（1）培养严谨认真、精益求精的工匠精神。
（2）通过坐标系的设置，培养学生持续改进的精神，能够在实践中不断总结经验，提高工作效率。

（3）确保数据记录的准确性和完整性，培养学生善于观察及总结归纳的能力。

（4）培养学生举一反三的能力，使学生面对问题能够灵活应对。

（5）培养学生严谨的工作作风，引导学生随机应变，学会优化思维。

（6）培养系统思维，能够从整体上把握和优化工作流程，提高自身技能和工作质量。

对应工业机器人操作与运维职业技能等级要求（中级）

工业机器人操作与运维职业技能等级要求（中级）参见工业机器人操作与运维职业技能等级标准（标准代码：460001）中的表2。

（1）能使用工业机器人运动指令进行基础编程（2.1.1）。

（2）能完成工业机器人手动程序调试（2.1.3）。

任务 5.1　设置工具坐标系（三点法）

🔑【知识目标】

（1）了解工具坐标系。

（2）掌握三点法设置工具坐标系。

三点法设置工具　机器人的工具坐标
坐标　　与用户坐标

🔑【技能目标】

（1）能够设置符合要求的工具坐标系。

（2）能够使用示教器完成其他坐标系的运动。

🔑【素养目标】

（1）通过用三点法精确工具坐标系的位置，确保坐标系设置的准确性，培养严谨认真、精益求精的工匠精神。

（2）在设置工具坐标系的过程中培养学生持续改进的精神，在实践中不断总结经验，提高工作效率。

⚙【任务情景】

在某柴油发动机产线中，编程人员为了提高编写搬运工作站程序的效率，设置了工具坐标系，在做机器人重定位旋转时，可以很方便地让机器人绕着定义的点做空间旋转，从而把机器人调整到需要的姿态。

⭐【任务分析】

　　要完成机器人重定位旋转，需要学会建立机器人工具坐标系，明确每个选取点的要求，以及工具与示教点的姿态要求。工业机器人三点法建立工具坐标系需要完成 3 个示教点的选取，以及工具与示教点的位置姿态关系，得出工具 3 个位置姿态的参数，最后工业机器人自动计算出 TCP。

⭐【知识储备】

5.1.1　工具坐标系设置的任务描述与分析

　　工业机器人通过安装在末端的不同工具完成各种作业任务，工具坐标系的准确度直接影响机器人的轨迹精度，所以标定工具坐标系是工业机器人控制器必须具备的一项功能。机器人的工具坐标系如图 5-1 所示。

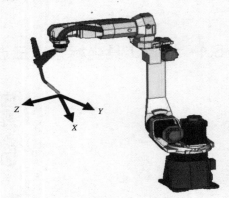

图 5-1　机器人的工具坐标系

　　（1）定义 TCP 的位置，并定义工具姿势的直角坐标系为工具坐标系。工具坐标系需要在编程前进行定义，如果未定义工具坐标系，则由机械接口坐标系代替工具坐标系，如图 5-2 所示。

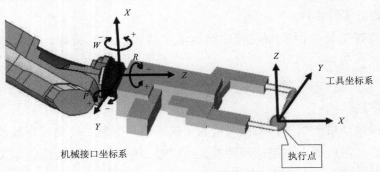

图 5-2　机械接口坐标系替代工具坐标系

机械接口坐标系是在机器人的机械接口（机械手腕法兰盘面）中定义的标准笛卡儿坐标系，该坐标系被固定在机器人事先确定的位置（机器人 J6 轴的法兰盘中心）。工具坐标系基于该坐标系而设定。

（2）用户最多可以设置 10 个工具坐标系。

（3）设置工具坐标系的方法有三点法、六点法（*XZ*）、六点法（*XY*）、二点 +*Z*、四点法和直接输入法 6 种，常采用三点法。

【任务实操】

5.1.2　工具坐标系的设置

三点法设置工具坐标系的步骤如下。

（1）如图 5-3 所示，按下示教器上的 MENU 键，在弹出的菜单中选择"设置"→"坐标系"命令，按下 ENTER 键进入坐标系设置界面。

（2）如图 5-4 所示，按下"坐标"功能键，在弹出的菜单中选择"工具坐标系"命令，按下 ENTER 键进入工具坐标系的设置界面。

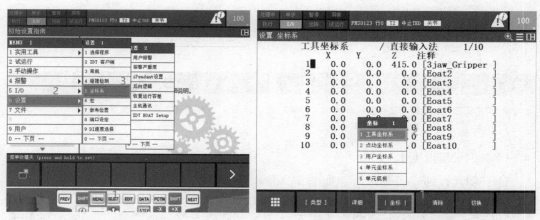

图 5-3　坐标系设置步骤　　　　　　　　　　图 5-4　工具坐标系设置界面

（3）移动光标选择需要设置的工具坐标系编号，如图 5-5 所示。

（4）按下"详细"功能键进入详细界面，如图 5-6 所示。

（5）按下"方法"功能键弹出"方法"菜单，选择"三点法"命令，如图 5-7 所示。

（6）按下 ENTER 键，进入三点法设置界面，如图 5-8 所示。

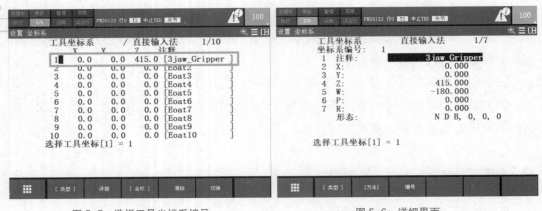

图 5-5　选择工具坐标系编号　　　　　　　图 5-6　详细界面

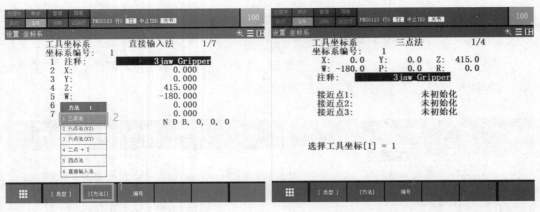

图 5-7　选择"三点法"命令　　　　　　　图 5-8　三点法设置界面

（7）记录接近点 1。

①移动光标到"接近点 1"，如图 5-9（a）所示。

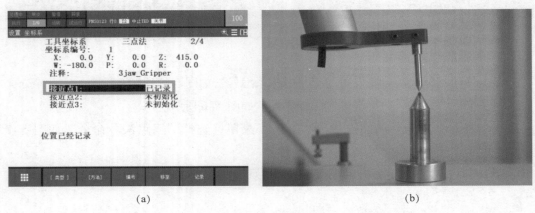

　　　　（a）　　　　　　　　　　　　　　　　（b）

图 5-9　记录接近点 1

②把示教坐标系切换成世界坐标系后移动机器人，使工具尖端接触到基准点，如图 5-9（b）所示。

③按下 SHIFT+"记录"功能键记录接近点 1。

④当记录完成，"未初始化"变成"已记录"，如图 5-9（a）所示。

（8）记录接近点 2。

①移动光标到"接近点 2"，如图 5-10（a）所示。

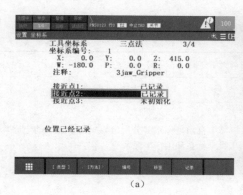
（a）

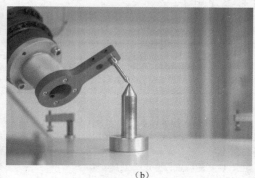
（b）

图 5-10 记录接近点 2

②把示教坐标系切换成世界坐标系，并将工具抬起至少 50 mm，以保证安全。

③把示教坐标系切换成关节坐标系，旋转 J6 轴（法兰面）至少 90°，不要超过 360°。

④把示教坐标系切换成世界坐标系后移动机器人，使工具尖端接触到基准点，如图 5-10（b）所示。

⑤按下 SHIFT+"记录"功能键记录接近点 2，如图 5-10（a）所示。

（9）记录接近点 3。

①移动光标到"接近点 3"，如图 5-11（a）所示。

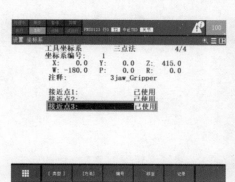
（a）

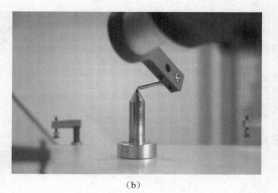
（b）

图 5-11 记录接近点 3

②把示教坐标系切换成世界坐标系，并将工具抬起至少 50 mm，以保证安全。

③把示教坐标系切换成关节坐标系，旋转 J4 轴和 J5 轴，不要超过 90°。

④把示教坐标系切换成世界坐标系后移动机器人，使工具尖端接触到基准点，如图 5-11（b）所示。

⑤按下 SHIFT+"记录"功能键记录接近点 3，如图 5-11（a）所示。

【任务工单】

请按照要求完成该工作任务。

工作任务		任务 15　设置工具坐标系（三点法）					
姓名		班级		学号		日期	

学习情景

　　FANUC 机器人的坐标系分为关节坐标系和直角坐标系，其中直角坐标系又分为世界坐标系、手动坐标系、工具坐标系和用户坐标系 4 类。在使用中应如何设置和使用工具坐标系和用户坐标系？

引导问题 1：

　　定义 TCP 的位置，并定义工具姿势的_____为工具坐标系。

引导问题 2：

　　如果未定义工具坐标系，则由_____坐标系代替工具坐标系。

引导问题 3：

　　机器人的机械接口坐标系被固定在机器人_____轴的法兰盘中心。

引导问题 4：

　　用户最多可以设置_____个工具坐标系。

引导问题 5：

　　设置工具坐标系的方法有_____、_____、六点法（XY）、二点 +Z、四点法和_____6 种。

引导问题 6：

　　记录接近点 2 时，把示教坐标系切换成_____，旋转 J6 轴（法兰面）至少_____°，不要超过_____°。

引导问题 7：

　　记录接近点 3 时，把示教坐标系切换成关节坐标系，旋转_____轴和_____轴，不要超过_____°。

引导问题 8：

判断题

　　1. 工具坐标系的准确度直接影响机器人的轨迹精度。　　　　　　　　　　　　（　　　）

　　2. 用户最多可以设置 9 个工具坐标系。　　　　　　　　　　　　　　　　　（　　　）

　　3. 对工业机器人进行操作、编程和调试时，机器人坐标系可以不设置。　　　　（　　　）

　　4. 从事焊接的工业机器人需要在 J6 轴的法兰盘上安装焊枪或者焊钳，因此，在编程之前需要设定新的工具坐标系。

　　　　　　　　　　　　　　　　　　　　　　　　　　　　　　　　　　　　（　　　）

引导问题 9：

　　什么是工业机器人机械接口坐标系？

引导问题 10：

　　三点法记录 3 个点的要求是什么？

引导问题 11：

　　如图 5-12 所示，简述三点法在工具坐标系设置中的操作步骤。

续表

工作任务	任务 15　设置工具坐标系（三点法）		
姓名	班级	学号	日期

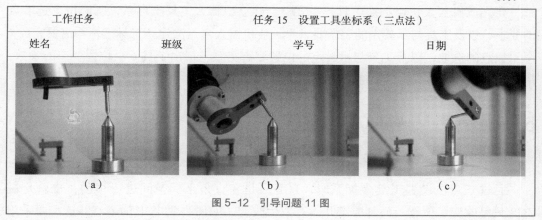

（a）　　　　　　　（b）　　　　　　　（c）

图 5-12　引导问题 11 图

任务 5.2　设置工具坐标系（六点法）

六点法设置工具坐标

【知识目标】

（1）了解工具坐标系的位置和姿态。

（2）掌握六点法设置工具坐标。

【技能目标】

（1）能够设置符合要求的工具坐标系。

（2）能够正确选取 6 个参考点。

【素养目标】

（1）注重细节，精确记录坐标系的设置过程和结果，确保数据记录的准确性和完整性，培养学生善于观察及总结归纳的能力。

（2）通过三点法和六点法的对比，培养学生举一反三的能力，使学生面对问题能够灵活应对，能够准确判断并选择适合的坐标系设置方法。

【任务情景】

在某柴油发动机生产线中，编程人员为了提高编写搬运工作站程序的效率，在更换工具时，只要按照第一个工具设置 TCP 的方法再设置一个新的 TCP，即不需要重新示教机器人轨迹，从而很方便地实现轨迹纠正。

✪【任务分析】

要完成机器人快速更换工具，需要学会建立机器人工具坐标系，明确每个选取点的要求，以及工具与示教点的姿态要求。工业机器人六点法建立工具坐标系需要完成 6 个示教点的选取，以及工具与示教点的位置姿态关系，得出工具 6 个位置姿态的参数，最后工业机器人自动计算出 TCP。

◎【知识储备】

5.2.1　工具坐标系设置的任务描述与分析

通过三点法设置工具坐标系时，TCP 只是在直角坐标空间进行移动，也就是说 TCP 只是改变了位置，而其姿态并没有发生改变。如何改变 TCP 的姿态？这需要采用另外的方法来实现。在本任务中，通过六点法设置工具坐标系既实现了 TCP 的位置改变，又实现了 TCP 的姿态变化。

🔑【任务实操】

5.2.2　工具坐标系的设置

（1）如图 5-13 所示，按下示教器上的 MENU 键，在弹出的菜单中选择"设置"→"坐标系"命令，按下 ENTER 键进入坐标系设置界面。

（2）如图 5-14 所示，按下"坐标"功能键，在弹出的菜单中选择"工具坐标系"命令，按下 ENTER 键进入工具坐标系的设置界面。

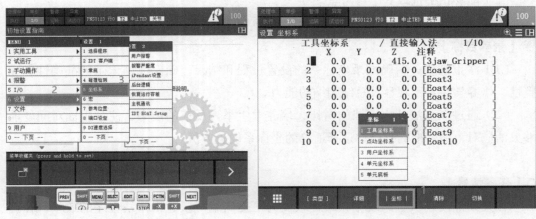

图 5-13　坐标系设置步骤　　　　　图 5-14　工具坐标系设置界面

（3）移动光标到需要设置的工具坐标系编号处，按下"详细"功能键进入详细界面，如图 5-15 所示。

（4）按下"方法"功能键，弹出"方法"菜单，选择"六点法（XY）"命令，按下ENTER 键确认，如图 5-16 所示。

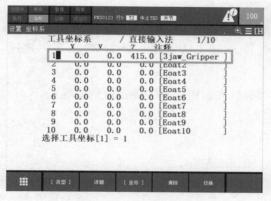

图 5-15 选择工具坐标系编号

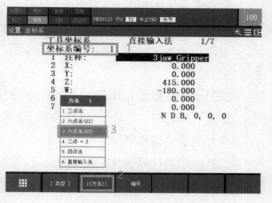

图 5-16 选择六点法

在六点法设置工具坐标系的界面里需要为机器人示教 6 个点，如图 5-17 所示，在没有示教接近点时，每个接近点后面显示"未初始化"；如果已经为机器人示教了点位，则显示"已记录"。每个接近点分三步：（1）调姿态；（2）点对点；（3）记录。

注意：记录工具坐标的"X 方向点"和"Z 方向点"时，通过将所要设定工具坐标系的 X 轴和 Z 轴平行于世界坐标系轴的方向，可以使操作简单化。

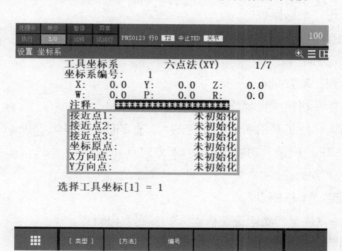

图 5-17 六点法设置 6 个点

（5）记录接近点 1。

①移动光标到"接近点 1"。

②把示教坐标系切换成世界坐标系后移动机器人，使工具尖端接触到基准点。

③按下 SHIFT+"记录"功能键记录接近点 1。

（6）记录接近点 2。

①沿世界坐标系的 +Z 轴方向移动机器人 50 mm 左右。

②移动光标到"接近点 2"。

③把示教坐标系切换成关节坐标系，旋转 J6 轴（法兰面）至少 90°，不要超过 180°。

④把示教坐标系切换成世界坐标系后移动机器人，使工具尖端接触到基准点。

⑤按下 SHIFT+"记录"功能键记录接近点 2。

（7）记录接近点 3。

①沿世界坐标系的 +Z 轴方向移动机器人 50 mm 左右。

②移动光标到"接近点 3"。

③把示教坐标系切换成关节坐标系，旋转 J4 轴和 J5 轴，不要超过 90°。

④把示教坐标系切换成世界坐标系，移动机器人，使工具尖端接触到基准点。

⑤按下 SHIFT+"记录"功能键记录接近点 3。

（8）记录坐标原点。

①沿世界坐标系的 +Z 轴方向移动机器人 50 mm 左右。

②移动光标到"接近点 1"。

③按下 SHIFT+"移至"功能键使机器人回到接近点 1。

④移动光标到"坐标原点"。

⑤按下 SHIFT+"记录"功能键记录坐标原点。

（9）定义 +X 方向点。

①移动光标到"X 方向点"。

②把示教坐标系切换成世界坐标系。

③移动机器人，使工具沿所需要设定的 +X 轴方向至少移动 250 mm。

④按下 SHIFT+"记录"功能键记录 +X 方向点。

（10）定义 +Y 方向点。

①移动光标到"坐标原点"。

②按 SHIFT+"移至"功能键使机器人恢复到方向原点。

③移动光标到"Y 方向点"。

④移动机器人，使工具沿所需要设定的 +Y 轴方向（以世界坐标系方式）至少移动 250 mm。

⑤按下 SHIFT+"记录"功能键记录 +Y 方向点。

当 6 个点记录完成，新的工具坐标系被自动计算生成，如图 5-18 所示。

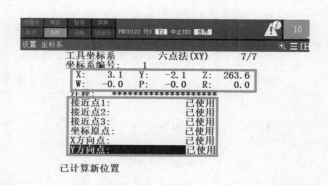

图 5-18 新的工具坐标系参数

X，Y，Z 中的数据代表当前设置的 TCP 相对于 J6 轴法兰盘中心的偏移量；W，P，R 中的数据代表当前设置的工具坐标系与默认工具坐标系的旋转量。

【任务工单】

请按照要求完成该工作任务。

工作任务		任务 16 设置工具坐标系（六点法）					
姓名		班级		学号		日期	

学习情景

通过三点法设置工具坐标系时，TCP 只是在直角坐标空间进行移动，也就是说 TCP 只是改变了位置，而其姿态并没有发生改变。如何改变 TCP 的姿态？这需要采用另外的方法来实现。

引导问题 1：

在六点法设置工具坐标系的界面里需要为机器人示教_____个点。

引导问题 2：

在没有示教接近点时，每个接近点后面显示"_____"，如果已经为机器人示教了点位，则显示"_____"。

引导问题 3：

六点法设置每个接近点分三步：①_____；②_____；③_____。

引导问题 4：

需要记录点位时可以按_____+"_____"功能键记录。

引导问题 5：

在示教下一个记录点前，应沿世界坐标的 +Z 轴方向移动机器人____mm 左右。

引导问题 6：

按_____+"_____"功能键使机器人回到光标所在的记录点。

引导问题 7：

定义 +X 方向点，移动机器人，使工具沿所需要设定的 +X 轴方向至少移动____mm。

引导问题 8：

定义 +Y 方向点，移动机器人，使工具沿所需要设定的 +Y 轴方向（以世界坐标系方式）至少移动_____mm。

引导问题 9：

在六点法_____中，取一个方向原点，一个与所需工具坐标系平行的 X 轴方向点，一个 XZ 平面上的点。

续表

工作任务		任务 16　设置工具坐标系（六点法）					
姓名		班级		学号		日期	

引导问题 10：

　　_____的数据代表当前设置的 TCP 点相对于 J6 轴法兰盘中心的偏移量；_____的数据代表当前设置的工具坐标系与默认工具坐标系的旋转量。

引导问题 11：

判断题

　　1. X，Y，Z 中的数据代表当前设置的 TCP 点相对于 J5 轴法兰盘中心的偏移量。　　　　　（　　）

　　2. W，P，R 中的数据代表当前设置的工具坐标系与用户坐标系的旋转量。　　　　　（　　）

　　3. 工具坐标系六点法包括六点法（XY）和六点法（XZ）。　　　　　（　　）

引导问题 12：

　　六点法中，6 个记录点的要求是什么？

引导问题 13：

　　如何记录坐标原点？

引导问题 14：

　　在六点法设置工具坐标系的界面里需要为机器人示教 6 个点，每个接近点分哪三步？

任务 5.3　激活及验证工具坐标系

【知识目标】

　　（1）掌握工具坐标系直接输入的方法。

　　（2）掌握工具坐标系的激活及验证方法。

工具坐标直接输入
法及激活验证

【技能目标】

　　（1）能够使用直接输入法设置符合要求的工具坐标系。

　　（2）能够激活并验证工具坐标系的正确性。

【素养目标】

　　（1）通过坐标系的激活验证，培养学生严谨的工作作风，对坐标系设置的准确性进行严格验证，确保机器人操作的准确性。

　　（2）不同的设置方法能对应相同的激活方式，引导学生能够随机应变，学会优化思维，培养复合型技能人才。

【任务情景】

　　在某柴油发动机生产线中，编程人员为了提高编写搬运工作站程序的效率，在设置工具坐标系时，对于常用工具在已知其参数的情况下，经常采用更为快捷的直接输入法。为了达到工作要求，可以激活已经设置的工具坐标系，并对该坐标系进行精确度的验证。

✪【任务分析】

要完成机器人快速更换工具，需要学会建立机器人工具坐标系，明确已知的 TCP 的位置和姿态。工业机器人直接输入法建立工具坐标系需要使用明确的 TCP 位置姿态关系，并将 TCP 的位置和姿态直接输入到工业机器人控制柜中。

✪【知识储备】

对末端姿态的标定仅仅标定了末端姿态的一点，而工具坐标系中的姿态标定进一步标定了工具坐标系的 X 轴、Y 轴、Z 轴的方向，使机器人可沿工具坐标系运动。

工具坐标系建立完成后，即使平均误差符合项目要求，也要对新建的坐标系进行重定位验证，这是为了避免工具参考点没有碰到工件固定点上。

重定位验证方法：操纵机器人沿 X 轴、Y 轴、Z 轴进行重定位运动，检查末端执行器的末端与固定点之间是否存在偏移。如果没有发生偏移，则建立的工具坐标系是正确的；如果发生明显偏移，则建立的工具坐标系不适用。

✪【任务实操】

5.3.1　直接输入法设置工具坐标系

（1）如图 5-19 所示，按下示教器上的 MENU 键，在弹出的菜单中选择"设置"→"坐标系"命令，按下 ENTER 键进入坐标系设置界面。

（2）如图 5-20 所示，按下"坐标"功能键，在弹出的菜单中选择"工具坐标系"命令，按下 ENTER 键进入工具坐标系设置界面。

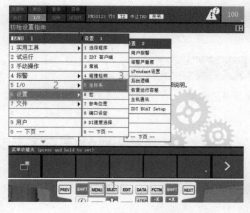

图 5-19　坐标系设置步骤

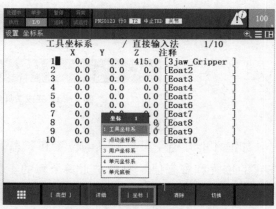

图 5-20　工具坐标系设置界面

（3）移动光标选择需要设置的工具坐标系编号，按下"详细"功能键进入详细界面，如图 5-21 所示。

（4）按下"方法"功能键，弹出"方法"菜单，选择"直接输入法"命令，按下 ENTER 键确认，如图 5-22 所示。

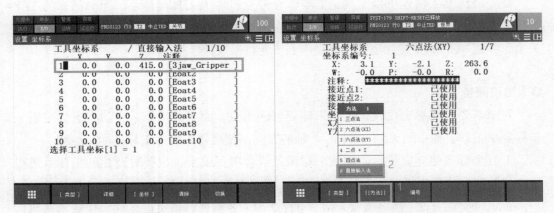

图 5-21 设置工具坐标系编号   图 5-22 设置为直接输入法

（5）移动光标到相应的项，输入数字，按下 ENTER 键确认，重复这一个步骤，直到将工具坐标系的位置和姿态值输入完成，如图 5-23 所示。

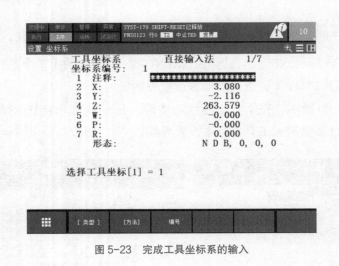

图 5-23 完成工具坐标系的输入

如何才能知道工具坐标系的位置和姿态值？对于常用工具来说，经常使用就能记住它的位置和姿态值。但是对于一个新的工具是无法用直接输入法来确定这个值的，只能使用三点法或者六点法示教工业机器人的 3 个或 6 个点位，让工业机器人计算出新工具的工具坐标系位置和姿态，这样才可以使用直接输入法。

5.3.2 激活工具坐标系

要使用已经设置好的工具坐标系，必须先将相应的工具坐标系激活，激活完成后再进行验证，符合要求的工具坐标系才能在生产中使用。

激活工具坐标系的方法有两种。

1. 第一种方法

（1）经过三点法设置工具坐标系后，直接按下 PREV 键回到工具坐标系设置界面，或按下 MENU 键，在弹出的菜单中选择"设置"→"坐标系"命令，回到工具坐标系设置界面，如图 5-24 所示。

（2）按下"切换"功能键，屏幕中出现"输入坐标系编号"，如图 5-25 所示。

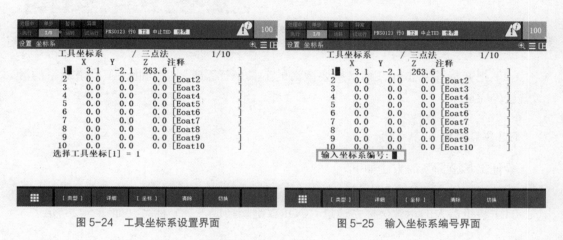

图 5-24　工具坐标系设置界面　　　　　　　图 5-25　输入坐标系编号界面

（3）输入所需激活的工具坐标系编号，按下 ENTER 键确认；屏幕中将显示被激活的工具坐标系编号，即当前有效工具坐标系编号，也可以按下 SHIFT+COORD 键，显示当前激活的工具坐标系编号，如图 5-26 所示。

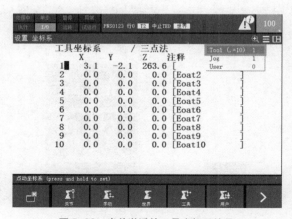

图 5-26　当前激活的工具坐标系编号

2. 第二种方法

（1）按按 SHIFT+COORD 键，弹出黄色对话框，如图 5-27 所示。

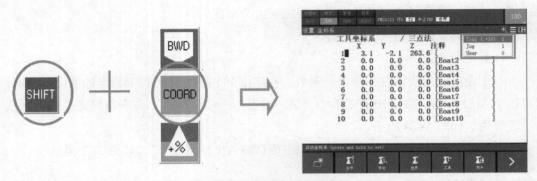

图 5-27　当前激活的工具坐标系

（2）把光标移到 Tool，输入所要激活的工具坐标系编号。到此，工具坐标系的激活就已经完成了。

5.3.3　验证工具坐标系

验证工具坐标系的方法如下。

1. 验证 X 轴、Y 轴、Z 轴方向

（1）将机器人的示教坐标系通过 COORD 键切换成工具坐标系，如图 5-28 所示。

图 5-28　切换成工具坐标系

（2）示教机器人分别沿 X 轴、Y 轴、Z 轴方向运动，通过图 5-29 所示的方式检查工具坐标系的方向设定是否符合要求。

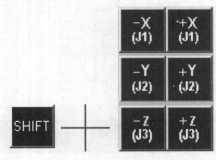

图 5-29　机器人运动键 1

2. 验证 TCP 位置

（1）将机器人的示教坐标系通过 COORD 键切换成世界坐标系，如图 5-30 所示。

图 5-30　切换成世界坐标系

（2）移动机器人对准基准点，示教机器人绕 X 轴、Y 轴、Z 轴旋转，通过图 5-31 所示的方式检查 TCP 的位置是否符合要求。

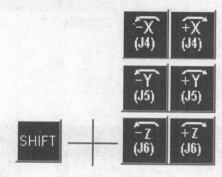

图 5-31　机器人运动键 2

验证工具坐标系时，根据机器人的应用要求，如果检验偏差不符合要求，则重复设置步骤。

【任务工单】

请按照要求完成该工作任务

工作任务		任务 17　激活及验证工具坐标系				
姓名		班级		学号		日期

学习情景

在设置工具坐标系时，可以用三点法，也可以用六点法，同样也可以使用其他的方法设置工具坐标系。在实际生产中，反复交换使用两个工具时，两个 TCP 数据是固定的，还有必要再使用其他的方法进行工具坐标系设置吗？如何知道设置的工具坐标系是正确的？

引导问题 1：

直接输入法设置工具坐标系需要输入的数据包括_____和_____。

引导问题 2：

验证工具坐标系需要验证_____和_____位置。

引导问题 3：

激活工具坐标编号的方法有按_____设置和在工具坐标系设置界面按下 F5 功能键切换两种方法。

引导问题 4：

验证 TCP 位置应将坐标系改成_____。

工作任务		任务 17　激活及验证工具坐标系				
姓名		班级		学号		日期	

引导问题 5：

判断题

　　1. 工具坐标系的设置方法不包括直接输入法。　　　　　　　　　　　　　　（　　）

　　2. 验证工具坐标系时，只要检验偏差不大就可以。　　　　　　　　　　　　（　　）

引导问题 6：

　　如图 5-32 所示，简述直接输入法设置工具坐标系操作步骤。

图 5-32　引导问题 6 图

引导问题 7：

　　如图 5-33 所示，用直接输入法设置工具坐标系时，进入到工具坐标系设置界面后应该怎么做？

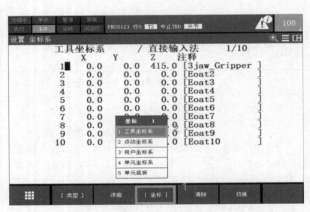

图 5-33　引导问题 7 图

引导问题 8：

　　用直接输入法设置工具坐标系时，移动光标到所需设置的工具坐标系编号处应该怎么做？

引导问题 9：

　　如图 5-34 所示，用直接输入法设置工具坐标系时，在详细界面中按下"方法"功能键弹出"方法"菜单，移动光标，选择所用的设置方法是什么？

续表

工作任务		任务 17　激活及验证工具坐标系					
姓名		班级		学号		日期	

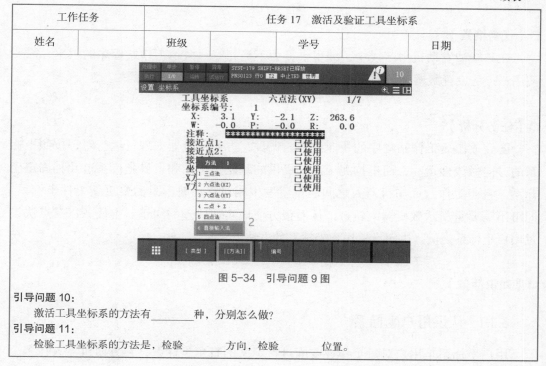

图 5-34　引导问题 9 图

引导问题 10：

激活工具坐标系的方法有_____种，分别怎么做？

引导问题 11：

检验工具坐标系的方法是，检验_____方向，检验_____位置。

任务 5.4　设置用户坐标系

【知识目标】

（1）了解建立用户坐标系的意义。

（2）掌握用户坐标系的设置方法。

（3）掌握用户坐标系的激活及验证方法。

用户坐标的三点法
设置与验证

【技能目标】

（1）能够用三点法建立用户坐标系。

（2）能够激活并验证用户坐标系的正确性。

（3）能够正确选定 3 个参考点。

【素养目标】

（1）学生通过设置用户坐标系，理解坐标系之间的相互关系，培养系统思维，能够从整体上把握和优化工作流程。

（2）学生在设置过程中，提出对精度的要求，开展精益求精等典型工匠精神的学习。

⊙【任务情景】

在某柴油发动机生产线中，编程人员为了提高编写搬运工作站程序的效率，需要使用三点法设置搬运工作台面的用户坐标系。

⊙【任务分析】

要完成搬运工作站程序的快速编写与调试，方便在机器人现行运行时，按照坐标系的方向做线性运动，而不拘泥于系统提供的基座坐标系和世界坐标系这几种固定坐标系。且当工作台面与机器人之间的位置发生相对移动时，只需要更新工件坐标系，即可不需要重新示教机器人轨迹，从而很方便地实现轨迹的纠正。本任务以三点法设置用户坐标系为例，讲解设置用户坐标系的方法。

⊙【知识储备】

5.4.1　认识用户坐标系

用户坐标系是用户对每个作业空间进行定义的直角坐标系，它方便机器人在多个空间坐标系中工作。图 5-35 所示为机器人的其中一个用户坐标系。

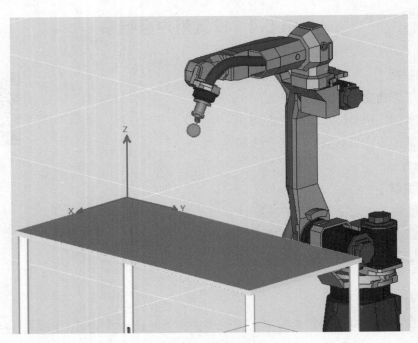

图 5-35　用户坐标系

（1）用户坐标系用于位置寄存器的示教和执行、位置补偿指令的执行等。在没有定义时，将由世界坐标系来代替。

（2）用户坐标系通过相对于世界坐标系的原点位置（X, Y, Z），以及 X 轴、Y 轴、Z 轴的旋转角（W, P, R）来定义。

（3）用户最多可以设置 9 个用户坐标系。

（4）用户坐标系的设置方法三点法、四点法和直接输入法三种。

【任务实操】

5.4.2 设置用户坐标系（三点法）

（1）按下示教器上的 MENU 键，在弹出的菜单中选择"设置"→"坐标系"命令，如图 5-36 所示。

（2）按下 ENTER 键，进入坐标系设置界面如图 5-37 所示。

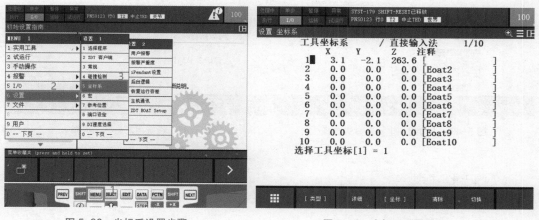

图 5-36 坐标系设置步骤   图 5-37 坐标系设置界面

（3）如图 5-38 所示，按下"坐标"功能键，在弹出的菜单中选择"用户坐标系"命令进入用户坐标系的设置界面。

（4）移动光标选择需要设置的用户坐标系编号，按下"详细"功能键进入详细界面，如图 5-39 所示。

（5）按下"方法"功能键，弹出"方法"菜单，如图 5-40 所示。

（6）移动光标，选择"三点法"命令，按下 ENTER 键确认，进入具体设置画面，如图 5-41 所示。

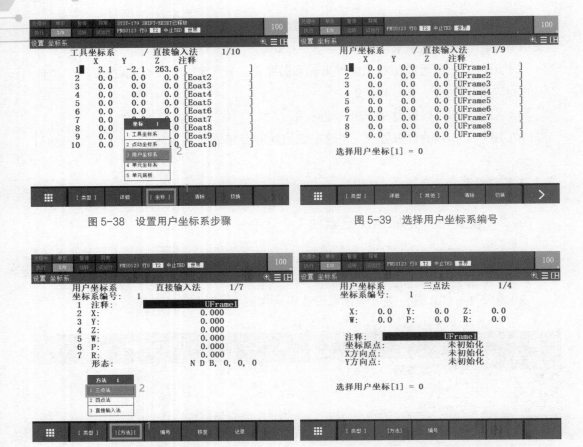

图 5-38 设置用户坐标系步骤

图 5-39 选择用户坐标系编号

图 5-40 设置用户坐标系方法选择

图 5-41 设置用户坐标系界面

（7）记录坐标原点。

①光标移至"坐标原点"，如图 5-42（a）所示，按下 SHIFT+"记录"功能键记录坐标原点。

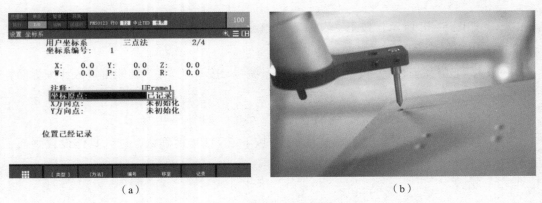

（a）

（b）

图 5-42 记录用户坐标原点

②当记录完成,"未初始化"变成"已记录",如图 5-42(a)所示。

(8)记录 X 方向点,如图 5-43 所示。

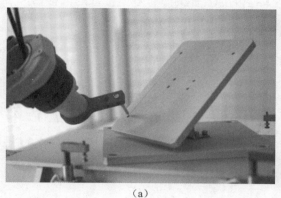

(a)

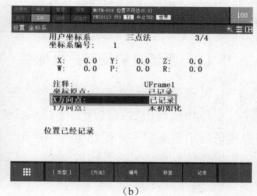

(b)

图 5-43 记录 X 方向点

①示教机器人沿用户所希望的 +X 轴方向至少移动 250 mm。

②示教器中光标移至"X 方向点",按下 SHIFT+"记录"功能键记录 X 方向点。

③当记录完成,"未初始化"变为"已记录"。

④移动光标到"坐标原点"。

⑤按下 SHIFT+"移至"功能键使示教点回到坐标原点。

(9)记录 Y 方向点,如图 5-44 所示。

①示教机器人沿用户所希望的 +Y 轴方向至少移动 250 mm。

②示教器中光标移至"Y 方向点",按下 SHIFT+"记录"功能键记录 Y 方向点。

③当记录完成,"未初始化"变为"已记录"。

④移动光标到"坐标原点"。

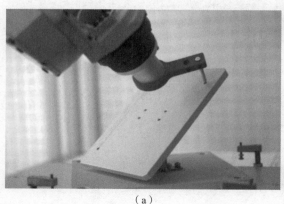

(a)

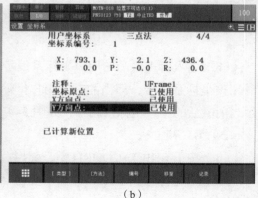

(b)

图 5-44 记录 Y 方向点

⑤按下 SHIFT+"移至"功能键使示教点回到坐标原点。

记录所有点后,相应的坐标项内有数据生成。

X,Y,Z 的数据代表当前设置的用户坐标系的原点相对于世界坐标系的偏移量。

W,P,R 的数据代表当前设置的用户坐标系相对于世界坐标系的旋转量。

5.4.3 激活及验证用户坐标系

1.激活用户坐标系

要使用已经设置好的用户坐标系,必须先将其激活,激活完成后再进行验证,符合要求的用户坐标系才能在生产中使用。

激活用户坐标系的方法有两种。

1)第一种方法

(1)经过三点法设置用户坐标后,直接按下 PREV 键回到用户坐标系设置界面,或按下 MENU 键,在弹出的菜单中选择"设置"→"坐标系"命令,回到用户坐标系设置界面,如图 5-45 所示。

(2)按下"切换"功能键,屏幕中出现"输入坐标系编号",如图 5-46 所示。

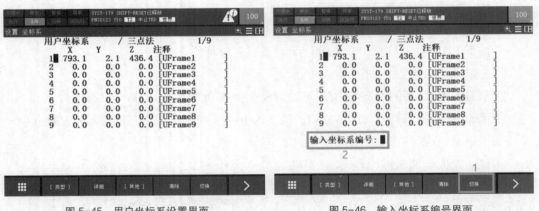

图 5-45 用户坐标系设置界面   图 5-46 输入坐标系编号界面

(3)输入所需激活的用户坐标系编号,按下 ENTER 键确认;屏幕中将显示被激活的用户坐标系编号,即当前有效用户坐标系编号,也可以按下 SHIFT+COORD 键,显示当前激活的用户坐标系编号,如图 5-47 所示。

2)第二种方法

(1)按下 SHIFT+COORD 键,弹出黄色对话框,如图 5-48 所示。

(2)把光标移到 User,输入所要激活的用户坐标系编号。到此,用户坐标系的激活就已经完成了。

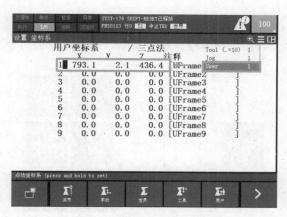

图 5-47 当前激活的用户坐标系编号

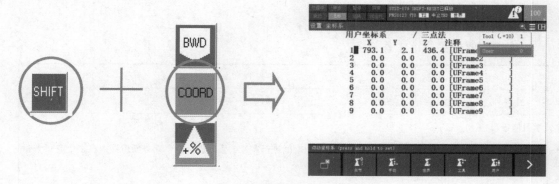

图 5-48 当前激活的用户坐标系

2. 验证用户坐标系

（1）按下 SHIFT+COORD 键，显示界面如图 5-49 所示，按下"用户"功能键选择用户坐标系。

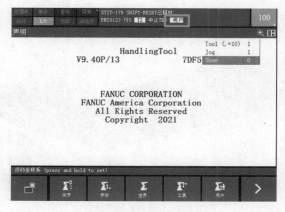

图 5-49 选择用户坐标系

163

（2）如图 5–50 所示，示教机器人分别沿 X 轴、Y 轴、Z 轴方向运动，检查用户坐标系的方向设定是否有偏差，若偏差不符合要求，则重复以上所有步骤重新设置。

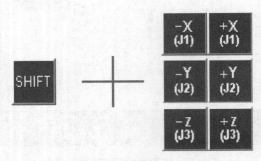

图 5-50　检验用户坐标系运动键

【任务工单】

请按照要求完成该工作任务。

工作任务		任务 18　设置用户坐标系				
姓名		班级		学号		日期	

学习情景

如图 5-51 所示，用户坐标系是用户对每个作业空间进行定义的直角坐标系，它方便机器人在多个空间坐标系中工作。

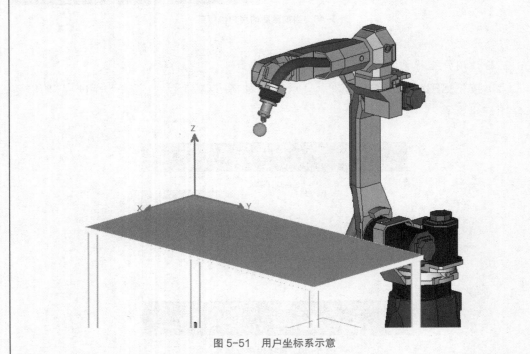

图 5-51　用户坐标系示意

续表

工作任务		任务 18 设置用户坐标系				
姓名		班级		学号		日期

任务要求

请用三点法设置用户坐标系。

引导问题 1:

用户坐标系用于位置寄存器的_____、_____的执行等。

引导问题 2:

用户最多可以设置_____个用户坐标系。

引导问题 3:

记录 X 方向点，示教机器人沿用户所希望的 +X 轴方向至少移动_____mm。

引导问题 4:

X，Y，Z 的数据代表当前设置的用户坐标系的原点相对于_____的偏移量。

引导问题 5:

激活用户坐标系的方法有_____种。

引导问题 6:

验证用户坐标系应在_____下，示教机器人分别沿 X 轴、Y 轴、Z 轴方向运动。

引导问题 7:

在用户坐标系设置过程中，当设置点后出现_____，代表当前点已经记录。

引导问题 8:

设置用户坐标系时，当选择好需要移动的点位时，可以通过_____移动到选定的点位。

引导问题 9:

判断题

1. 用户最多可以设置 10 个用户坐标系。 （　　）

2. 按 SHIFT+ "移动" 功能键，可以切换坐标系。 （　　）

3. 检验用户坐标系时，应把示教器的坐标系切换到世界坐标系。 （　　）

4. W，P，R 的数据代表当前设置的用户坐标系相对于世界坐标系的旋转量。 （　　）

5. 设置用户坐标系方法有三点法、四点法和直接输入法三种。 （　　）

引导问题 10:

简述验证用户坐标系的步骤。

_____

_____

_____

_____

项目六

工业机器人搬运工作站典型任务的编程与调试

项目导学

项目图谱

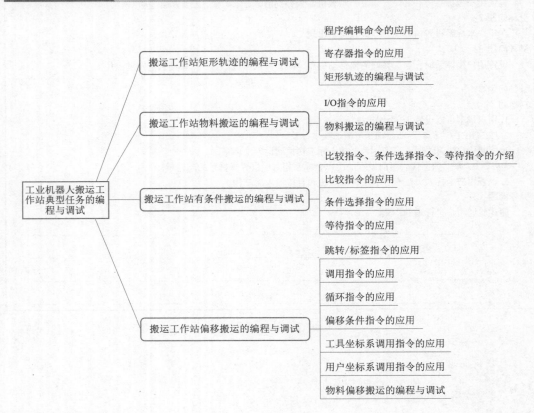

项目场景

　　发动机及其部件（缸体、缸盖等）是汽车上万个零件中决定整车性能的重要组成之一，其工艺也基本代表着最先进的汽车制造技术。图 6-1 所示为某企业柴油发动机生产线中的典型搬运工作站，图 6-2 所示为工作现场的机器人正在抓取零件。此工作站的搬运任务主要通过工业机器人来完成，这些机器人采用双 Z 轴及双手爪方式，可以一起随 X 轴做水平运动，还可以单独做垂直运动，可保证 14 s 的卸装节拍要求。

图 6-1　搬运工作站

图 6-2　机器人正在抓取零件

　　本项目以搬运工作站典型任务的编程与调试为总任务，以某企业的柴油发动机生产线为例，学习机器人的基础编程知识与操作技能，主要包括 I/O 指令、比较指令、条件选择指令、等待指令、循环指令等。通过"做中学""做中教"的教学方式，最终实现搬运工作站典型任务的编程与调试。

项目描述

　　搬运工作站能通过编程完成对装配零件的定位、夹紧和固定，将零件放入对应加工位置。在搬运中，机器人通过示教还可完成几种不同轨迹的搬运、码垛。

几种不同形式码垛
指令的案例

知识目标

　　（1）掌握程序编辑命令及寄存器指令的功能、作用。
　　（2）掌握 I/O 指令及等待指令的功能、作用。
　　（3）掌握比较指令、条件选择指令、等待指令的功能、作用。
　　（4）掌握跳转 / 标签指令、调用指令、循环指令、偏移条件指令、工具坐标系调用指令、用户坐标系调用指令的功能、作用。

技能目标

（1）能够完成矩形轨迹的编程与调试。

（2）能够完成简单物料搬运的编程与调试。

（3）能够完成搬运工作站有条件搬运的编程与调试。

（4）能够完成搬运工作站偏移搬运的编程与调试。

素养目标

（1）通过调试确保机器人运动的精准性和稳定性，培养学生精益求精、追求完美的工匠精神。

（2）通过克服编程与调试中的困难和挑战，引导学生学习前辈艰苦奋斗、自力更生、奋发图强、爱岗敬业的精神。

（3）对程序进行精细化设计和调试，培养学生工作认真负责、吃苦耐劳、坚韧不拔的铁人精神。

（4）通过系统调试，提高学生对现实世界复杂性的理解，将个人的工作成果与国家的发展紧密相连。

（5）通过偏移条件指令，培养学生不拘泥于传统的思维模式，鼓励学生追求创新，利用数字化手段打破常规，勇于尝试。

（6）引导学生坚守正确的原则和标准，掌握核心技术，实现个人和团队的共同成长发展，助力现代化强国建设。

对应工业机器人操作与运维职业技能等级要求（中级）

工业机器人操作与运维职业技能等级要求（中级）参见工业机器人操作与运维职业技能等级标准（标准代码：460001）中的表2。

（1）能通过编程完成对装配物品的定位、夹紧和固定（2.1.5）。

（2）能完成工业机器人的典型手动示教操作（矩形轨迹、三角形轨迹、曲线轨迹和圆弧轨迹等）（2.1.6）。

（3）能根据工业机器人典型应用（搬运码垛、装配）的任务要求，编写工业机器人程序（2.1.7）。

任务 6.1 搬运工作站矩形轨迹的编程与调试

程序编辑指令的
应用

【知识目标】

（1）了解程序编辑的其他命令。

（2）掌握常用程序编辑命令的应用。

（3）掌握粘贴命令的粘贴要求。

（4）掌握寄存器指令的应用及注意事项。

【技能目标】

（1）能够使用"插入""删除""复制""剪切""粘贴"命令。

（2）能够使用寄存器指令编写机器人控制程序。

（3）能够完成机器人矩形轨迹的编程与调试。

【素养目标】

（1）通过调试确保机器人运动的精准性和稳定性，培养学生精益求精、追求完美的工匠精神。

（2）通过克服编程与调试中的困难和挑战，引导学生学习前辈的艰苦奋斗、自力更生、奋发图强、爱岗敬业的精神。

【任务情景】

在某柴油发动机生产线中，机器人在搬运零件时需要对零件进行视觉检测，检测零件是否已达到加工要求。因为视觉检测相机固定在台面上，所以需要让机器人抓取零件沿着矩形轨迹运动，实现零件 4 个角的检测。现针对此任务情景要求，对机器人矩形轨迹进行编程与调试。

【任务分析】

要完成机器人矩形轨迹的编程与调试，需要首先学会"插入""删除""复制""剪切""粘贴"等程序编辑命令与寄存器指令。然后所学内容，完成机器人从当前位置开始，沿边长为 100 mm × 100 mm 矩形轨迹行走的编程与调试。

注意：机器人的矩形轨迹需要示教 4 个点，两点之间机器人的轨迹为直线。

○【知识储备】

6.1.1 程序编辑命令的应用

1. 插入命令

插入命令用于将所需数量的空白行插入现有的程序指令之间。插入空白行后，重新赋予行编号。操作步骤如下。

（1）按下 SELECT 键进入程序编辑界面，按下 NEXT 键切换功能键内容，显示"编辑"功能键，如图 6-3 所示。

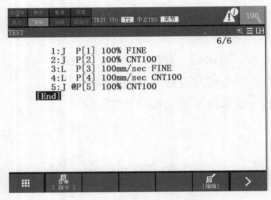

图 6-3　程序编辑界面 1

（2）移动光标到所需要插入空白行的位置（空白行插在光标行之前），按下"编辑"功能键，选择"插入"命令，并按下 ENTER 键确认，如图 6-4 所示。

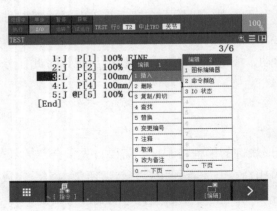

图 6-4　选择"插入"命令

（3）屏幕下方会出现"插入多少行？"，用数字键输入所需要插入的行数（如插入3 行），并按下 ENTER 键确认，如图 6-5 所示。

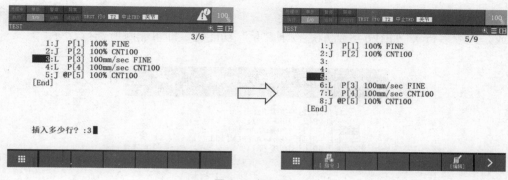

插入多少行? :3

图6-5 插入行数

2."删除"命令

"删除"命令用于将指定范围的程序指令从程序中删除。删除程序指令后,重新赋予行编号。操作步骤如下。

(1)按下 SELECT 键进入程序编辑界面,按下 NEXT 键切换功能键内容,显示"编辑"功能键,如图6-6所示。

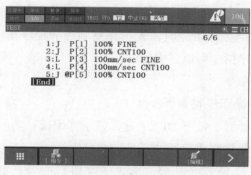

图6-6 程序编辑界面2

(2)移动光标到所需要删除的指令行号,按下"编辑"功能键,选择"删除"命令,并按下 ENTER 键确认,如图6-7所示。

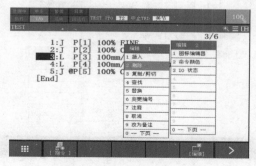

图6-7 选择"删除"命令

（3）屏幕下方会出现"是否删除行？"，移动光标选中所需要删除的行（可以是单行或是连续多行），如图 6-8 所示。按下"是"功能键，即可删除所选行。

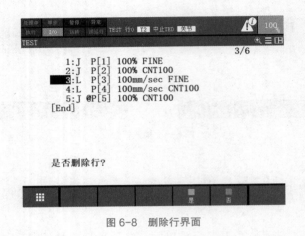

图 6-8　删除行界面

3. "复制""剪切""粘贴"命令

"复制""剪切""粘贴"命令用于先复制 / 剪切一连串的程序指令集，然后粘贴到程序中的其他位置。复制程序指令时，先选择复制源的程序指令范围，再将其记录到存储器中，被复制的程序指令可以多次粘贴。

1）"复制 / 剪切"命令

"复制 / 剪切"命令操作步骤如下。

（1）进入程序编辑界面，按下 NEXT 键，显示"编辑"功能键。

（2）移动光标到所要复制或剪切的行号处。

（3）按下"编辑"功能键，选择"复制 / 剪切"命令，如图 6-9 所示，并按下 ENTER 键确认。

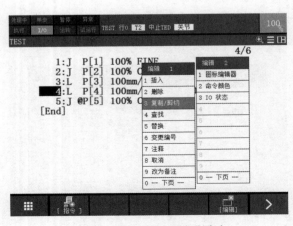

图 6-9　选择"复制 / 剪切"命令

（4）按下"选择"功能键，屏幕下方会出现"复制"和"剪切"两个功能键，如图 6-10 所示。

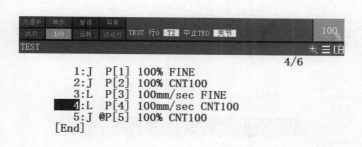

将光标移至选择范围

图 6-10　显示"复制""剪切"功能键

（5）向上或向下移动光标，选择需要复制或剪切的指令，然后根据需求按下"复制"功能键或者"剪切"功能键，出现如图 6-11 所示界面。

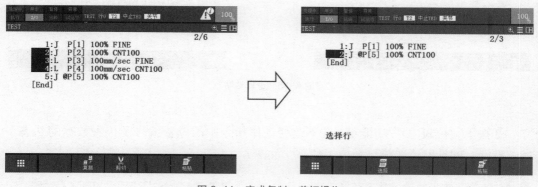

图 6-11　完成复制、剪切操作

2）"粘贴"命令

"粘贴"命令操作步骤如下。

（1）按以上步骤复制或剪切所需内容。

（2）移动光标到所需粘贴的行号处。

注意：插入式粘贴，不需要先插入空白行。

（3）按下"粘贴"键，屏幕下方会出现"在该行之前粘贴吗？"，如图 6-12 所示。

173

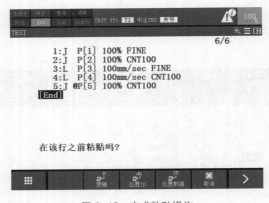

图 6-12　完成粘贴操作

（4）选择合适的粘贴方式进行粘贴。

①按下"逻辑"功能键：在动作指令中以位置编号为 [···]（位置尚未示教）的状态插入粘贴，即不粘贴位置信息，如图 6-13 所示。

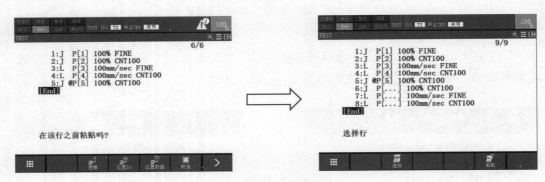

图 6-13　逻辑粘贴

②按下"位置 ID"功能键：在不改变动作指令中的位置编号及位置数据的状态下插入粘贴，即粘贴位置信息和位置编号，如图 6-14 所示。

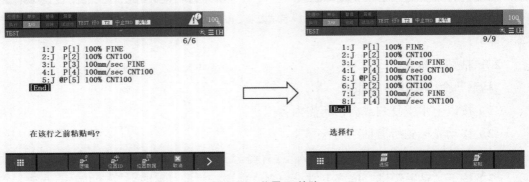

图 6-14　位置 ID 粘贴

③按下"位置数据"功能键：在未更新动作指令中的位置数据，更新位置编号的状态下插入粘贴，即粘贴位置信息并生成新的位置编号，如图6-15所示。

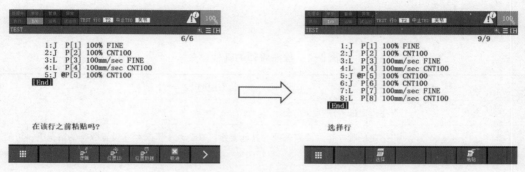

图6-15　位置数据粘贴

④按下 NEXT 键显示下一组功能键，如图6-16所示。

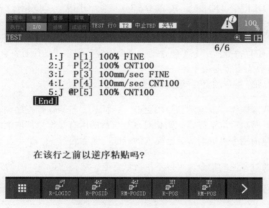

图6-16　下一组功能键

a. 按下 R-LOGIC（倒序逻辑）功能键：在动作指令中以位置编号为[…]（位置尚未示教）的状态，按照与复制源指令相反的顺序插入粘贴。

b. 按下 R-POSID（倒序位置编号）功能键：在与复制源动作指令的位置编号及格式保持相同的状态下，按照相反的顺序插入粘贴。

c. 按下 RM-POSID（倒序动作位置编号）功能键：在与复制源动作指令的位置编号保持相同的状态下，按照相反的顺序插入粘贴。为了使动作与复制源的动作完全相反，应更改各动作指令的动作类型、动作速度。

d. 按下 R-POS（倒序位置数据）功能键：在与复制源动作指令的位置数据保持相同，而更新位置编号的状态下，按照相反的顺序插入粘贴。

e. 按下 RM-POS（倒序动作位置数据）功能键：在与复制源动作指令的位置数据保

持相同，而更新位置编号的状态下，按照相反的顺序插入粘贴。为了使动作与复制源的动作完全相反，应更改各动作指令的动作类型、动作速度。

4. 程序编辑的其他命令

程序编辑的其他命令如表 6-1 所示。

表 6-1　程序编辑的其他命令

命令	说明
查找	查找指定的程序指令要素
替换	将指定的程序指令要素替换为其他要素。在更改了影响程序设置数据的情况下，可使用该功能
变更编号	以升序重新赋予程序指令位置编号。每次对动作指令进行示教时，位置编号自动累加生成。反复执行插入和删除操作，位置编号在程序中会显得凌乱无序，通过变更编号，可使位置编号在程序中依序排列
注释	在程序编辑界面内对以下指令的注释进行显示 / 隐藏切换，但是不能进行编辑： • DI 指令、DO 指令、RI 指令、RO 指令、GI 指令、GO 指令、AI 指令、AO 指令、UI 指令、UO 指令、SI 指令，SO 指令； • 寄存器指令； • 位置寄存器指令（包含动作指令位置数据格式的位置寄存器）； • 码垛寄存器指令； • 动作指令的寄存器速度指令
取消	取消操作可以取消指令的更改、行插入、行删除等程序编辑操作。若在编辑程序的某一行时执行取消操作，则相对该行执行的所有操作全部取消。此外，在行插入或行删除中取消指令可取消所有已插入的行或已删除的行
改为备注	通过备注的指令，可以不执行该指令。被备注指令，行的开头显示 //
图标编辑器	进入图标编辑界面，在带触摸屏的示教器上，可直接触摸图标进行程序的编辑
命令颜色	使某些命令，如 I/O 命令，以彩色显示
IO 状态	在命令中显示 I/O 的实时状态

6.1.2　寄存器指令的应用

1. 寄存器类型

寄存器支持 +，-，*，/，MOD（两值相除后的余数），DIV（两值相除后的整数）等四则运算和多项式，如 R[1]=R[2]+R[3]-R[4]。

寄存器指令的应用

注意：

（1）一行中最多可以添加 5 个运算符，如 R[1]=R[2]*R[3]*R[4]*R[5]/R[6]/R[7]。

（2）运算符 +，- 或 *，/ 可以相同行混合使用，但是 +，- 和 *，/ 不可以混合使用。

常用寄存器有 3 种类型。

1）一般寄存器

一般寄存器符号是 R[i]，其中 i=1，2，3…是寄存器号。R[i] 的值可以是常数（constant）、寄存器值 R[i]、位置寄存器的值 PR[i, j]、信号状态 DI[i]、程序计时器的值 Timer[i]。默认提供 200 个一般寄存器。

2）位置寄存器

位置寄存器是记录位置信息的寄存器，符号是 PR[i] 其中 i 为位置寄存器号。位置寄存器主要存储的数据有在直角坐标系和关节坐标系下的两种坐标数据，分别为直角坐标系下的（X，Y，Z，W，P，R）6 个数据或者关节坐标系下的（J1，J2，J3，J4，J5，J6）6 个关节位置数据，如表 6-2 所示。位置寄存器可以进行加减运算，用法与一般寄存器类似，默认提供 100 个位置寄存器。

表 6-2　位置寄存器存储的两种坐标数据

	直角坐标（Lpos）	关节坐标（Jpos）
j=1	X	J1
j=2	Y	J2
j=3	Z	J3
j=4	W	J4
j=5	P	J5
j=6	R	J6

3）位置寄存器要素指令

位置寄存器要素指令 PR[i, j]，存储的是直角坐标系或者关节坐标系的某一个数据，可以进行算术运行。位置寄存器要素指令 PR[i, j] 可以赋值给一般寄存器 R[i]，但是位置寄存器不可以赋值给一般寄存器 R[i]。

4）字符串寄存器

字符串寄存器用于存储英文数字的字符串。每个字符串寄存器最多可以存储 254 个字符，字符串寄存器的标准个数为 25 个。字符串寄存器数可在控制启动时增加。

2. 查看寄存器值

（1）按下 DATA（资料）键。

（2）按下"类型"功能键，出现数值寄存器、位置寄存器、字符串寄存器、码垛寄存器、KAREL 变量、KAREL 位置变量等内容，如图 6-17 所示。

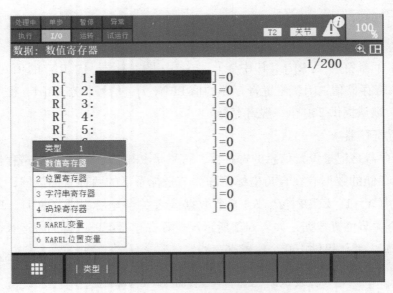

图 6-17　寄存器类型的菜单

（3）移动光标选择数值寄存器，按下 ENTER 键。

（4）把光标移至寄存器号处，按下 ENTER 键。

（5）把光标移到数值处，使用数字键可直接修改数值，如图 6-18 所示。

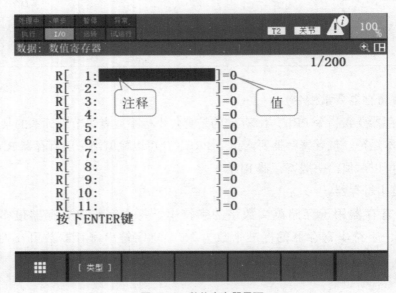

图 6-18　数值寄存器界面

（6）在程序中加入寄存器指令，其步骤如下。

①进入程序编辑界面，通过按下 NEXT 键找到"指令"功能键。

②按下"类型"功能键。

③选择"数值寄存器"命令，按下 ENTER 键确认（见图 6-19）。

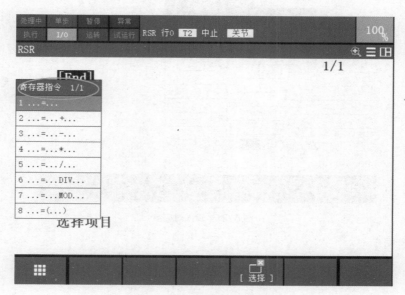

图 6-19　"寄存器指令"菜单

④选择所需要的指令格式，按下 ENTER 键确认（见图 6-20）。

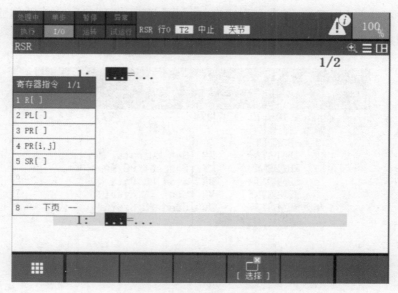

图 6-20　选择指令格式

⑤根据光标位置选择相应的项，输入对应值即可（见图 6-21）。

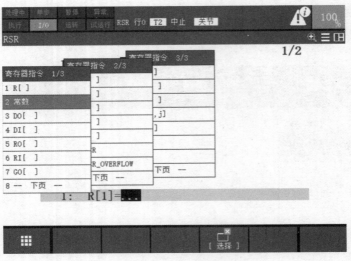

图 6-21　输入对应值

【任务实操】

6.1.3　矩形轨迹的编程与调试

任务实操前，完成任务 6.1 的任务工单中的引导问题各小组阐述设计方案，其他小组提出不同看法，完善工序步骤安排后方可进行任务实操。

1. 创建程序

使用示教器的 SELECT 键进入程序选择界面，按下"创建"功能键创建一个名为 TEST001 的程序，如图 6-22 所示。

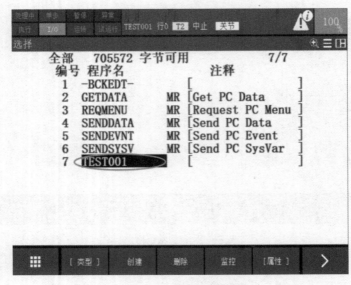

图 6-22　程序创建界面

2. 编辑程序

在程序选择界面使用方向键选择 TEST001 程序，按下 ENTER 键确认后进入程序编辑界面，如图 6-23 所示。

图 6-23　TEST001 程序编辑界面

利用程序编辑命令及寄存器指令，将 100 mm × 100 mm 矩形轨迹程序的两种方法分别输入示教器的 TEST001 程序编辑界面，如图 6-24 所示。

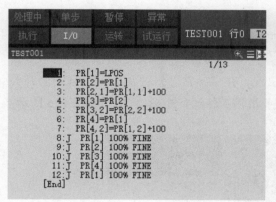
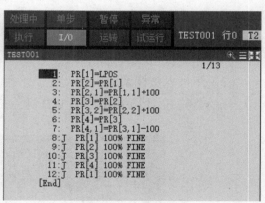

（a）　　　　　　　　　　　　　　　　　　　（b）

图 6-24　矩形轨迹程序

（a）第一种方法；（b）第二种方法

注意：

（1）PR[1]=LPOS（或 JPOS）。

执行该行程序时，将机器人当前位置保存至 PR[1] 中，并且以直角（或关节）坐标形式显示。

（2）PR[2，1]=PR[1，1]+100。

将 PR[1] 中的第一个元素加 100，然后赋值给 PR[2] 中的第一个元素。如果前面的指令为 PR[1]=LPOS，那么将 PR[1] 中的 X 数值加 100，结果赋值给 PR[2] 中的 X；如果前面的指令为 PR[1]=JPOS，那么将 PR[1] 中的 J1 轴的角度加 100，结果赋值给 PR[2] 中的 J1 轴。

（3）PR[3，2]=PR[2，2]+100。

将 PR[2] 中的第二个元素加 100 赋值给 PR[3] 的第二个元素。

3．调试矩形轨迹程序

（1）在进入 TEST001 程序界面的状态下，按下示教器背面任意一个安全开关，再按下示教器正面的 RESET 键，将示教器正上方的"异常"报警消除，如图 6-25 所示。

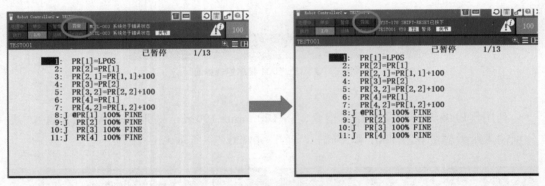

图 6-25　消除机器人报警

（2）用世界坐标系使机器人处于任意位置，在"异常"报警消除后，且安全开关不松开的情况下，按下 SHIFT+FWD 键，工业机器人将运行矩形轨迹，如图 6-26 所示。

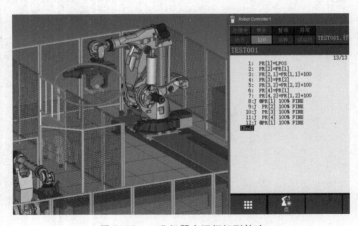

图 6-26　工业机器人运行矩形轨迹

（3）用世界坐标系使机器人改变至任意位置，再次运行机器人 TEST001 程序，观察矩形轨迹与之前的区别，如图 6-27 所示。

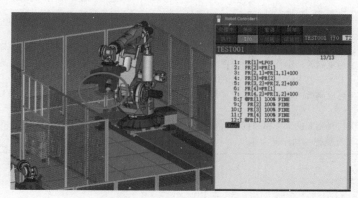

图 6-27　改变位置后的矩形轨迹

【任务工单】

请按照要求完成该工作任务。

工作任务	任务 19　搬运工作站矩形轨迹的编程与调试					
姓名		班级		学号		日期

学习情景

在某柴油发动机产线中，机器人在搬运零件时需要对零件进行视觉检测，检测零件是否已达到加工要求。视觉检测相机固定在台面上，要检测零件的 4 个角，需要让机器人抓取零件沿矩形轨迹运动。学会机器人程序指令的用法、程序编写、目标点示教、调试运行等。

任务要求

编写程序控制机器人运行，使机器人完成搬运、码垛、弧焊等动作。

引导问题 1：

移动光标选中所需要复制的行处，可以复制＿＿＿＿或＿＿＿＿。

引导问题 2：

删除程序中的指令时，可以删除＿＿＿＿或＿＿＿＿。

引导问题 3：

"查找"命令可以查找指定的＿＿＿＿。

引导问题 4：

取消操作可以取消指令的＿＿＿＿、＿＿＿＿、＿＿＿＿等程序编辑操作。

引导问题 5：

被备注的指令，行的开头显示＿＿＿＿。

引导问题 6：

判断题

1. 插入空白行时一次只可以插入一行。　　　　　　　　　　　　　　　　（　　）
2. 移动光标到所需要插入空白行的位置，空白行插在光标行之后。　　　　（　　）
3. 程序指令一旦被复制，可以多次插入粘贴使用。　　　　　　　　　　　（　　）
4. 插入式粘贴，不需要先插入空白行。　　　　　　　　　　　　　　　　（　　）

引导问题 7：

1. ＿＿＿＿：在动作指令中以位置编号为 [⋯]（位置尚未示教）的状态，按照复制源指令相反的顺序插入粘贴。

工作任务		任务 19　搬运工作站矩形轨迹的编程与调试			
姓名		班级		学号		日期	

2. _____：在与复制源的动作指令的位置编号及格式保持相同的状态下，按照相反的顺序插入粘贴。

3. _____：在与复制源的动作指令的位置编号保持相同的状态下，按照相反的顺序插入粘贴。为了使动作与复制源的动作完全相反，应更改各动作指令的动作类型、动作速度。

4. _____：在与复制源的动作指令的位置数据保持相同，而更新位置编号的状态下，按照相反的顺序插入粘贴。

5. _____：在与复制源的动作指令的位置数据保持相同，而更新位置编号的状态下，按照相反的顺序插入粘贴。为了使动作与复制源的动作完全相反，应更改各动作指令的动作类型、动作速度。

任务 6.2　搬运工作站物料搬运的编程与调试

【知识目标】

（1）了解 I/O 指令的分类。

（2）掌握常用 I/O 指令的语法结构及功能。

（3）掌握在示教器中调用常用 I/O 指令的方法和步骤。

【技能目标】

（1）灵活应用常用 I/O 指令。

（2）能够说出常用 I/O 指令的功能及作用。

【素养目标】

（1）通过对物料搬运程序进行精细化设计和调试，弘扬吃苦耐劳、坚韧不拔的铁人精神。

（2）通过克服调试遇到的困难和问题，培养学生勇于战胜困难，不断拼搏奋进的品质。

【任务情景】

在调试某柴油发动机生产线的搬运工作站时，需要使用示教器控制手爪进行物料的抓取和放置。

【任务分析】

使用机器人的 I/O 指令控制手爪抓取和放置物料。

✪【知识储备】

6.2.1　I/O 指令的应用

I/O 指令是工业机器人与外部设备构建信息交换的平台，机器人控制外部设备，以及外部设备发送控制指令给机器人，都是通过 I/O 指令完成的。工业机器人要与第三方设备和硬件组成一个完整的控制系统，必须使用 I/O 指令。

I/O 指令是读取输入信号状态、改变向外围设备的输出信号状态的指令，分为数字 I/O（DI/DO）指令、机器人 I/O（RI/RO）指令、模拟 I/O（AI/AO）指令、群组 I/O（GI/GO）指令。

1. DI/DO 指令

常见的 DI/DO 指令有以下 3 种格式。

第一种：

R[i] =DI[i]

第二种：

DO[i]=ON/OFF

//DO[i]=ON，发出信号；DO[i]=OFF，关闭信号

第三种：

DO[i]=Pulse，脉冲宽度

//AI/AO 脉冲宽度取值范围为 0.1～25.5 s

RI/RO 指令、AI/AO 指令、GI/GO 指令的用法和 DI/DO 指令类似。

2. 在程序中加入 I/O 指令

在程序中加入 I/O 指令的步骤如下。

（1）进入程序编辑界面。

（2）按下"指令"功能键。

（3）选择 I/O 命令，按下 ENTER 键确认（见图 6-28）。

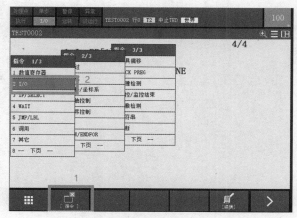

图 6-28　选择 I/O 命令

（4）选择所需要添加的 I/O 指令格式，按下 ENTER 键确认（见图 6-29）。

（5）根据光标位置输入值，或选择相应的项并输入值即可。

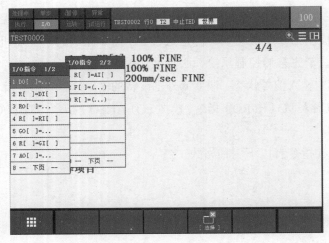

图 6-29 " I/O 指令" 菜单

【任务实操】

6.2.2 物料搬运的编程与调试

在工业机器人搬运工作站中实现当传送带上有物料时，机器人将工件拾取到工作台上。机器人从工作起始点出发，经过传送带上方安全点 P[1] 到拾取点 P[2] 拾取工件，再经过传送带上方安全点 P[1]、工作台上方安全点 P[3]，再到放置点 P[4] 放下工件，最后经过 P[3] 回到工作起始点。请用示教器示教程序完成上述动作。其中，RO[2] 是机器人输出信号，当 RO[2]=ON 时，吸盘工具吸取并拾取工件；当 RO[2]=OFF 时，吸盘工具释放并放下工件，如图 6-30 所示。

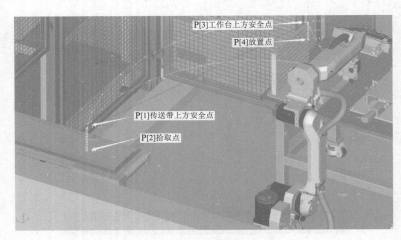

图 6-30 工件搬运

物料搬运程序如下。

1：J PR[1:HOME] 100% FINE   // 使用关节运动指令回到工作起始点

2：J P[1] 100% FINE   // 使用关节运动指令运动到传送带上方安全点

3：L P[2] 100mm/sec FINE   // 使用直线运动指令运动到工件拾取位置

4：RO[2]=ON   // 改变 I/O 指令 RO[2] 至 ON，吸盘工具拾取工件

5：WAIT 0.5（sec）   // 等待 0.5 s，给吸盘吸取工件的反应时间

6：L P[1] 100mm/sec FINE   // 使用直线运动指令运动回到传送带上方安全点

7：J P[3] 100% FINE   // 使用关节运动指令运动到工作台上方安全点

8：L P[4] 100mm/sec FINE   // 使用直线运动指令运动到工件放置点

9：RO[2]=OFF   // 更改 I/O 指令 RO[2] 至 OFF，吸盘工具释放工件

10：WAIT 0.5（sec）   // 等待 0.5 s，给吸盘释放工件的反应时间

11：L P[3] 100mm/sec FINE   // 使用直线运动指令运动回到工作台上方安全点

12：J PR[1:HOME] 100% FINE // 使用关节运动指令回到工作起始点

按照上述操作完成物料搬运程序的编写和校点工作，然后参照调试程序的方法，先手动单步运行程序，然后自动连续运行程序。

【任务工单】

请按照要求完成该工作任务。

工作任务		任务 20　搬运工作站物料搬运的编程与调试					
姓名		班级		学号		日期	

学习情景

  I/O 指令是工业机器人与外部设备构建信息交换的平台，机器人控制外部设备，以及外部设备发送控制指令给机器人，都是通过 I/O 指令完成的。工业机器人要与第三方设备和硬件组成一个完整的控制系统，必须使用 I/O 指令。

任务要求

  在工业机器人搬运工作站中实现当传送带上有物料，机器人将工件拾取到工作台上。机器人从工作起始点出发，经过传送带上方安全点 P[1] 到拾取点 P[2] 拾取工件，再经过传送带上方安全点 P[1]，到工作台上方安全点 P[3]，再到放置点 P[4] 将工件放下，然后经过 P[3] 回到工作起始点。请用示教器示教程序完成上述动作。其中，RO[2] 是机器人输出信号，当 RO[2]=ON 时，吸盘工具吸取并拾取工件；当 RO[2]=OFF 时，吸盘工具释放并放下工件。

引导问题 1：

  I/O 指令分为_____指令、_____指令、_____指令、_____指令。

引导问题 2：

  _____可以对几个 DI/DO 信号进行分组，以_____来控制这些信号。

引导问题 3：

  说出以下 3 种 DI/DO 指令的意义。

  第 1 种：

  R[i] =DI[i]

  第 2 种：

  DO[i]=（Value）

工作任务		任务 20　搬运工作站物料搬运的编程与调试			
姓名	班级		学号	日期	

//Value=ON，Value=OFF

第 3 种：

DO[*i*]=Pulse，（Width）

//Width= 脉冲宽度（0.1～25.5 s）

引导问题 4：

判断题

　　1. I/O 指令只能改变向外围设备的输出信号状态。　　　　　　　　　　　（　　）

　　2. RI/RO 指令是用户可以控制使用的 I/O 信号。　　　　　　　　　　　（　　）

　　3. AI/AO 指令是连续的输出值。　　　　　　　　　　　　　　　　　　（　　）

引导问题 5：

　　I/O 指令有什么作用？

引导问题 6：

　　机器人从 HOME 点出发，经过点 P[1] 到点 P[2] 抓取工件，再经过点 P[1]，P[3] 到点 P[4] 将工件放下，请完成示教器示教程序。其中，RO[2] 是机器人输出信号，当 RO[2]=ON 时，手爪夹紧，抓起工件；当 RO[2]=OFF 时，手爪松开，放下工件。

　　1：J PR[1:HOME] 100% FINE

　　2：L P[1] 2000mm/sec CNT50

　　3：L P[2] 2000mm/sec FINE

　　_____

　　_____

　　6：L P[1] 2000mm/sec CNT50

　　7：L P[3] 2000mm/sec CNT50

　　8：L P[4] 2000mm/sec FINE

　　_____

　　_____

　　11：L P[3] 2000mm/sec CNT50

　　12：J PR[1:HOME] 100% FINE

　　_____

　　_____

任务 6.3　搬运工作站有条件搬运的编程与调试

【知识目标】

　　（1）了解比较指令的使用方法。

　　（2）了解条件选择指令的使用方法。

　　（3）了解等待指令的使用方法。

【技能目标】

（1）能够使用比较指令进行编程。

（2）能够使用条件选择指令进行编程。

（3）能够使用等待指令进行编程。

【素养目标】

（1）条件性思维可以帮助实现更加灵活智能的系统，引导学生根据事物的发展和变化做出相应的决策和调整。

（2）条件设置帮助学生更好地理解和控制系统的运行，将个人的工作成果与国家的发展需要紧密相连。

【任务情景】

某企业的柴油发动机生产线中有一个搬运工作站，因为产品需要加工升级，原本搬运工作站的简单搬运任务已不适应企业发展需求，所以现需要将搬运流程升级，使机器人能够根据视觉检测结果进行不同的搬运流程，并且当机器视觉系统检测不到物料时，机器人能够在等待一段时间后重新运行流程。

【任务分析】

机器人根据视觉检测结果进行不同的搬运流程，可以选择用比较指令或条件选择指令来实现；机器人的超时等待可以用等待指令来实现。

【知识储备】

6.3.1 比较指令、条件选择指令、等待指令的介绍

1. 比较（IF）指令

指令格式如下。

IF（变量）（运算符）（值）（行为）

其中，变量（variable）、运算符（operator）、值（value）、行为（processing）的示例如下。

条件比较指令和条件选择指令的应用

变量	运算符	值	行为
R[i]	>, >=,	常数	JMP LBL[i]
I/O	=, <=,	R[i]	CALL（子程序）
	<, <>	ON（1）	
		OFF（0）	

注意：可以通过逻辑运算符 OR 和 AND 将多个条件组合在一起，但 OR 和 AND 不能在同一行使用。

例如：

IF（条件 1）AND（条件 2）AND（条件 3）是正确的；

IF（条件 1）AND（条件 2）OR（条件 3）是错误的。

应用 1：

IF R[1]<3，JMP LBL[1]

如果 R[1] 小于 3，则跳转到标签 1 处。

应用 2：

IF DI[1]=ON，CALL TEST

如果 DI[1] 等于 ON，则调用程序 TEST。

应用 3：

IF R[1]<=3 AND DI[1] <> ON，JMP LBL[2]

如果 R[1] 小于等于 3 且 DI[1] 不等于 ON，则跳转到标签 2 处。

应用 4：

IF R[1]>=3 OR DI[1]=ON，CALL TEST2

如果 R[1] 大于等于 3 或 DI[1] 等于 ON，则调用程序 TEST2。

2. 条件选择（SELECT）指令

指令格式如下。

SELECT R[i]=（值 1）（行为 1）=（值 2）（行为 2）=（值 3）（行为 3）ELSE（行为）

注意：只能用一般寄存器进行条件选择。

程序示例如下：

1：SELECT R[1]=1，CALL TEST1 // 满足条件 R[1]=1，调用程序 TEST1。

2：=2，JMP LBL[1] // 满足条件 R[1]=2，跳转到标签 1 处。

3：ELSE，JMP LBL[2] // 否则，跳转到标签 2 处。

在程序中加入 IF/SELECT 指令的步骤如下。

（1）进入程序编辑界面。

（2）按下"指令"功能键。

（3）选择 IF/SELECT 命令，按下 ENTER 键确认（见图 6-31）。

（4）选择所需要的指令格式，按下 ENTER 键确认（见图 6-32）。

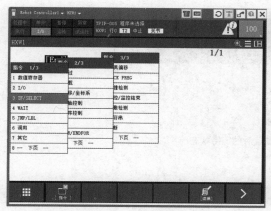

图 6-31 选择 IF/SELECT 命令

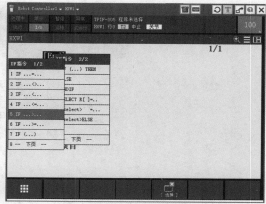

图 6-32 "IF 指令"菜单

（5）输入值或根据光标位置选择相应的命令。

（6）按下数字键 8 切换到 SELECT 指令格式进行配置，具体如图 6-33 所示。

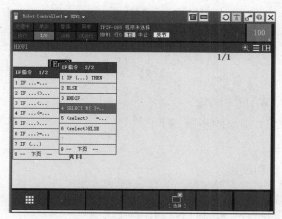

图 6-33 SELECT 指令格式

3. 等待（WAIT）指令

1）指令说明

WAIT 指令是指定时间（或条件）的语句，可使程序的执行在指定时间（或条件）内等待。

注意：可以通过逻辑运算符 OR 和 AND 将多个表达式条件组合在一起，但 OR 和 AND 不能在同一行使用。

当程序遇到不满足条件的等待语句时，会一直处于等待状态（见图 6-34）。此时如果想继续往下运行，则需要人工干预。按下 FCTN 键，再按下数字键 7，或通过方向键移动光标到 RELEASE WAIT 命令跳过等待语句，并在下个语句处等待。

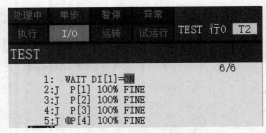

图 6-34　条件不满足时的等待状态

WAIT 指令格式如下。

WAIT（变量）（运算符）（值）（行为）

WAIT 指令示例如下。

变量	运算符	值	行为
常数	>	常数	无
R[i]	>=	R[i]	TIMEROUT LBL[i]
AI/AO	=	ON	
GI/GO	<=	OFF	
DI/DO	<		
UI/UO	<>		

2）在程序中加入 WAIT 指令

在程序中加入 WAIT 指令的步骤如下。

（1）进入编辑界面。

（2）按下"指令"功能键。

（3）选择 WAIT 命令，按下 ENTER 键确认（见图 6-35）。

（4）选择所需要的命令，按下 ENTER 键确认。

（5）输入值或根据光标位置选择相应的项。

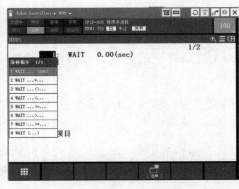

图 6-35　"等待指令"菜单

【任务实操】

6.3.2　IF 比较指令的应用

例1：编程实现机器人从 HOME 点出发，完成轨迹 3 次循环后回到 HOME 点，如图 6-36 所示。

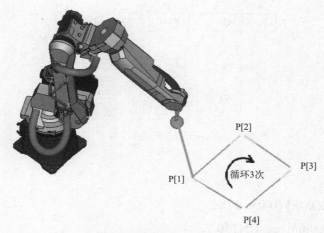

图 6-36　机器人轨迹循环 3 次

具体程序如下。

1：J PR[1:HOME] 1000mm/sec FINE // 开始运行时先回 HOME 点

2：R[1]=0 // 寄存器清零

3：LBL[1] // 标签 1，下一次循环入口

4：L P[1] 1000mm/sec FINE

5：L P[2] 1000mm/sec FINE

6：L P[3] 1000mm/sec FINE

7：L P[4] 1000mm/sec FINE

8：R[1]=R[1]+1 // 运行一次自加 1

9：IF R[1]<3，JMP LBL[1] // 判断小于 3 次，跳转到标签 1，否则继续往下执行

10：J PR[1:HOME] 1000mm/sec FINE

6.3.3　SELECT 指令的应用

例2：工业机器人在工作中需要根据输入信号判断执行什么操作，编程实现根据条件选择 JOB1，JOB2，JOB3 中的程序执行，执行结束回到 HOME 点；当不满足选择条件时，通过寄存器 R[100] 自加一次并结束程序，如图 6-37 所示。

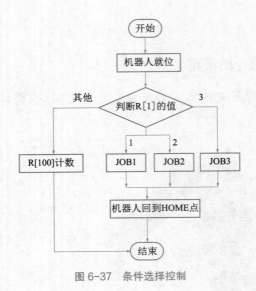

图 6-37　条件选择控制

具体程序如下。

1：J PR[1：HOME] 100% FINE

2：L P[1] 2000mm/sec CNT50

3：SELECT R[1] =1，CALL JOB1

4：=2，CALL JOB2

5：=3，CALL JOB3

6：ELSE，JMP LBL[10]

7：L P[1] 2000mm/sec CNT50

8：J PR[1：HOME] 100% FINE

9：END

10：LBL[10]

11：R[100]=R[100]+1

[END]

6.3.4　WAIT 指令的应用

利用机器人基础实训平台，达到如下要求。

判断传送带上是否有物料，若有物料（需要进行 I/O 配置 DI[101] 模拟物料检测传感器），则等待 3 s 后将物料抓取到仓库中进行存放；若没有物料，则机器人回到 HOME 点并发出报警，结束程序，如图 6-38 所示。

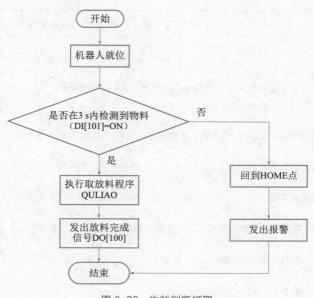

图 6-38　物料判断抓取

具体程序如下。

1：J PR[1：HOME] 100% FINE

2：L P[1] 2000mm/sec CNT50

3：L P[2] 2000mm/sec FINE

4：$WAITTMOUT=200 　　　　　　　　//超时的等待时间，可以从系统变量
　　　　　　　　　　　　　　　　　　　　中进行设置，单位是 ms

5：WAIT DI[101]=ON TIMEOUT，LBL[1] 　//超时跳转

6：CALL QULIAO 　　　　　　　　　//调用子程序指令

7：DO[100]=ON

8：END

9：LBL [1] 　　　　　　　　　　　　//超时跳转的程序入口

10：L P[1] 2000mm/sec CNT50

11：L PR[1：HOME] 2000mm/sec FINE

12：UALM[1] 　　　　　　　　　　　//用户报警，可以在菜单的设置中设
　　　　　　　　　　　　　　　　　　　置用户报警信息

[END]

【任务工单】

请按照要求完成该工作任务。

工作任务		任务 21 搬运工作站有条件搬运的编程与调试				
姓名		班级		学号		日期

学习情景

条件选择指令和等待指令是机器人指令中用于逻辑判断和执行的重要指令，也是工作过程中最常用的指令，可用条件选择指令和等待指令完成相关动作。

任务要求

编程实现机器人从 HOME 点出发，完成轨迹 3 次循环后回到 HOME 点，如图 6-36 所示。

引导问题 1：

条件选择指令和等待指令是机器人指令中用于_____和_____的重要指令。

引导问题 2：

条件选择指令可以通过逻辑运算符_____和_____将多个条件组合在一起。

引导问题 3：

WAIT 指令是指定时间（或者条件）的语句，可使程序的执行在_____内等待。

引导问题 4：

当程序中遇到不满足条件的等待语句时，会一直处于_____状态。

引导问题 5：

IF（条件 1 ）AND（条件 2 ）AND（条件 3 ）

IF（条件 1 ）AND（条件 2 ）OR（条件 3 ）

哪种表述是正确的？

引导问题 6：

如何在程序中加入比较 / 条件选择指令？

引导问题 7：

判断题

1. 比较指令中 OR 和 AND 可以在同一行使用。 （   ）

2. 条件选择指令只能用一般寄存器进行条件选择。 （   ）

3. 条件选择指令包括 IF 指令和 SELECT 指令。 （   ）

4. WAIT 指令不可以通过逻辑运算符 OR 和 AND 将多个表达式条件组合在一起。 （   ）

引导问题 8：

WAIT 指令的变量可以是什么？

引导问题 9：

编程实现机器人从 HOME 点出发，完成轨迹 3 次循环后回到 HOME 点，如图 6-36 所示。

程序：1：J PR[1:HOME] 1000mm/sec FINE // (   )

　　　2：R[1]=0 // (   )

　　　3：LBL[1] // (   )

　　　4：L P[1] 1000mm // (   )

　　　5：L P[2] 1000mm // (   )

　　　6：L P[3] 1000mm // (   )

　　　7：L P[4] 1000mm // (   )

　　　8：R[1]=R[1]+1 // (   )

　　　9：IF R[1] < 3，JMP LBL[1] // (   )

　　　10：J PR[1:HOME] 1000mm/sec FINE

引导问题 10：

利用机器人基础实训平台，判断传送带上是否有物料，若有物料（需要进行 I/O 配置 DI[101] 模拟物料检测传感器），则等待 3 s 后将物料抓取到仓库中进行存放；若没有物料，则机器人回到 HOME 点并发出报警，结束程序，如图 6-38 所示。按要求编程。

任务 6.4　搬运工作站偏移搬运的编程与调试

【知识目标】

（1）了解跳转 / 标签、调用、偏移条件等指令的应用。

（2）掌握跳转 / 标签、调用、偏移条件等指令的语法结构及功能。

（3）掌握在示教器中使用跳转 / 标签、调用、偏移条件等指令的方法和步骤。

【技能目标】

（1）能够使用跳转 / 标签、调用、偏移条件等指令编写工业机器人控制程序。

（2）能够说出常用跳转 / 标签、调用、偏移条件等指令的功能及作用。

【素养目标】

（1）偏移条件指令引导学生不拘泥于传统的思维模式，鼓励学生利用现代化、数字化手段打破常规，勇于尝试新的解决方法。

（2）鼓励学生坚守原则和标准，掌握核心技术，实现个人和团队的共同成长发展，助力现代化强国建设。

【任务情景】

在调试某企业柴油发动机生产线的搬运工作站时，传送带上的物料位置出现了偏移，需要使用示教器编写偏移搬运程序来控制手爪进行物料的抓取和放置。

【任务分析】

物料出现了偏差，导致机器人无法正常工作，需要通过修改程序控制手爪准确抓取和放置物料，此时就需要使用跳转 / 标签、调用、偏移条件等指令编写工业机器人控制程序。

【知识储备】

6.4.1　跳转（JMP）/ 标签（LBL）指令的应用

标签指令的应用

1. 指令说明

LBL 指令格式：LBL [i : Comment]　// i : 1 ~ 32 767；Comment：注释（最多 16 个字符）

JMP 指令格式：JMP LBL [i]　　// i : 1 ~ 32 767；跳转到标签 i 处

2. 在程序中加入 JMP/LBL 指令

在程序中加入 JMP/LBL 指令的步骤如下。

（1）进入程序编辑界面，如图 6-39 所示。

（2）按下"指令"功能键。

（3）选择 JMP/LBL 命令，按下 ENTER 键确认，弹出如图 6-40 所示菜单。

（4）选择所需要的命令，按下 ENTER 键确认。

图 6-39　选择 JMP/LBL 命令

图 6-40　JMP 菜单

3. 练习

重复画矩形 3 次。

1：R[1]=0	//R[1] 表示计数器，R[1] 的值清零
2：J PR[1：HOME] 100% FINE	// 回到 HOME 点
3：LBL[1]	// 标签 1
4：L P[1] 1000mm/sec FINE	//P[1]~P[4] 为矩形的 4 个角点位
5：L P[2] 1000mm/sec FINE	
6：L P[3] 1000mm/sec FINE	
7：L P[4] 1000mm/sec FINE	
8：R[1]=R[1]+1	// R[1] 自加 1
9：IF R[1]<3，JMP LBL[1]	// 如果 R[1] 小于 3，那么光标跳转至 LBL[1] 处，执行程序
10：J PR[1：HOME] 100% FINE	// 回到 HOME 点
[END]	

6.4.2　调用（CALL）指令的应用

1. 指令说明

CALL 指令的形式为 CALL（程序名）。

子程序调用指令

2. 在程序中加入 CALL 指令

在程序中加入 CALL 指令的步骤如下。

（1）进入程序编辑界面。

（2）按下"指令"功能键。

（3）选择"调用"命令，按下 ENTER 键确认，弹出如图 6-41 所示菜单。

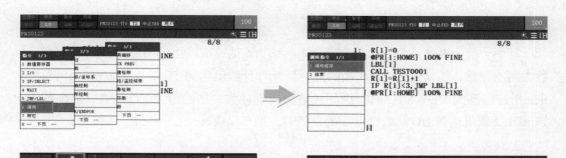

图 6-41　"调用指令"菜单

（4）选择"调用程序"命令，按下 ENTER 键，再选择所调用的程序名。

（5）最后按下 ENTER 键确认。

3. 练习

循环调用程序 TEST0001 三次。

1：R[1]=0	// R[1] 表示计数器，R[1] 的值清零
2：J P[1：HOME] 100% FINE	// 回到 HOME 点
3：LBL[1]	// 标签 1
4：CALL TEST0001	// 调用程序 TEST0001
5：R[1]=R[1]+1	// R[1] 自加 1
6：IF R[1] < 3，JMP LBL[1]	// 如果 R[1] 小于 3，那么光标跳转至 LBL[1] 处，执行程序
7：J P[1：HOME] 100% FINE	// 回到 HOME 点
[END]	

6.4.3　循环指令的应用

1. 指令说明

循环指令是指调用 FOR 指令和 ENDFOR 指令来包围需要循环的区间，根据 FOR 指令给定的值，确定循环的次数。

循环指令的应用

2. 在程序中加入循环指令

1: FOR R[*i*]=（值 1）TO（值 2）

     ⋮

ENDFOR

2: FOR R[*i*]=（值 1）DOWNTO（值 2）

     ⋮

ENDFOR

其中，值为 R[*i*] 或常数，取 –32 767 ~ 32 766 的整数。指定循环为 TO 时，循环计数为向上计数，初始值为 TO 前面的值，当 R[*i*] 计数值达到 TO 后面的数值时，循环结束；指定循环为 DOWNTO 时，循环计数为向下计数，初始值为 DOWNTO 前面的值，当 R[*i*] 计数值达到 DOWNTO 后面的数值时，循环结束。

3. 练习

请使用循环指令编程实现机器人从 HOME 点出发，循环轨迹 3 次后回到 HOME 点，如图 6-36 所示。

程序 1:

1: J PR[1:HOME] 1000mm/sec FINE　　　// 开始运行时先回到 HOME 点

2: FOR R[1]=1 TO 3　　　　　　　　　　// 循环指令，向上计数

4: L P[1] 1000mm/sec FINE

5: L P[2] 1000mm/sec FINE

6: L P[3] 1000mm/sec FINE

7: L P[4] 1000mm/sec FINE

8: ENDFOR　　　　　　　　　　　　　　// 循环结束指令

9: J PR[1:HOME] 1000mm/sec FINE

程序 2:

1: J PR[1:HOME] 1000mm/sec FINE　　　// 开始运行时先回到 HOME 点

2: FOR R[1]=3 DOWNTO 1　　　　　　　// 循环指令，向下计数

4: L P[1] 1000mm/sec FINE

5: L P[2] 1000mm/sec FINE

6: L P[3] 1000mm/sec FINE

7: L P[4] 1000mm/sec FINE

8: ENDFOR　　　　　　　　　　　　　　// 循环结束指令

9: J PR[1:HOME] 1000mm/sec FINE

6.4.4 偏移条件指令的应用

1. 指令说明

偏移指令的应用

偏移条件指令形式为 OFFSET CONDITION PR[i]，通过此指令可以将原有的点偏移，偏移量由位置寄存器决定。偏移条件指令一直有效，直到程序运行结束或执行下一个偏移条件指令。

注意：偏置条件指令只对包含有附加运动 offset 指令的运动语句有效。

程序 1：

1：OFFSET CONDITION PR[1]

2：J P[1] 100% FINE

3：L P[2] 500mm/sec FINE offset

4：L P[3] 500mm/sec FINE offset

程序 2：

1：J P[1] 100% FINE

2：L P[2] 500mm/sec FINE offset，PR[1]

3：L P[3] 500mm/sec FINE offset，PR[2]

以上两个程序都是偏移条件指令的实际应用，两种写法都正确。区别在于程序 1 中首先要声明存放偏移量的寄存器为 PR[1]，后面的运动指令中直接加上 offset 指令，默认寄存器 PR[1] 中的数值即为偏移的量；而程序 2 中需要在每一次使用偏移条件指令时明确偏移量存储于寄存器。前者的偏移量是固定的，而后者的偏移量随指定的寄存器不同而不同。

2. 在程序中加入偏移条件指令

在程序中加入偏移条件指令的步骤如下。

（1）进入程序编辑界面。

（2）按下"指示"功能键。

（3）选择"偏移 / 坐标系"命令，按下 ENTER 键确认（见图 6-42）。

（4）选择"偏移条件"命令，按下 ENTER 键确认（见图 6-43）。

（5）选择 PR[ ] 命令，输入偏移的条件号即可（见图 6-44）。

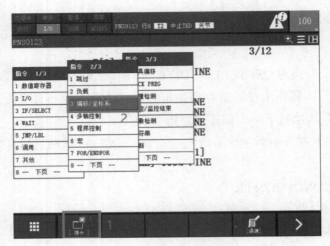

图 6-42 选择"偏移 / 坐标系"命令

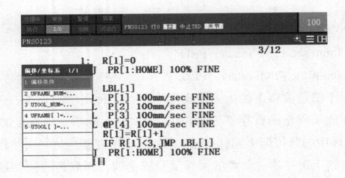

图 6-43 选择"偏移条件"命令

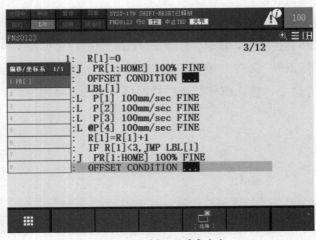

图 6-44 选择 PR [ ] 命令

注意：具体的偏移值可在 DATA - Position Reg 中设置。

3. 练习

在仿真软件和实验设备中输入以下程序，观察机器人动作效果。

程序1：

1：J P[1] 100% FINE

2：L P[2] 500mm/sec FINE

3：L P[3] 500mm/sec FINE

程序2：

1：OFFSET CONDITION PR[1]

2：J P[1] 100% FINE

3：L P[2] 500mm/sec FINE offset

4：L P[3] 500mm/sec FINE

程序3：

1：J P[1] 100% FINE

2：L P[2] 500mm/sec FINE offset，PR[1]

3：L P[3] 500mm/sec FINE

6.4.5　工具坐标系调用指令的应用

坐标系调用指令的
应用

当程序执行完工具坐标系调用指令，系统将自动激活指令所设定的工具坐标系编号。在程序中加入工具坐标系调用指令的步骤如下。

（1）进入程序编辑界面。

（2）按下"指令"功能键。

（3）选择"偏移/坐标系"命令，按下 ENTER 键确认（见图 6-45）。

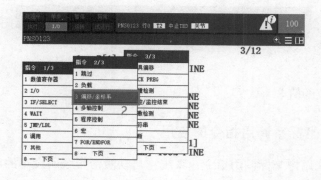

图 6-45　选择"偏移/坐标系"命令

（4）选择 UTOOL_NUM= 命令，按下 ENTER 键确认（见图 6-46）。

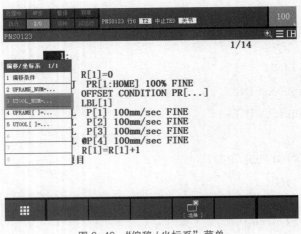

图 6-46 "偏移 / 坐标系"菜单

（5）选择 UTOOL_NUM 值的类型，并按下 ENTER 键确认（见图 6-47）。

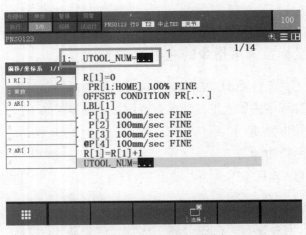

图 6-47 选择需要调用的工具坐标系

（6）输入相应的值。

6.4.6 用户坐标系调用指令的应用

当程序执行完用户坐标调用指令，系统将自动激活指令所设定的用户坐标系编号。在程序中加入用户坐标系调用指令的步骤如下。

（1）进入程序编辑界面。

（2）按下"指令"功能键。

（3）选择"偏移 / 坐标系"命令，按下 ENTER 键确认。

（4）选择 UFRAME_NUM= 命令，按下 ENTER 键确认。

（5）选择 UFRAME_NUM 值的类型，并按下 ENTER 键确认。

（6）输入相应的值，设置完成界面如图 6-48 所示。

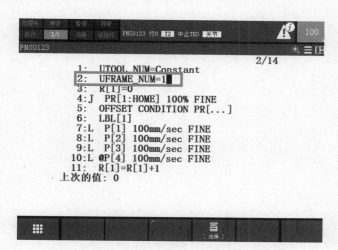

图 6-48　在程序中加入用户坐标系调用指令设置完成界面

程序前后位置点使用不同坐标系编号处理方法的具体程序如下。

1：UTOOL_NUM=1　　　// 调用工具坐标系编号 1

2：UFRAME_NUM=1　　// 调用用户坐标系编号 1

3：J P[1] 20% CNT20

4：J P[2] 20% FINE

5：UTOOL_NUM=2　　　// 调用工具坐标系编号 2

6：UFRAME_NUM=0　　// 调用用户坐标系编号 0

7：J P[3] 20% CNT20

8：J P[4] 20% CNT20

[END]

【任务实操】

6.4.7　物料偏移搬运的编程与调试

偏移指令案例

在搬运工作站中，当传送带上出现了不同位置的物料时，机器人需要将这些物料拾取到工作台上。机器人从点 PR[1] 出发，执行正方形轨迹（50 mm × 50 mm），并最终返回点 PR[1]。该过程循环 3 次，第一次在 1 号区域，第二次在 2 号区域，第三次在

3 号区域，如图 6-49 所示。

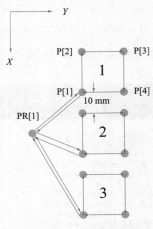

图 6-49　工件搬运示意图

程序：

1：J PR[1：HOME] 100%　FINE

2：OFFSETCONDITION PR[20]　　　// 定义偏移量存储位置

3：CALL PR_INITIAL　　　　　　　// 调用 PR_INITIAL 程序，该程序需要另外创建

4：LBL[1]

5：L P[1] 2000mm/sec FINE offset　　// 在需要偏移的运动指令之后加 offset

6：L P[2] 2000mm/sec FINE offset

7：L P[3] 2000mm/sec FINE offset

8：L P[4] 2000mm/sec FINE offset

9：L P[1] 2000mm/sec FINE offset

10：J PR[1：HOME] 100%　FINE

11：PR[20，1]=PR[20，1]+60　　　//X 轴方向偏移量累加 60 mm

12：R[1]=PR[20，1]

13：IF R[1]<=120，JMP LBL[1]

[END]

在运行上述程序之前必须新建一个名为 PR_INITIAL 的程序，其作用是将 PR[20] 位置寄存器的数据（X，Y，Z，W，P，R）清零，程序如下。

1：PR[20]=LPOS　　　　　　　　// 获取当前直角坐标系数据

2：PR[20，1]=0

3：PR[20，2]=0

4：PR[20，3]=0

5: PR[20, 4]=0

6: PR[20, 5]=0

7: PR[20, 6]=0

按照上述操作完成物料搬运程序的编写和校点工作，依据程序调试方法，先手动单步运行，然后自动连续运行程序。

【任务工单】

请按照要求完成该工作任务。

工作任务		任务 22　搬运工作站偏移搬运的编程与调试					
姓名		班级		学号		日期	

学习情景

在调试某企业柴油发动机生产线的搬运工作站时，传送带上的物料出现偏移，需要使用示教器编写偏移搬运程序来控制手爪进行物料的准确抓取和放置。

任务要求

在搬运工作站中，当传送带上出现了不同位置的物料时，机器人需要将这些物料拾取到工作台上。机器人从点 PR[1] 出发，执行正方形轨迹（50 mm × 50 mm），并最终返回点 PR[1]。该过程循环 3 次，第一次在 1 号区域，第二次在 2 号区域，第三次在 3 号区域，如图 6-49 所示。

引导问题 1：

LBL 指令最大可以使用的数量是_____。

引导问题 2：

循环指令通过用_____和_____来包围需要循环的区间。

引导问题 3：

根据_____给定的值，确定循环的次数。

引导问题 4：

指定循环为 DOWNTO 时，循环计数为_____计数，初始值为 DOWNTO 前面的值。

引导问题 5：

通过偏移条件指令可以将_____偏移，偏移量由_____决定。

引导问题 6：

当程序执行完_____指令，系统将自动激活指令所设定的用户坐标系编号。

引导问题 7：

无条件转移指令包括_____、_____。

引导问题 8：

判断题

1. 跳转指令可以单独使用。 （　　　）

2. 跳转指令可以跳转到任意的程序中。 （　　　）

3. 调用指令可以调用任意指令，但不可以调用程序。 （　　　）

4. 循环指令可以单独使用 FOR 指令，也可以和 ENDFOR 指令配合使用。 （　　　）

5. 指定循环为 TO 时，循环计数为向上计数，初始值为 TO 前面的值。 （　　　）

6. 偏移条件指令只对包含有附加运动 offset 指令的运动语句有效。 （　　　）

引导问题 9：

请使用循环指令编程实现机器人从 HOME 点出发，完成轨迹 3 次循环后回到 HOME 点，如图 6-36 所示。

引导问题 10：

在仿真软件和实验设备中输入以下程序，查看机器人动作效果。

工作任务		任务 22 搬运工作站偏移搬运的编程与调试					
姓名		班级		学号		日期	

程序 1：

1：J P[1] 100% FINE

2：L P[2] 500mm/sec FINE

3：L P[3] 500mm/sec FINE

程序 2：

1：OFFSET CONDITION PR[1]

2：J P[1] 100% FINE

3：L P[2] 500mm/sec FINE offset

4：L P[3] 500mm/sec FINE

程序 3：

1：J P[1] 100% FINE

2：L P[2] 500mm/sec FINE offset，PR[1]

3：L P[3] 500mm/sec FINE

引导问题 11：

当程序执行完用户坐标系调用指令，系统将自动激活指令所设定的用户坐标系编号。如何在程序中加入用户坐标系调用指令？

项目七

工业机器人搬运工作站的信号集成与测试

项目导学

项目图谱

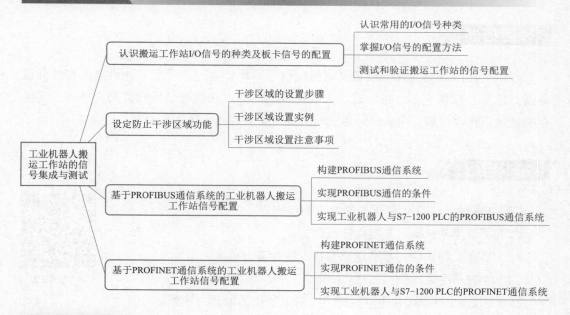

项目场景

项目六完成了搬运工作站（见图 7-1）典型任务的编程与调试，接下来需要理解机器人是怎么运动起来的，即机器人信号的配置。工业机器人在实际使用时需要与外部设备和器件配合，才能组成完整的工业机器人系统，此时会存在信号和数据交换，因此，就需要有信号和数据交换的接口和存储器。如何通过信号配置的方式实现信号和数据的交换？本项目通过 I/O 信号的种类和板卡信号的配置、工作站的参考位置及宏设置、PROFIBUS 与 PROFINET 通信系统的搬运工作站信号配置（见图 7-2）等，实现"做中学""做中教"，完成搬运工作站的信号集成与测试。

图 7-1　搬运工作站

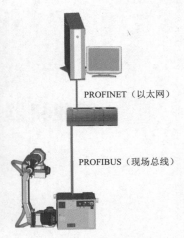

PROFINET（以太网）

PROFIBUS（现场总线）

图 7-2　机器人通信

项目描述

　　搬运工作站需要与外部设备共同组成信号系统，通过信号配置让机器人与外部设备进行信号和数据交换，执行机器人要完成的任务。在进行信号和数据交换时，需要有交换接口和存储器，完成信号集成与测试，从而完成工作任务。

知识目标

　　（1）掌握各种 I/O 信号配置的方法和步骤。
　　（2）了解工业机器人基准点的概念。
　　（3）掌握工业机器人基准点及宏指令的设置方法。
　　（4）掌握基准点的执行方法。

参考位置及宏

　　（5）掌握 PROFIBUS 通信、PROFINET 通信的原理及步骤。

技能目标

　　（1）能够说出 I/O 信号的种类和用途。
　　（2）能够灵活选用各种 I/O 信号通信。
　　（3）能够正确设置工业机器人基准点及宏指令。
　　（4）能够灵活使用 PROFIBUS 通信系统、PROFINET 通信系统与机器人第三方设备通信。

素养目标

（1）能够通过查阅资料和培训，了解 I/O 信号的种类和作用，培养学生自主学习能力。

（2）I/O 信号的配置过程需遵循安全规范，培养学生安全意识，理解其在搬运工作站中的作用，培养观察和分析的能力。

（3）协作完成 PROFIBUS 通信系统的搭建和信号配置，培养学生团队协作精神。

（4）通过了解 PROFIBUS 通信系统在搬运工作站中的作用和优势，培养学生系统思维、实践和创新能力。

对应工业机器人操作与运维职业技能等级标准（中级）

工业机器人操作与运维职业技能等级要求（中级）参见工业机器人操作与运维职业技能等级标准（标准代码：460001）中的表 2。

（1）能连接工业机器人输入输出板，并配置参数（2.11.9）。

（2）能配置工业机器人输入输出信号（2.11.10）。

（3）能监控工业机器人输入输出信号（2.11.11）。

任务 7.1　认识搬运工作站 I/O 信号的种类及板卡信号的配置

【知识目标】

（1）掌握各种 I/O 信号配置的方法和步骤。

（2）掌握使用各种 I/O 信号通信的方法。

（3）掌握配置板卡信号的方法。

常用 IO 板卡信号配置

【技能目标】

（1）能够说出 I/O 信号的种类和用途。

（2）能够灵活选用各种 I/O 信号通信。

（3）会配置板卡信号。

【素养目标】

（1）通过查阅资料和培训，了解 I/O 信号的种类和作用，培养学生自主学习能力。

（2）I/O 信号的配置过程需遵循安全规范，培养学生安全意识，理解其在搬运工作站中的作用，培养观察和分析的能力。

◎【任务情景】

I/O 通信模块是工业机器人控制柜上最常见的模块之一，在产品控制和运行中具有重要作用。FANUC 机器人常用 I/O 板卡信号配置需要设置参数，搬运工作站的信号需要进行定义和分配到相应的端子上，才能完成机器人工作任务。

◎【任务分析】

要实现搬运工作站各接入信号有效，就需要完成机器人信号的配置。先认识常用的 I/O 信号种类，然后掌握配置方法，配置完成后进行测试和验证。机器人的通信方式直接决定了机器人能否集成到系统，以及可支持的控制复杂程度。

◎【知识储备】

7.1.1 认识常用的 I/O 信号种类

FANUC 机器人的 I/O 信号类型主要有通用 I/O 信号和专用 I/O 信号两种。

1. 通用 I/O 信号

通用 I/O 信号包括数字 I/O（DI/DO）信号、群组 I/O（RI/RO）信号和模拟 I/O（AI/AO）信号。

（1）DI/DO 信号。

DI/DO 信号是由外部设备通过 I/O 接口输入或输出的标准数字信号，信号值可为 ON 和 OFF，用数字 1 和 0 表示。如果在时序图中，则可以用高电平和低电平表示。图 7-3 所示为 FANUC 机器人示教器上的 DI/DO 信号监控及配置界面。

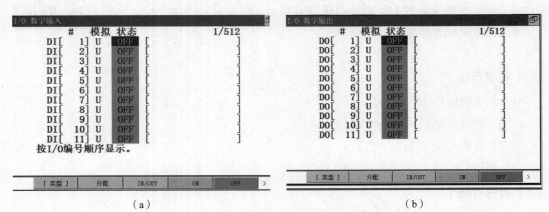

（a）   （b）

图 7-3 DI/DO 信号监控及配置界面

（a）DI 信号界面；（b）DO 信号界面

（2）GI/GO 信号。

GI/GO 信号是将 2~16 条信号线作为一组可定义的通用数字信号。GI/GO 信号的值用十进制数或十六进制数来表示，再转变或逆变为二进制数，然后通过信号线与外围设备进行数据交换。图 7-4 所示为 FANUC 机器人示教器上的 GI/ GO 信号监控及配置界面。

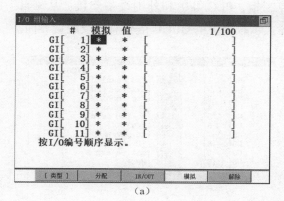
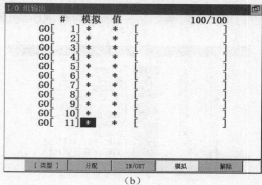

（a）　　　　　　　　　　　　　（b）

图 7-4　GI/GO 信号监控及配置界面

（a）GI 信号界面；（b）GO 信号界面

（3）AI/AO 信号。

AI/AO 信号是机器人与外围设备通过 I/O 模块（或 I/O 单元）的 I/O 信号线，进行的 AI/AO 电压值交换。

进行读写时，模拟的 I/O 电压值转换为数字值。AI/AO 信号获得的数字值与基准电压有关，所以并不一定与真实的 I/O 电压值完全一样。图 7-5 所示为 FANUC 机器人示教器上的 AI/AO 信号监控及配置界面。

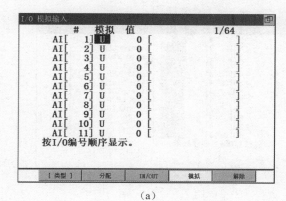
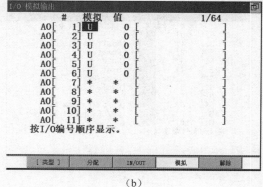

（a）　　　　　　　　　　　　　（b）

图 7-5　AI/AO 信号监控及配置界面

（a）AI 信号界面；（b）AO 信号界面

2. 专用 I/O 信号

专用 I/O 信号包括外围设备 I/O（UI/UO）信号、操作面板 I/O（SI/SO）信号和机器人 I/O（RI/RO）信号。

（1）UI/UO 信号。

UI/UO 信号是在系统中已经确定用途的专用信号。这些信号通过处理 I/O 印制电路板（或 I/O 单元）与程控装置（如信号控制柜、PLC 等）和外围设备连接，从外部进行机器人控制。图 7-6 所示为 FANUC 机器人示教器上的 UI/UO 信号监控及配置界面。

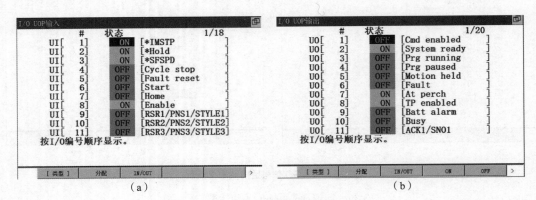

图 7-6 UI/UO 信号监控及配置界面

（a）UI 信号界面；（b）UO 信号界面

（2）SI/SO 信号。

SI/SO 信号是用于使操作面板/操作箱的键与 LED 指示灯状态进行数据交换的数字专用信号。其输入由操作面板上的 ON/OFF 键确定。输出时，操作面板上的 LED 指示灯随键状态变化。图 7-7 所示为 FANUC 机器人示教器上的 SI/SO 信号监控及配置界面。

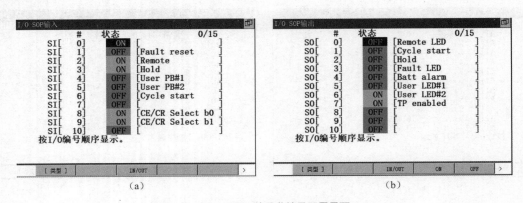

图 7-7 SI/SO 信号监控及配置界面

（a）SI 信号界面；（b）SO 信号界面

（3）RI/RO 信号。

RI/RO 信号是指由机器人作为末端执行器 I/O 时所使用的机器人数字信号，此时末端执行器 I/O 与机器人手腕上所附带的连接器连接。该信号在项目二学习 EE 接口时已经介绍，此处不再重复。图 7-8 所示为 FANUC 机器人示教器上的 RI/RO 信号监控及配置界面。

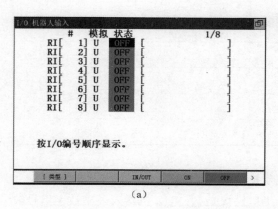
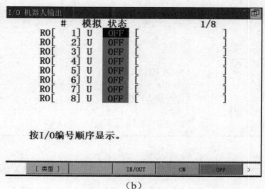

（a）　　　　　　　　　　　　　（b）

图 7-8　RI/RO 信号监控及配置界面

（a）RI 信号界面；（b）RO 信号界面

7.1.2　掌握 I/O 信号的配置方法

7.1.1 节介绍的 6 种常见 I/O 信号中，SI/SO 信号与 RI/RO 信号在出厂时生产厂家已经配置，下面以最常用的 DI/DO 信号、GI/GO 信号和 UI/UO 信号为例进行配置讲解。

1. 认识板卡、通信模块及机架号

DI/DO 信号、GI/GO 信号和 UI/UO 信号最常见的用途就是将外部信号或通信板卡的信号分配到特定区域内，通过读取特定区域的数值，机器人程序及 I/O 菜单选项中都可进行控制。针对 FANUC 机器人，生产厂家已提供专门的板卡或通信模块用于与外部设备或器件的通信，配置时只需输入正确的机架号和插槽号就可激活这些板卡和通信模块。常用板卡和通信模块的机架号如表 7-1 所示。

表 7-1　常用板卡和通信模块的机架号

序号	板卡和通信模块	机架号
1	处理 I/O 印制电路板、I/O 连接设备连接单元	0
2	I/O Unit-MODEL A/B	1～16
3	I/O 连接设备	32

序号	板卡和通信模块	机架号
4	CRMA15，CRMA16	48
5	PROFIBUS	67
6	Device Net	82
7	Ethernet/IP	89
8	CC-LINK	92
9	MODEBUS TCP	96
10	PROFINET 频道 1	101
	PROFINET 频道 2	102

2. 认识 CRMA15 和 CRMA16 DI/DO 信号接口模块

利用 CRMA15 和 CRMA16 DI/DO 信号接口模块是 FANUC 机器人采集数字信号较为常用的方式，该接口集成在机器人主板上，具体如图 7-9 所示。使用时只需将生产厂家配置的专用接头和线缆插入该接口即可，接口定义如图 7-10 所示。两个接口分别都是 50 针，分布着 DI/DO 信号接口、相应的电源接口及公共端接口。接口地址上的编号即为信号配置时的起始点，DI/DO 信号、GI/GO 信号和 UI/UO 信号的采集通道可以灵活地分配到 CRMA15 和 CRMA16 的 DI/DO 信号接口上。接口与专门的端子排通过引线连接，因此，在采集外部信号时，只需将信号线接到端子排即可。这些专用的端子排上标有数字，对应接口定义上的标号，具体如图 7-11 所示。

图 7-9　主板上的 CRMA15 和 CRMA16 接口

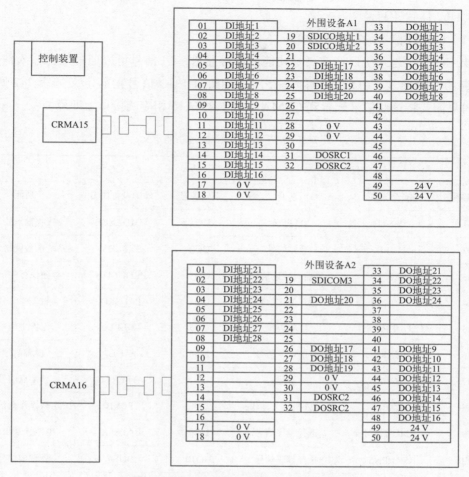

控制装置

CRMA15

外围设备A1

01	DI地址1			33	DO地址1
02	DI地址2	19	SDICO地址1	34	DO地址2
03	DI地址3	20	SDICO地址2	35	DO地址3
04	DI地址4	21		36	DO地址4
05	DI地址5	22	DI地址17	37	DO地址5
06	DI地址6	23	DI地址18	38	DO地址6
07	DI地址7	24	DI地址19	39	DO地址7
08	DI地址8	25	DI地址20	40	DO地址8
09	DI地址9	26		41	
10	DI地址10	27		42	
11	DI地址11	28	0 V	43	
12	DI地址12	29	0 V	44	
13	DI地址13	30		45	
14	DI地址14	31	DOSRC1	46	
15	DI地址15	32	DOSRC2	47	
16	DI地址16			48	
17	0 V			49	24 V
18	0 V			50	24 V

CRMA16

外围设备A2

01	DI地址21			33	DO地址21
02	DI地址22	19	SDICOM3	34	DO地址22
03	DI地址23	20		35	DO地址23
04	DI地址24	21	DO地址20	36	DO地址24
05	DI地址25	22		37	
06	DI地址26	23		38	
07	DI地址27	24		39	
08	DI地址28	25		40	
09		26	DO地址17	41	DO地址9
10		27	DO地址18	42	DO地址10
11		28	DO地址19	43	DO地址11
12		29	0 V	44	DO地址12
13		30	0 V	45	DO地址13
14		31	DOSRC2	46	DO地址14
15		32	DOSRC2	47	DO地址15
16				48	DO地址16
17	0 V			49	24 V
18	0 V			50	24 V

图 7-10　CRMA15 和 CRMA16 接口定义图

图 7-11　CRMA15 和 CRMA16 接口外部接线端子排

3. UI/UO 信号的定义及配置

（1）UI/UO 信号的功能及作用。

UI/UO 信号是系统已经定义好功能的信号通道，UI 信号可以通过外部输入信号实现特定功能的输入，UO 信号可以输出，常用的 UI/UO 信号功能定义如表 7-2 所示。使用时只需要将这些信号配置到 CRMA15 和 CRMA16 相应的接口上即可。

表 7-2　常用的 UI/UO 信号功能定义

UI 信号			UO 信号		
逻辑编号	外围设备输入	功能	逻辑编号	外围设备输出	功能
UI1	IMSTP	急停信号	UO1	CMDENBL	接收输入信号
UI2	HOLD	暂停信号	UO2	SYSRDY	系统准备就绪信号
UI3	SFSPD	机器人减速信号	UO3	PROGRUN	程序执行中信号
UI4	CSTOPI	循环停止信号	UO4	PAUSED	暂停中信号
UI5	FAULT RESET	解除报警	UO5	HELD	保持中信号
UI6	START	外部启动信号	UO6	FAULT	报警信号
UI7	HOME	复位	UO7	ATPERCH	基准点信号
UI8	ENBL	允许机器人动作	UO8	TPENBL	示教操作盒信号
UI9	RSR1/PNS1	选择程序信号	UO9	BATALM	电池异常信号
UI10	RSR1/PNS2	选择程序信号	UO10	BUSY	处理中信号
UI11	RSR1/PNS3	选择程序信号			
UI12	RSR1/PNS4	选择程序信号			
UI13	RSR1/PNS5	选择程序信号			
UI14	RSR1/PNS6	选择程序信号			
UI15	RSR1/PNS7	选择程序信号			
UI16	RSR1/PNS8	选择程序信号			
UI17	PNSTROBE	程序号码选择信号			
UI18	PROD_START	程序启动			

注意：这些功能并不一定能全部用到，因此，也不需要分配所有的 UI/UO 信号功能到相应的端子上，使用原则是按需选用。通常情况下 UI1~UI8 信号和 UO1~UO4 信号使用较多，因此仅需配置这几个信号到相应接口即可。使用 FANUC 机器人时，只有

UI1，UI2，UI3 和 UI8 这几个信号按要求保持接通，机器人才能够在手动或自动模式下正常运行。

（2）配置 UI/UO 信号的方法和步骤。

配置要求：将 UI1~UI8 信号配置到 CRMA15 接口 DI 地址为 21~28 对应的端子上，将 UO1~UO4 信号配置到 DO 地址为 1~4 对应的端子上。

具体步骤如下。

①按下示教器上的 MENU 键，在弹出的菜单中选择 I/O → UOP 命令，进入 UI/UO 信号监控及配置界面，具体如图 7-12 所示。

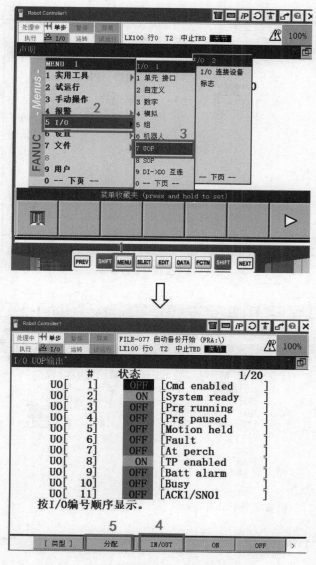

图 7-12　进入 UI/UO 信号监控及配置界面

　　进入界面后，可以通过按下 IN/OUT 功能键来切换 UI/UO 信号监控及配置界面，或通过按下"分配"功能键进入 UI/UO 信号配置界面。

　　② 配置 UI/UO 信号。

　　UI/UO 信号具体配置参数如图 7-13 和图 7-14 所示。按要求 UI1~UI8 信号需要配置到 CRMA15 接口 DI 地址为 21～28 的端子上，所以起始点选择为 21；UO 信号的起始点选择为 1，UO1～UO4 信号配置到 CRMA15 接口 DO 地址为 1～4 的端子上。配置完成后，"状态"栏会显示 PEND，重新启动机器人后配置生效，"状态"栏变成 ACTIV。

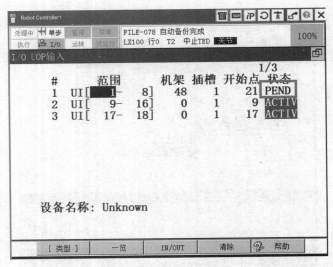

图 7-13　UI 信号配置参数

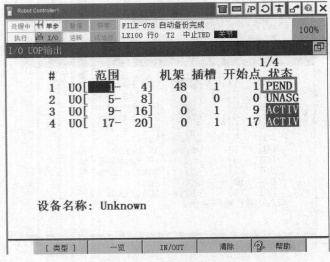

图 7-14　UO 信号配置参数

注意：在配置各类接口地址时，需要将系统变量中的 I/O 信号自动分配选项设为无效，这样才能按要求配置 I/O 信号，具体如图 7-15 所示。

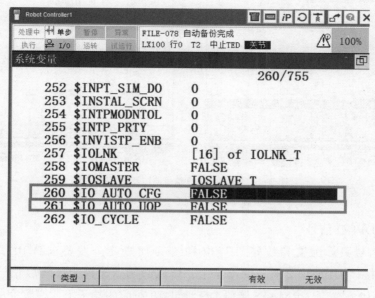

图 7-15　设置系统自动分配地址无效

4. DI/DO 信号的定义及配置

（1）DI/DO 信号的功能及作用。

DI/DO 信号通常用于机器人与外部设备信号进行数字量（开关量）信号数据交换，也是实际应用中较多的一类信号。接近开关、限位开关、条件驱动的启动键和停止键等开关量信号，都可以配置到对应的信号通道上，其配置方法与 UI/UO 信号的配置方法相似，区别在于菜单项和功能定义不一样。

（2）配置 DI/DO 信号的方法和步骤。

例如，有一传送带物料到达传感器，在有物料到达指定位置时给机器人发送信号，要求将该传感器的输入信号定义为 DI10，并将该信号配置到 CRMA15 接口上 DI 地址 2 对应的端子上；当机器人把传送带的物料抓取到指定位置放好，启动夹具夹紧该物料时，要求将驱动夹具动作的信号定义为 DO10，并将该信号配置到 CRMA15 接口上 DO 地址 10 对应的端子上。具体步骤如下。

①按下示教器上的 MENU 键，在弹出的菜单中选择 I/O → "数字" 命令，进入 DI/DO 信号监控及配置界面，具体如图 7-16 所示。

进入界面后，可以通过按下 IN/OUT 功能键来切换 DI/DO 信号监控及配置界面，或通过按下 "分配" 功能键进入 DI/DO 信号配置界面。

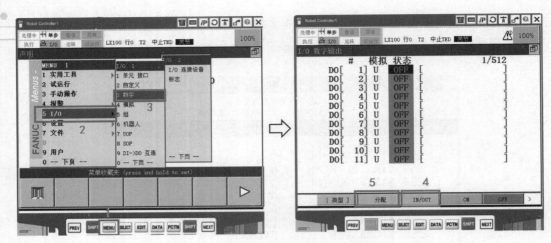

图 7-16 进入 DI/DO 信号监控及配置界面

② 配置 DI/DO 信号。

DI/DO 信号具体配置参数如图 7-17 和图 7-18 所示。按要求 DI10 信号需要配置到 CRMA15 接口 DI 地址 2 对应的端子上，所以起始点选择为 2；DO 信号的起始点选择为 10，DO10 配置到 CRMA15 接口 DO 地址 10 对应的端子上。配置完成后，"状态"栏会显示 PEND，重新启动机器人后配置生效，"状态"栏变成 ACTIV。

#	范围		机架	插槽	开始点	状态
1	DI[1-	8]	0	1	19	ACTIV
2	DI[9-	9]	0	1	27	PEND
3	DI[10-	10]	48	1	2	PEND
4	DI[11-	16]	0	0	0	UNASG
5	DI[17-	22]	0	1	35	ACTIV
6	DI[23-	24]	0	0	0	UNASG
7	DI[25-	64]	0	2	1	ACTIV
8	DI[65-	104]	0	3	1	ACTIV
9	DI[105-	144]	0	4	1	ACTIV
10	DI[145-	512]	0	0	0	UNASG

3/10

重新启动使变更生效

[类型]　　一览　　IN/OUT　　清除　　帮助

图 7-17 DI 信号配置参数

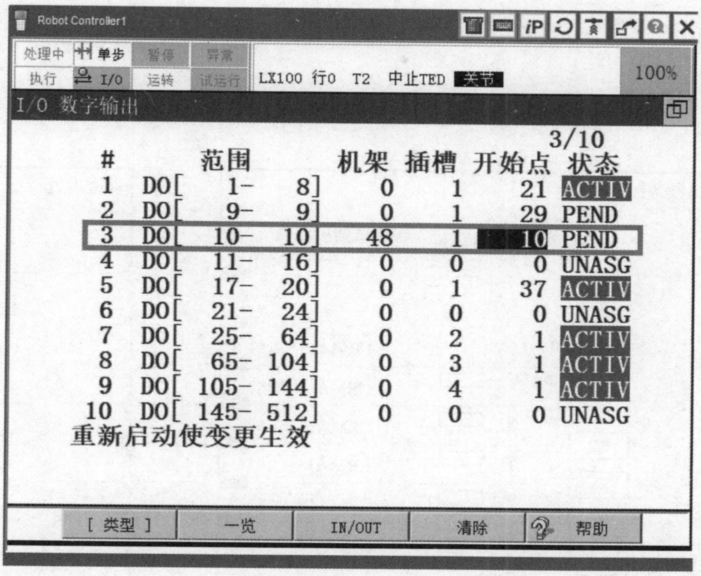

图 7-18　DO 信号配置参数

5. GI/GO 信号的定义及配置

GI/GO 信号通常用于机器人与外部设备信号进行整数数据交换，如发送产品的数量、订单的数量及参数设置等数据。GI/GO 信号最少需要由 2 位数据组成 1 个组数据，最高可以由 16 位数据组成 1 个组数据。其配置方法与前面所介绍的配置方法相似，区别在于菜单项和功能定义不一样，且建立组数据最少需要 2 位数据，最多可配置 16 位数据，后面项目七的现场总线和以太网通信中会介绍。

【任务实操】

7.1.3　测试和验证搬运工作站的信号配置

按照 7.1.2 节介绍的步骤和方法进行信号配置，完成后进行信号测试。现以 DI/DO 信号为例，进行测试和验证，测试方法和步骤如下。

（1）完成 CRMA15 接口 DI/DO 信号接口的连接。

CRMA15 接口 DI/DO 信号接口的接线原理如图 7-19 和图 7-20 所示。

（2）按照接线原理图将键开关和 24 V 电源指示灯接入到定义好的 DI120 信号和 DO120 信号对应的接线端口。

（3）进入机器人的 DI 信号监控界面，如图 7-21 所示，按下已经接入 DI10 信号的外部键，信号监控界面中 DI[10]"状态"栏若显示 ON，则表示信号已经进入机器人 DI10 信号通道，测试成功。

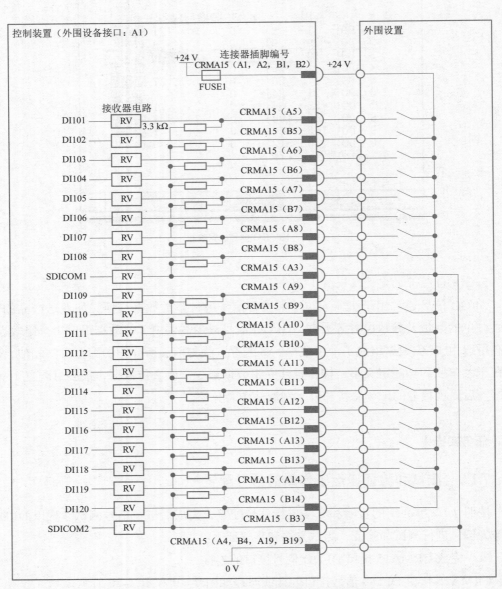

图 7-19 CRMA15 接口 DI 信号接口的接线原理图

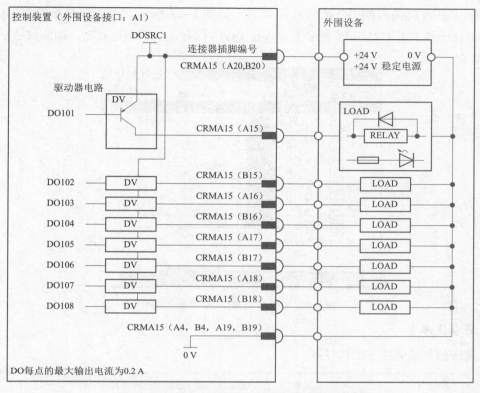

图 7-20　CRMA15 接口 DO 信号接口的接线原理图

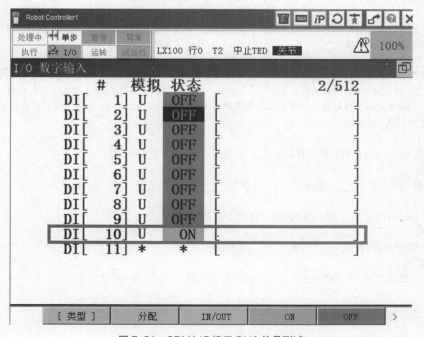

图 7-21　CRMA15 接口 DI10 信号测试

225

（4）进入机器人的 DO 信号监控界面，如图 7-22 所示，将光标移至 DO[10] 处，按 ON 功能键，若 CRMA15 板卡上接入到 DO10 信号上的指示灯点亮，则测试成功。

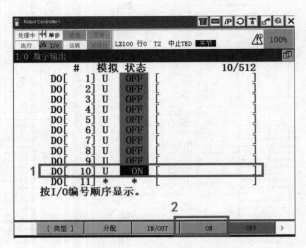

图 7-22　CRMA15 接口 DO10 信号测试

【任务工单】

请按照要求完成该工作任务。

工作任务	任务 23　认识搬运工作站 I/O 信号的种类及板卡信号的配置					
姓名		班级		学号		日期

学习情景

机器人的通信方式直接决定了机器人能否集成到系统，以及可支持的控制复杂程度。I/O 通信模块作为工业机器人控制柜上最常见的模块之一，在产品控制和运行中起到了重要作用。

任务要求

有一传送带物料到达传感器，在有物料到达指定位置时给机器人发送信号，要求将该传感器的输入信号定义为 DI10，并将该信号配置到 CRMA15 接口上 DI 地址 2 对应的端子上；当机器人把传送带的物料抓取到指定位置放好，启动夹具夹紧该物料时，要求将驱动夹具动作的信号定义为 DO10，并将该信号配置到 CRMA15 接口上 DO 地址 10 对应的端子上。

引导问题 1：

FANUC 机器人的 I/O 信号类型主要有_____和_____两种类型。

引导问题 2：

通用 I/O 信号包括_____信号、_____信号和_____信号。

引导问题 3：

GI/GO 信号是将_____条信号线作为一组进行定义的_____。

引导问题 4：

GI/GO 信号的值用数值_____或_____数来表达。

引导问题 5：

_____是机器人与外围设备通过_____的 I/O 信号线，进行的 AI/AO 电压值交换。

引导问题 6：

专用 I/O 信号包括_____信号、_____信号和_____信号。

引导问题 7：

_____是在系统中已经确定用途的专用信号。

续表

工作任务		任务 23　认识搬运工作站的 I/O 信号的种类及板卡信号的配置					
姓名		班级		学号		日期	

引导问题 8：

SI/SO 信号用于使_____的键和_____的数字专用信号。

引导问题 9：

_____是指由机器人作为_____所使用的机器人数字信号。

引导问题 10：

_____与_____在出厂时生产厂家已经配置，不需要再进行配置。

引导问题 11：

FANUC 机器人较为常用的采集数字信号是_____和_____DI/DO 接口模块。

引导问题 12：

判断题

1. DI/DO 信号是由外部设备通过 I/O 接口输入或输出的标准数字信号。　　　　　　（　　）

2. SI/SO 信号输入可以通过示教器强制改变状态。　　　　　　（　　）

3. UI 信号可以通过外部输入信号实现特定功能的输入，UO 信号可以实现特定功能信息的输出。（　　）

引导问题 13：

配置信号有什么作用？

引导问题 14：

DI/DO 信号的功能及作用是什么？

引导问题 15：

简述配置 DI/DO 信号的方法和步骤，如图 7-16、图 7-17、图 7-18 所示。

任务 7.2　设定防止干涉区域功能

🔖【知识目标】

（1）了解防止干涉区域功能的作用。

（2）掌握防止干涉区域的设置方法。

（3）掌握防止干涉区域 I/O 信号设置的方法。

机器人防干涉区域
功能设置

🔖【技能目标】

（1）能够根据实际要求设定机器人的防止干涉区域。

（2）能够完成防止干涉区域的信号设置。

（3）能够在程序中运用防止干涉区域避免机器人发生碰撞。

🔖【素养目标】

（1）培养自我管理和解决问题的能力，以及对工作环境的理解和适应能力。

（2）应用所学来防止不必要的干涉和干扰，提高工作的效率和质量。

● 【任务情景】

　　在有机器人工作的生产线中，经常会出现多台机器人在同一空间协同作业的情景，机器人的运动轨迹与其他物体（如固定设备、其他机器人或操作人员）发生冲突的区域，称为机器人的干涉区域。这些冲突可能会导致设备损坏、伤害操作人员或影响生产效率等。

● 【任务分析】

　　要避免机器人与其他物体发生碰撞，需要用到防止干涉区域功能。当其他机器人或外围设备进入预先设定的干涉区域时，即使向机器人发出进入干涉区域的移动指令，机器人也会自动停止，直到确认其他设备已从干涉区域移走，才解除停止状态，自动重新开始动作。同时，可以设置对应 DO 信号输出。当 TCP 进入干涉区域时，指定 DO 信号状态应置为 OFF，告知外围设备机器人已经进入干涉区域；当 TCP 离开干涉区域后，再将对应 DO 信号状态置为 ON。

● 【知识储备】

7.2.1　干涉区域的设置步骤

1. 坐标系设置

　　在设置干涉区域之前，需要先设置并选中用户坐标系和工具坐标系，用于后续干涉区域位置的指定。

　　由于干涉区域形状为长方体，长、宽、高方向由用户坐标系指定，因此，如果干涉区域方向与机器人世界坐标系平行，则使用默认世界坐标系，如图 7-23 所示。若不平行，则需要根据实际需要的干涉区域方向设置用户坐标系，如图 7-24 所示。工具坐标系一般根据实际使用的 TCP 设置即可。

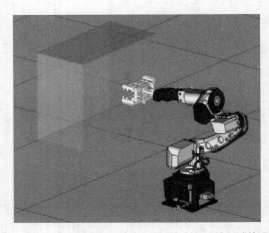

图 7-23　用户坐标系与世界坐标系平行时，干涉区域的设置

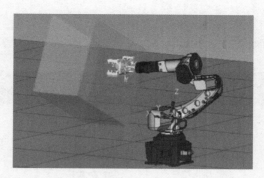

图 7-24 用户坐标系与世界坐标系不平行时，干涉区域的设置

2. 进入防止干涉区域设置界面

按下示教器上的 MENU 键，在弹出的菜单中选择"设置"→"防止干涉区域"命令，如图 7-25 所示；进入防止干涉区域列表界面，如图 7-26 所示。列表中可设置最多 10 个干涉区域。光标移动到想要设置的干涉区域行，按下"启用"或"禁用"功能键可将对应干涉区域切换至"启用"或"禁用"状态，按下"详细"功能键可进入对应干涉区域设置界面。

图 7-25 选择"设置"→"防止干涉区域"命令

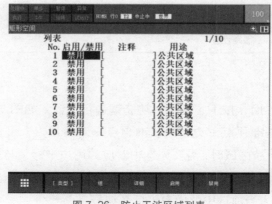

图 7-26 防止干涉区域列表

3. 干涉条件设置

干涉条件设置界面如图 7-27 所示，各设置项详细说明如表 7-3 所示。

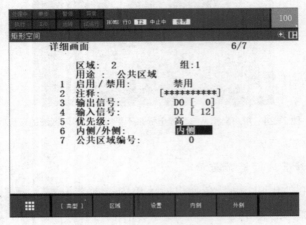

图 7-27　干涉条件设置界面

表 7-3　干涉条件设置界面各设置项详细说明

设置项	说明
启用 / 禁用	可使本功能有效或无效，设置为禁用时才能修改其他设置项
注释	可以添加最多 10 个字符的注释
输出信号	设定输出信号。机器人实时判断 TCP 位置，在干涉区域外时，该信号设置为 ON；在干涉区域内时，该信号设置为 OFF
输入信号	设定输入信号。该信号为 ON 时，机器人可以在干涉区域内作业；该信号为 OFF 时，TCP 在干涉区域内，机器人自动停止，直到该信号为 ON，机器人恢复运行状态（注意：信号恢复后，机器人会自动运行，人员不可接近，要注意碰撞风险）
优先级	默认设置为高。当两台机器人进入同一干涉区域时，可能出现两台机器人都停止的情况。理论上，通过设置优先级，将其中一台设置为"低"即可避免。建议这种情况还是都设置为"高"，然后通过程序上的优先级处理控制，详见后续内容
内侧 / 外侧	指定长方体的内侧或外侧作为干涉区域，一般设置为内侧
公共区域编号	默认为 0，不需要设置

4. 干涉区域设置

在干涉条件设置界面，按下"区域"功能键进行设置，如图 7-28 所示。干涉区域的指定方式有两种：基准顶点 + 边长或基准顶点 + 对角顶点，可通过按下"选择"功能键进行切换。设置干涉区域时，需要先选中对应的用户坐标系与工具坐标系。图 7-28 中显示的 X, Y, Z 坐标是指 UFRAME 指定的用户坐标系坐标。当记录基准顶点点位时，UFRAME 会自动设置为当前选中的用户坐标系编号。

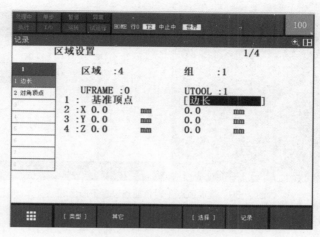

图 7-28 干涉区域设置界面

1) 基准顶点 + 边长

将机器人 TCP 移动到想要设置的长方体干涉区域任意一角，调整光标到"基准顶点"，按下 SHIFT + "记录"功能键，保存当前位置为基准顶点。需要微调各方向位置时，将光标移动到对应数值上直接输入即可。

以顶点为基准，根据用户坐标系的方向，直接输入 X，Y，Z 各个方向上的边长，如图 7-29 所示。若为 –X，–Y，–Z 方向，则边长可设置为负值。

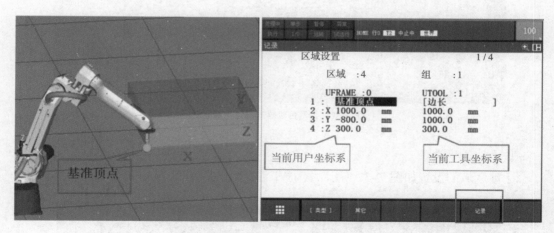

图 7-29 基准顶点 + 边长设置干涉区域

2) 基准顶点 + 对角顶点

将机器人 TCP 分别移动到想要设置的干涉区域两个对角顶点，调整光标移动到"基准点""对角顶点"，同时分别按下 SHIFT+ "记录"功能键，记录下长方体的两个对角，即可生成一个长方体区域，如图 7-30 所示。

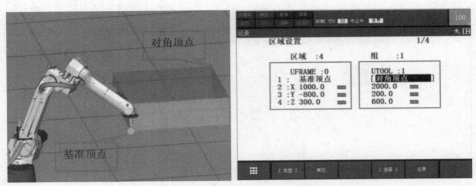

图 7-30 基准顶点 + 对角顶点设置干涉区域

【任务实操】

7.2.2 干涉区域设置实例

如图 7-31 所示，两台机器人需要进入中间工作台区域作业。为避免出现两台机器人同时进入干涉区域后停止不动的情况，在程序中先进行优先级处理，具体设置如下。

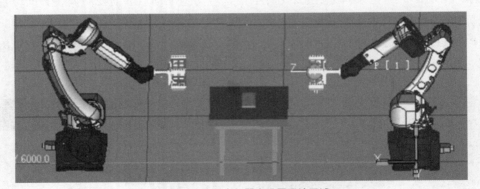

图 7-31 为两台机器人设置干涉区域

1. 干涉区域设置

干涉区域的设置如图 7-32 所示，对应干涉区域范围如图 7-33 所示。

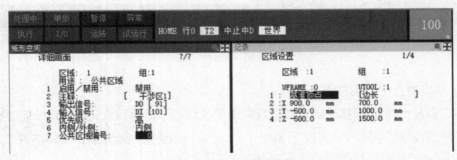

图 7-32 干涉区域的设置

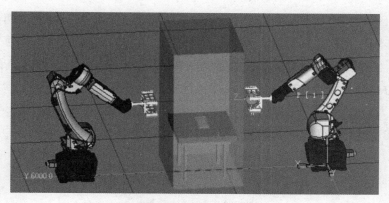

图 7-33　干涉区域的范围

2. I/O 信号设置

I/O 信号设置如图 7-34 所示（以 robot1 为例），其中，robot1 的 DO101 信号对应 robot2 的 DI101 信号，robot2 的 DO101 信号对应 robot1 的 DI101 信号，通过 PLC 中转。

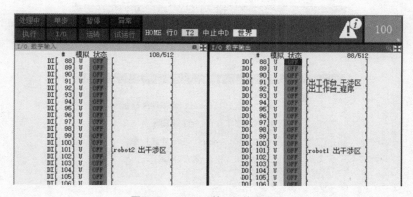

图 7-34　robot1 的 I/O 信号设置

3. TP 程序

后台程序：用于处理干涉区域的出工作台 DO 信号与程序中的出工作台 DO 信号，当两者都为 ON 时，将出干涉区域信号置为 ON，如图 7-35 所示。两台机器人均照此设置。

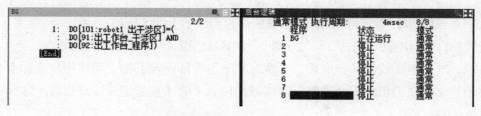

图 7-35　后台程序

233

进干涉区域程序。由于需要对两台机器人进行优先级比较，因此，两台机器人的处理会有所不同。图 7-36 所示为 robot1 进干涉区域程序界面，图 7-37 所示为 robot2 进干涉区域程序界面。robot2 每延时 0.3 s，判断一次 robot1 出干涉区域信号是否为 ON。如果为 OFF，说明这 0.3 s 内 robot1 已经进入了干涉区域，则 robot2 需要将 DO92 信号重新置为 ON，等待 robot1 优先作业；如果 0.3 s 后 DI101 信号为 ON，则 robot2 跳转到程序 LBL[2]，可以进入工作台作业。

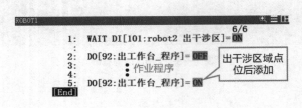

图 7-36　robot1 进干涉区域程序界面

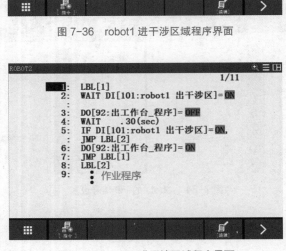

图 7-37　robot2 进干涉区域程序界面

7.2.3　干涉区域设置注意事项

（1）当干涉区域 DI 信号为 OFF，且机器人从干涉区域外往里运动时，会在 TCP 进入干涉区域边缘时减速停止，实际停止位置会位于干涉区域内。由于运行速度不同，停止位置会有所不同，因此，设置干涉区域时应比实际需要稍大一些。

（2）当干涉区域记录完成后，干涉区域的位置即固定下来。切换用户坐标系，或修改用户坐标系的值均不会影响干涉区域的位置（除非重新记录顶点位置，才会刷新用户坐标系的值）。

（3）机器人仅对 TCP 判断是否进入干涉区域，因此，在切换工具坐标系时需要特别注意。如图 7-38 所示，在允许进入干涉区域且 DI 信号为 OFF 时，若 TCP 设置在工具前端，则工具不会进入干涉区内域。若将 TCP 切换到机器人法兰盘中心点，如图 7-39 所示，则前端工具会进入干涉区域（此时 TCP 仍在干涉区域外）。

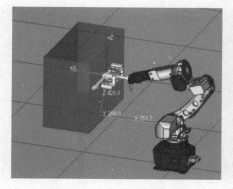
图 7-38　TCP 在工具前端

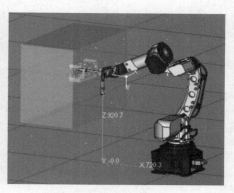
图 7-39　TCP 在法兰盘中心点

【任务工单】

请按照要求完成该工作任务。

工作任务	任务 24　设定防止干涉区域功能					
姓名		班级		学号		日期

学习情景

搬运工作站中的两台机器人都需要进入中间工作台区域作业，该区域的长、宽、高分别为 3 m，0.75 m，0.7 m，如图 7-40 所示。

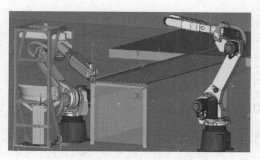
图 7-40　搬运工作站协作干涉区域

任务要求

1. 请将干涉区域按要求进行设置。

2. 编写进干涉区程序，要求：机器人 1 可优先进入干涉区域，机器人 2 要进入干涉区域，需等待 0.3 s，0.3 s 后机器人 1 不在干涉区域内，机器人 2 方可进入。

3. 编写出干涉区域程序，告知外部设备。

引导问题 1:

当机器人的干涉区域方向与基础坐标系不一致时，在编程之前应当进行哪些操作？

续表

工作任务		任务 24 设定防止干涉区域功能				
姓名		班级		学号		日期	

引导问题 2：

　　机器人干涉区域是指机器人在工作时，其运动轨迹与＿＿＿＿＿＿＿＿＿＿＿＿＿＿＿＿发生冲突的区域。

引导问题 3：

　　指定长方体的内侧或外侧作为干涉区域时，一般设置为＿＿＿＿＿。

引导问题 4：

　　干涉区域的设置方法有＿＿＿＿和＿＿＿＿两种。

引导问题 5：

　　干涉区域在设置时应比实际需要稍大一些还是稍小一些，为什么？

引导问题 6：

判断题

　　1. FANUC 机器人最多可以设置 10 个干涉区域。 （　　）

　　2. 通过设置优先级，可以保证两台机器人绝对不会同时进入干涉区域内。 （　　）

引导问题 7：

　　当其他机器人或其他外围设备进入预先设定的干涉区域内时，即使向机器人发出进入干涉区域的移动指令，机器人也会＿＿＿＿，直到确认其他设备已经从干涉区域移走，才解除停止状态而自动重新开始动作。

任务 7.3　基于 PROFIBUS 通信系统的工业机器人搬运工作站信号配置

🔑 【知识目标】

　　（1）能够灵活使用 PROFIBUS 通信系统与工业机器人第三方设备通信。

　　（2）掌握实现 PROFIBUS 通信的条件。

　　（3）掌握工业机器人与 S7–1200 PLC 的 PROFIBUS 通信系统。

PROFIBUS 通信
板卡信号配置

🔑 【技能目标】

　　（1）掌握 PROFIBUS 通信的原理及步骤。

　　（2）掌握实现 PROFIBUS 通信的条件。

　　（3）能够实现工业机器人与 S7–1200 PLC 的 PROFIBUS 通信系统。

🔑 【素养目标】

　　（1）与团队成员协作完成 PROFIBUS 通信系统的搭建和信号配置，培养学生团队协作精神。

　　（2）通过 PROFIBUS 通信系统在搬运工作站中的作用和优势，培养系统思维、实践和创新能力。

◎【任务情景】

工业机器人除了驱动装置及其本体，最重要的组成部分是控制系统。控制系统主要负责机器人的运动学计算、运动规划与插补等，是机器人系统的核心与难点。当前工业机器人的控制策略主要是 PLC 与机器人通信，再由上位机与 PLC 进行开放式过程控制（open process control，OPC）通信来获得对工业机器人的控制权。随着智能制造的发展，工业机器人的控制方式也有了进一步改变，现场总线技术使工业机器人与上位机的通信只需要一根总线电缆即可进行，这样遵循某种通信协议的现场设备均可以连接在通信电缆上，而不仅是简单的 I/O 信号启停控制。这样的控制结构更加简单，极大地减少了安装和维护费用。

◎【任务分析】

PROFIBUS 通信的方式，可以大大减少接线，是当前比较常用的工控通信方式之一。掌握 PROFIBUS 通信的条件，并最终实现工业机器人与 S7-1200 PLC 的 PROFIBUS 通信系统。

◎【知识储备】

7.3.1 构建 PROFIBUS 通信系统

图 7-41 所示为当前比较典型的工业机器人现场总线系统构架——PLC 与工业机器人之间采用 PROFIBUS 通信系统进行通信，而 PLC 与上位机则采用 PROFINET 通信系统通信。因此，机器人的通信可能由多种通信系统组成，本任务先介绍工业机器人的 PROFIBUS 通信系统，任务 7.4 再详细介绍工业机器人的 PROFINET 通信系统。

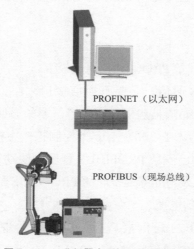

PROFINET（以太网）

PROFIBUS（现场总线）

图 7-41 工业机器人现场总线系统构架

7.3.2　实现 PROFIBUS 通信的条件

1. 软件条件

工业机器人要支持 PROFIBUS 通信协议，就需要在采购机器人时，明确提出要求，写好接口参数，生产厂家在出厂时就会在工业机器人的系统里面装载支持 PROFIBUS 通信协议的驱动程序，示教器里就会有相应的 PROFIBUS 通信设置菜单项，如图 7-42 所示。当参数设置正确，且工业机器人专用的 PROFIBUS 通信板卡插入控制柜里的扩展槽时，系统将识别该板卡。如果生产厂家在出厂时未装载驱动程序，则工业机器人将无法与第三方设备实现 PROFIBUS 通信。

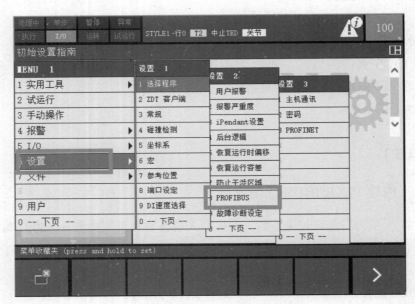

图 7-42　PROFIBUS 通信设置菜单项

2. 硬件条件

1）工业机器人侧需要配备 PROFIBUS 通信板卡

设备间采用 PROFIBUS 通信，需要有通信接口，而工业机器人出厂时并未配备 PROFIBUS 通信接口，解决办法是购买相应生产厂家的通信板卡，然后将其正确接入。图 7-43 所示为 FANUC 机器人 R-30*i*B Mate 型控制柜中主板接入配套的 PROFIBUS 通信板卡。若机器人的系统中已安装 PROFIBUS 程序和驱动，则插入该通信板卡后并正确设置，即可实现工业机器人与外部设备间的 PROFIBUS 通信。

2）配置 PROFIBUS 通信电缆

当设备都具备 PRPFIBUS 通信接口后，应有电缆进行连接。当工业机器人与 S7-1200 PLC 进行 PROFIBUS 通信，且 S7-1200 PLC 并没有 PROFIBUS 通信接口的情况下，可以拓展一个专业模块。PROFIBUS 通信电缆的一头接入该模块，另一头接入图 7-44 所示的工业机器人 PROFIBUS 通信板卡接口。

注意：因属于串行通信，故需要将 PROFIBUS 通信板卡的起始端口和末端的终端电阻拨位开关设置到 ON 状态。

图 7-43 PROFIBUS 通信板卡

图 7-44 工业机器人 PROFIBUS 通信板卡接口

7.3.3 实现工业机器人与 S7-1200 PLC 的 PROFIBUS 通信

1. 对 S7-1200 PLC 进行硬件组态

根据 S7-1200 PLC 的硬件组成，在博途软件的"设备组态"菜单中对 PLC 侧硬件进行组态，具体如图 7-45 所示。

工业机器人
PROFIBUS 通讯
案例

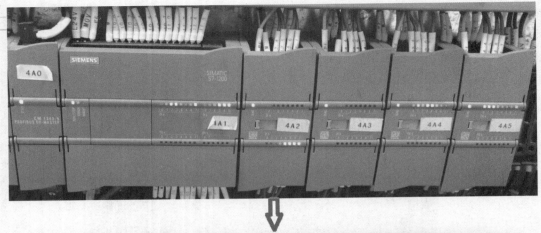

图 7-45　PLC 侧硬件组态

2. 安装 GSD 文件

GSD 文件是安装到博途软件中的硬件驱动。因博途软件的标准硬件配置并没有包含 FANUC 机器人的相关硬件，故需要重新开发相应的驱动程序，在博途软件中安装 GSD 文件的步骤如下。

（1）将 GSD 文件复制到特定的目录下，如图 7-46 所示。

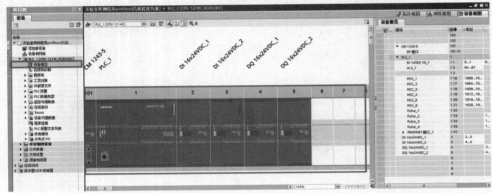

图 7-46　GSD 文件

（2）在博途软件"设备"目录树中选择"设备和网络"节点，如图 7-47 所示。

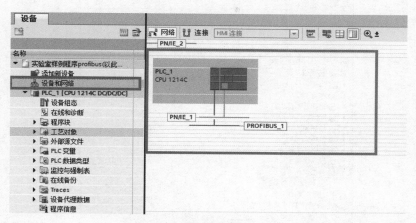

图 7-47　"设备和网络"节点

（3）在菜单栏中选择"选项"→"管理通用站描述文件（GSD）"命令，在弹出的"管理通用站描述文件"对话框中找到存储 GSD 文件的目录，在其中找到 Slave.gsd 文件并加载，如图 7-48 所示。

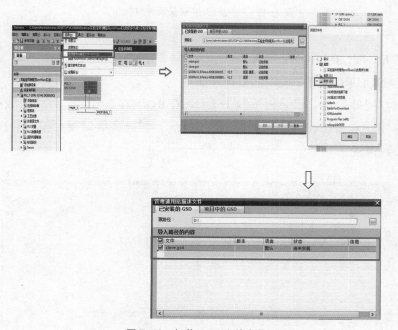

图 7-48　加载 GSD 文件步骤

安装完成后，在博途软件"硬件目录"目录树下的"其他现场设备"节点中可找到 FANUC ROBOT-2 的硬件信息，具体如图 7-49 所示。

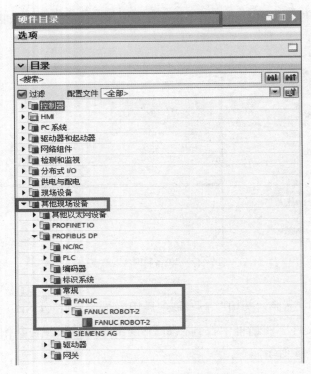

图 7-49　PROFIBUS 通信模块加载路径

3. 配置 FANUC ROBOT-2 模块

配置 FANUC ROBOT-2 模块的具体步骤如下。

（1）在"硬件目录"目录树下双击 FANUC ROBOT-2 节点，将其加载到"设备和网络"节点中。双击已在列表中的 Slave_1 节点，弹出参数设置菜单，并按照图 7-50 所示进行参数设置。

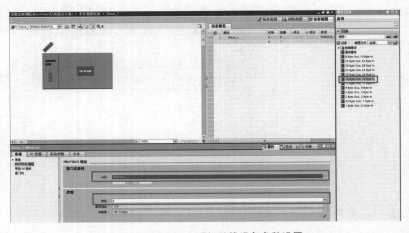

图 7-50　FANUC 现场总线设备参数设置

配置完成，结果如图 7-51 所示。该模块将会在"设备和网络"窗口中显示"已经与 S7-1200 的 PROFIBUS 通信口连接"。

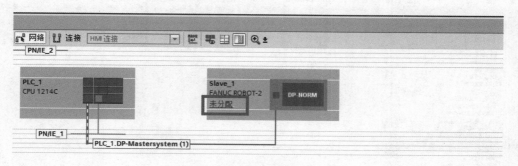

图 7-51 配置结果显示

（2）由于 Slave_1 模块中仍显示"未分配"，单击"未分配"链接，在弹出的对话框中选中 PLC 对应接口，窗口中将显示两台设备已经连接，具体如图 7-52 所示，即完成 Slave_1 模块配置。

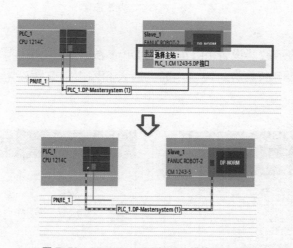

图 7-52 PROFIBUS 现场总线模块配置完成

4. 测试设备间的通信

测试设备间通信的具体步骤如下。

（1）在博途软件"设备"目录树下的"监控与强制表"节点中新建"监控表_1"，并导入图 7-53 所示的监控表，数据输出口存储器选择 QB110 和 QB111，输入口存储器选择 IB110 和 IB111。需要注意的是，存储器必须选择在已配置的范围内。图 7-53 中选择的是 16 B 输入和 16 B 输出的模式，输入口和输出口的实际地址分别为 100 和 101，因此，监控表中的 4 B 存储器均在可配置的范围内。

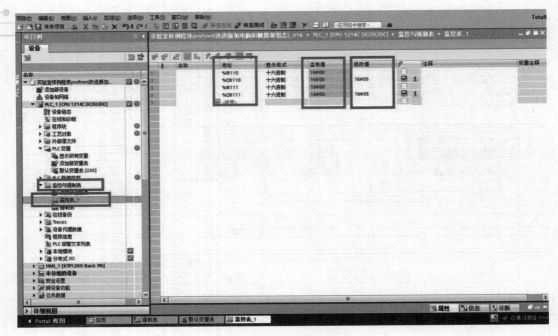

图 7-53 PLC 侧监控表设置

（2）在机器人的示教器设置 PROFIBUS-DP 参数，具体如图 7-54 所示。此处参数设置必须与博途软件中的参数对应。比如，输入和输出字节数设定为 16，站地址设定为 3。

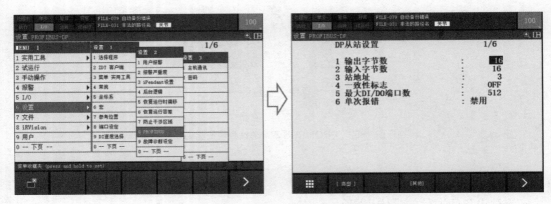

图 7-54 机器人侧 PROFIBUS-DP 参数设置

（3）对机器人的存储器进行配置。选择 GI/GO 信号、DI/DO 信号两种不同类型的存储器。以 GI/GO 信号为例，具体配置如图 7-55 和图 7-56 所示。其中，图 7-55 为机器人侧 GI 信号的配置监控值，图 7-56 为机器人侧 GO 信号配置设置值。

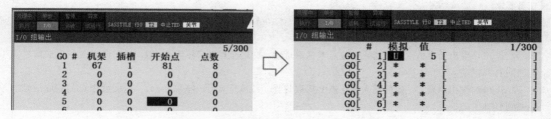

图 7-55　机器人侧 GI 信号配置及监控值

图 7-56　机器人侧 GO 信号配置及设置值

从图 7-55 和图 7-56 中可以看到，机架号 67 表示选择 PROFIBUS 通信卡，GI 信号对应 PLC 的输出区域，GO 信号对应 PLC 的输入区域；开始点为 81，点数 8 表示两个设备映射区域的第 11 个字节，GO1 信号对应 PLC 的 IB110，GI1 信号对应 PLC 的 QB110。

因为 PLC 的起始点是 IB100 和 QB100，所以 IB110 和 QB110 分别对应从输入和输出区域起始点开始的第 11 个字节。

从 PLC 侧监控表中可以看到，当 PLC 的 QB110 中写入数值 5，机器人的 GI1 的数值也为 5；当机器人的 GO1 中写入数值 5，IB110 的数值在 PLC 的监控表上也显示为 5，这样两个设备就完成了特定区域的数据通信和交换。

（4）测试机器人 DI/DO 信号，具体如图 7-57 所示。

图 7-57　机器人侧和 PLC 侧测试数据对应

从图 7-57 中可知，若把 DO260～DO267 这 8 个位配置到 PLC 输入区域的第 12 个字节，则 PLC 对应为 IB111；当示教器中 DO260～DO263 设置为 ON，PLC 中 IB111 的值相应变成 16#F，即表示两个设备间能够通信，且数据交换区域设置正确。

【任务工单】

请按照要求完成该工作任务。

工作任务	任务 25　基于 PROFIBUS 通信系统的工业机器人搬运工作站信号配置				
姓名		班级		学号	日期

任务要求

现需要使用 PROFIBUS 通信的方式实现 FANUC M-10*i*A/12 型机器人与 S7-1200 PLC 通信，编写 PLC 与工业机器人程序，实现如下功能。

1. 若 PLC 发出命令 A，则机器人前往点 P 抓取货物，搬运至点 A，停留 2 s 后，返回命令 A 的完成信号，并回到 HOME 点。

2. 若 PLC 发出命令 C，则机器人前往点 P 抓取货物，搬运至点 C，停留 2 s 后，返回命令 C 的完成信号，并回到 HOME 点。

任务要求

掌握 PROFIBUS 的通信方式、配置方法和测试方法；能使用 PROFIBUS 通信方式实现搬运工作站的简单控制。

引导问题 1：

_____文件是安装到博途软件中的硬件驱动。

引导问题 2：

I/O 模块的硬件构成包括_____、_____。

引导问题 3：

工业机器人要支持 PROFIBUS 通信协议，就需要在采购机器人时，明确提出要求，写好接口参数，生产厂家在出厂时就会在工业机器人的系统里面装载支持_____通信协议的驱动。

引导问题 4：

PROFIBUS 属于串行通信，因此，需要将 PROFIBUS 通信板卡的起始端口和末端的终端电阻拨位开关调到_____状态。

引导问题 5：

采用 PROFIBUS 通信方式实现机器人与 S7-1200 PLC 通信的步骤如下。

第一步：_____。

第二步：_____。

第三步：_____。

第四步：_____。

引导问题 6：

为了更好地编写 PLC 与机器人程序，实现通信功能，请画出任务流程图。

引导问题 7：

根据任务流程图，列出 PLC 的 I/O 分配表与机器人对应的逻辑地址、功能说明。

引导问题 8：

使用 PROFIBUS 通信方式，机器人在进行 I/O 配置时，DI/DO 的机架号应如何设定。

任务 7.4　基于 PROFINET 通信系统的工业机器人搬运工作站信号配置

PROFINET 通信
板卡信号配置

【知识目标】

（1）能够灵活使用 PROFINET 通信系统与机器人第三方设备通信。

（2）掌握实现 PROFINET 通信的条件。

（3）掌握系统机器人与 S7–1200 PLC 的 PROFINET 通信系统。

【技能目标】

（1）掌握 PROFINET 通信的原理及步骤。

（2）掌握实现 PROFINET 通信的条件。

（3）能够实现系统机器人与 S7–1200 PLC 的 PROFINET 通信系统。

【素养目标】

（1）积极探索 PROFINET 通信系统在搬运工作站中的应用优势，培养严谨的工作态度和责任心。

（2）通过确保信号配置的准确性和稳定性，不断学习和总结经验，培养自主学习能力，提高自身技能和综合素质。

【任务情景】

工业机器人除了驱动装置及其本体，最重要的组成部分是控制系统。控制系统主要负责机器人的运动学计算、运动规划与插补等，是机器人系统的核心与难点。当前工业机器人的控制策略主要是通过 PLC 与机器人通信，再由上位机与 PLC 进行 OPC通信来获得对工业机器人的控制权。随着智能制造的发展，工业机器人的控制方式也有了进一步改变，现场总线技术使工业机器人与上位机的通信只需要一根总线电缆即可进行，这样遵循某种通信协议的现场设备均可以连接在通信电缆上，而不仅是简单的 I/O 信号启停控制。这样的控制结构更加简单，极大地减少了安装和维护费用。

【任务分析】

PROFINET 通信的方式，可以大大减少接线，是当前比较常用的工控通信方式之一。掌握 PROFINET 通信的条件，并最终实现工业机器人与 S7–1200 PLC 的 PROFINET 通信系统。

⚙【知识储备】

7.4.1　构建 PROFINET 通信系统

图 7-58 所示为 PROFINET 通信系统结构图，其与 PROFIBUS 通信系统相似，区别仅仅在于 PLC 与工业机器人之间变成了采用 PROFINET 通信。PROFINET 通信系统的特点是传输速率快、方式灵活和硬件兼容性高 ，因此，该方式越来越受到用户的喜爱。

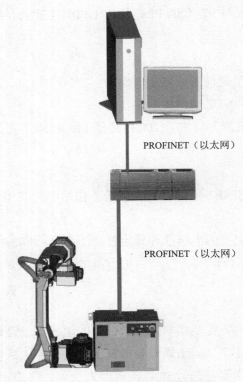

PROFINET（以太网）

PROFINET（以太网）

图 7-58　PROFINET 通信系统结构图

7.4.2　实现 PROFINET 通信的条件

1. 软件条件

工业机器人要支持 PROFINET 通信协议，同样也需要在采购机器人时，明确提出要求，写好接口参数，生产厂家在出厂时就会在工业机器人的系统里面装载支持 PROFINET 通信协议的驱动程序，示教器里就会有相应的 PROFINET 通信设置菜单项，具体如图 7-59 所示。当参数设置正确，且工业机器人专用的 PROFINET 通信板卡插入控制柜里的扩展槽时，系统将识别该板卡。如果生产厂家在出厂时未装载驱动程序，则工业机器人将无法与第三方设备实现 PROFINET 通信。

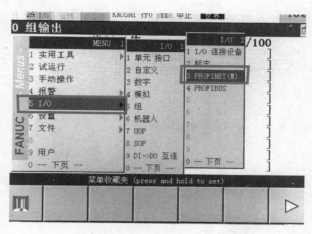

图 7-59 PROFINET 通信设置菜单项

2. 硬件条件

1）工业机器人侧需要配备 PROFINET 通信板卡

设备间采用 PROFINET 通信，需要有通信接口，而工业机器人出厂时并未配备 PROFINET 通信接口，解决办法是购买相应生产厂家的通信板卡，然后将其正确接入。图 7-60 所示为 FANUC 机器人 R-30iB Mate 型控制柜中主板接入配套的 PROFINET 通信板卡。若机器人的系统中已安装 PROFINET 程序和驱动，则插入该通信板卡后并正确设置，即可实现工业机器人与外部设备间的 PROFINET 通信。

图 7-60 PROFINET 通信板卡

2）配置 PROFINET 通信电缆

工业机器人控制柜接入 PROFINET 通信板卡后，只需配置普通的以太网网线，将工业机器人与支持 PROFINET 通信协议的硬件设备连接即可。通常在一个工业机器人

PROFINET 通信系统中会有多个设备联网，因此，需要配置交换机，用于设备间的连接，如图 7-61 所示。

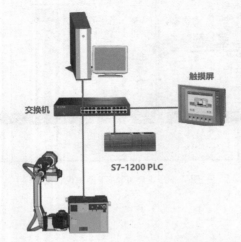

图 7-61　工业机器人典型 PROFINET 通信系统连接图

工业机器人
PROFINET 通讯
案例

7.4.3　实现工业机器人与 S7-1200 PLC 的 PROFINET 通信

1. 对 S7-1200 PLC 进行硬件组态

根据 S7-1200 PLC 的硬件组成，在博途软件的"设备组态"菜单中对 PLC 侧硬件进行组态，具体如图 7-62 所示。

图 7-62　PLC 侧硬件组态

2. 安装 GSD 文件

GSD 文件在任务 7.3 中已经介绍，与 PROFIBUS 通信的 GSD 文件安装方法一样，区别仅在于文件不同，其步骤如下。

（1）将 GSD 文件复制到特定的目录下，具体如图 7-63 所示。需要注意的是，PROFINET 通信生产厂家提供的是 3 个后缀名为 .xml 的文件，安装时同样是可以识别的。

GSDML-V2.3-Fanuc-A05B2600J930V820D4-20131203	2019/6/20 15:21	XML 文档
GSDML-V2.3-Fanuc-A05B2600J930V820M4-20131203	2019/10/29 17:12	XML 文档
GSDML-V2.3-Fanuc-A05B2600R834V830-20140601	2019/6/20 15:21	XML 文档

图 7-63　PROFINET 通信的 GSD 文件

（2）在博途软件"设备"目录树中选择"设备和网络"节点，具体如图 7-64 所示。

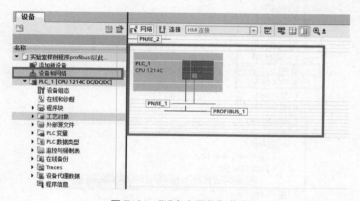

图 7-64　"设备和网络"节点

（3）在菜单栏中选择"选项"→"管理通用站描述文件（GSD）"命令，在弹出的"管理通用站描述文件"对话框中找到存储 GSD 文件的目录，找到上述 3 个后缀名为 .xml 的文件并加载，如图 7-65 所示。

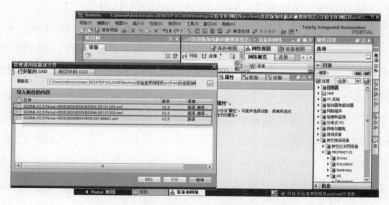

图 7-65　PROFINET 通信的 GSD 文件加载

安装完成后，先在博途软件"硬件目录"目录树下找到"其他现场设备"→PFOFINET IO → I/O → FANUC → R30iB EF2 节点，然后找到 FANUC Robot Controller(1.0) 的硬件信息，具体如图 7–66 所示。

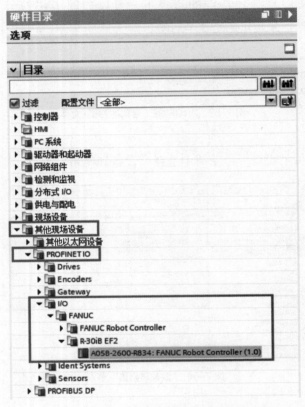

图 7-66　PROFINET 通信模块加载路径

3. 配置 FANUC Robot Controller(1.0) 模块

配置 FANUC Robot Controller（1.0）模块的具体步骤如下。

（1）在"硬件目录"目录树下双击 FANUC Robot Controller（1.0）节点，将其加载到"设备和网络"节点。双击已在列表中的 r30ib-iodevice 节点，弹出参数设置菜单，按步骤进行设置。如图 7–67 所示，先设定机器人与 PLC 共享数据存储区域的大小，其格式设定要和机器人示教器中的保持一致，此处选择 Input/Output module 格式；然后分别加载两个长度为 8 B 的数据存储区域，第一个区域 I 和区域 O 起始地址为 90，第二个区域 I 和区域 O 起始地址为 100。此外建立两个区域，由于 FANUC 机器人在设置通信区域时，习惯设置一个安全信号区域，因此，第一个区域为安全信号的数据交换区，第二个区域为实际应用的数据交换区。区域位置及字节长度都要与后面示教器中的设置对应才能实现通信。

图 7-67 PROFINET 通信模块数据交换格式设置

设定 PROFINET 接口的参数。方法为单击以太网接口，窗口下方会弹出参数设置界面，按照图 7-68 所示进行设置即可。此处注意 "IP 地址" 要与机器人示教器中的设定一致。

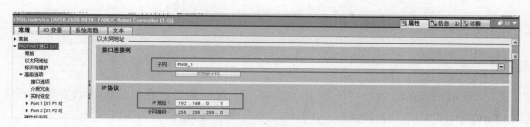

图 7-68 PROFINET 通信网络参数设置

（2）为导出的机器人 PROFINET 通信模块分配网络。导出机器人模块后，单击 "未分配" 链接，在弹出的对话框中选择 "PLC_1.PROFINET 接口 _1" 即可，如图 7-69 所示。

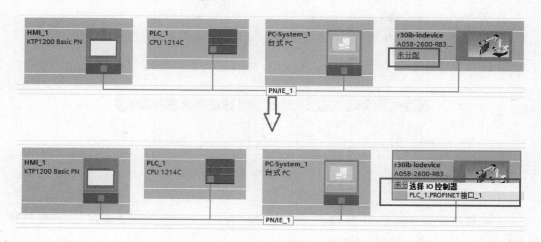

图 7-69 PROFINET 网络接口配置步骤

4.测试设备间的通信

测试设备间通信的具体步骤如下。

（1）在博途软件"设备"目录树下的"监控与强制表"节点中新建"监控表_1"，并导入图 7-70 所示的监控表，数据输出口存储器选择 QB106 和 QB107，输入口存储器选择 IB106 和 IB107。需要注意的是，存储器必须选择在已配置的范围内。图 7-69 中选择的是 8 B 输入和 8 B 输出的模式，输入口和输出口的实际地址分别为 100 和 101，因此，监控表中的 4 B 存储器均在可配置的范围内。

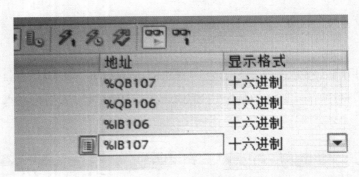

图 7-70　PLC 侧监控表配置

（2）在机器人的示教器中选择 PROFINET 的通信频道。在机器人示教器中选择 I/O → PROFINET（M）命令进入配置界面，具体操作如图 7-71 所示。

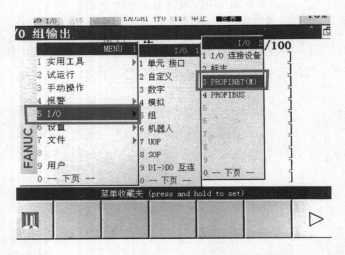

图 7-71　进入 PROFINET 配置界面操作

进入频道配置界面如图 7-72 所示，配置分为"1 频道"和"2 频道"，此处选择配置"2 频道"，并且禁用"1 频道"。

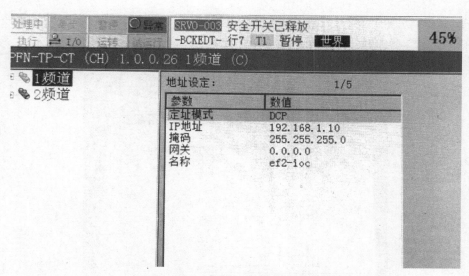

图 7-72　PROFINET 频道配置界面

配置界面中的两个频道对应 FANUC 机器人中的 PROFINET 通信板卡，具体位置如图 7-73 所示。其中，"1 频道"在机器人作为主站时选用，"2 频道"在作为从站时选用。

图 7-73　PROFINET 下板卡频道分布图

通常，机器人在组成的控制系统中作为从站使用，因此，禁用"1 频道"并配置"2 频道"。禁用"1 频道"的步骤如下。

将光标移动到"1 频道",按下示教器上的 DISP 键进入屏幕右侧的设置界面,然后按下"有效"功能键,即可在"有效"和"无效"间切换,如图 7-74 所示。

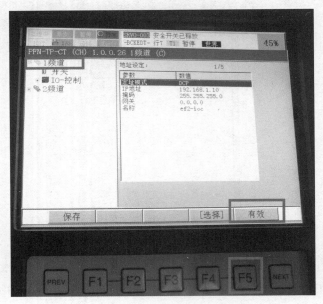

图 7-74 禁用"1 频道"

(3)设置"2 频道"的参数,具体做法如下。

①如图 7-75 所示,将光标移动到"2 频道",按示教器上的 DISP 键进入屏幕右侧的设置界面,设置"2 频道"的 IP 地址为 192.168.0.3,其与 PLC 侧的设置一致,同时将"2 频道"设置为"有效"。

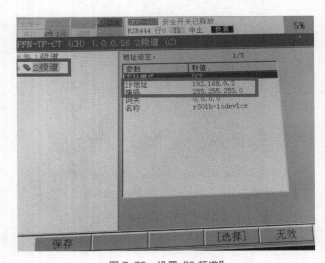

图 7-75 设置"2 频道"

②将光标移动到"2 频道"下的子节点"IO- 设备",按下示教器的 DISP 键进入到设置界面,进行 I/O 设置,具体如图 7-76 所示。

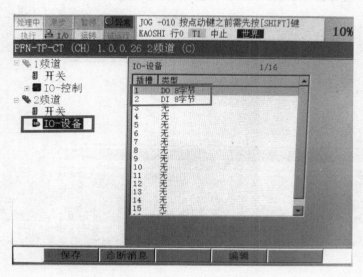

图 7-76 "2 频道"I/O 信号设置界面

③将光标移到插槽 1,按下 ENTER 键进入设置界面,选择"安全插槽"命令后按下"适用"功能键即可完成选择,如图 7-77 所示。

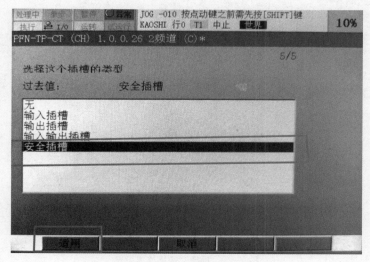

图 7-77 "安全插槽"设置界面

④在弹出的"选择这个插槽的类型"界面中选择"8 字节"命令,具体如图 7-78 所示,此处也应与 PLC 上的设置保持一致。

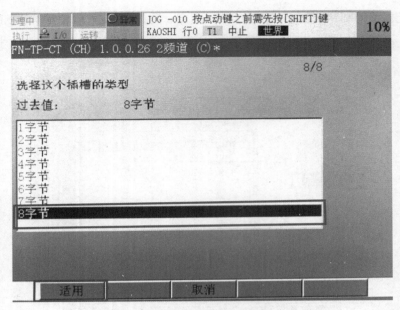

图 7-78 "安全插槽"数据格式设置界面

⑤采用同样的方法设置插槽 2 的参数，具体如图 7-79 所示。插槽类型选择"输入输出插槽"，字节选择"8 字节"，此处设置也要与 PLC 侧设置保持一致。

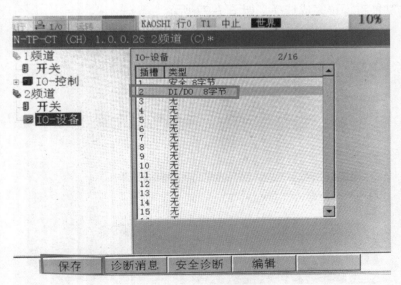

图 7-79 插槽 2 数据格式设置

⑥设置完成后，按下"保存"功能键，系统将会弹出图 7-80 所示的提示对话框。系统重启后，参数即设置成功。

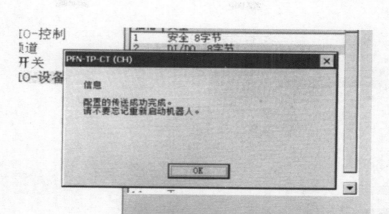

图 7-80 PROFINET 通信模块设置完成提示对话框

（4）对机器人的存储器进行配置，并以 GI/GO 信号 GI1，GI2 和 GO1，GO2 为对象，通过 PROFINET 通信的方式与 PLC 进行信号测试，具体步骤如下。

①首先进入 GI/GO 信号配置菜单，并按照图 7-81 所示的参数完成设置，具体设置方法同任务 7.3 介绍。需要注意的是，此处机架号需选择 102，代表 PROFINET 通信卡的"2 频道"。通过机器人侧的设置及 PLC 侧的设置，可以推断出 GI1 和 GI2 信号分别对应 PLC 侧的 QB106 和 QB107，GO1 和 GO2 信号分别对应 PLC 侧的 IB106 和 IB107。

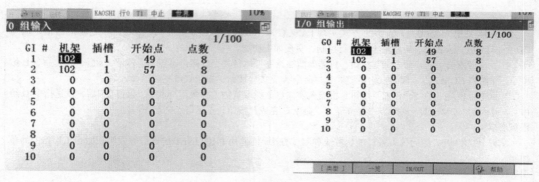

图 7-81 机器人侧 GI/GO 信号配置

②在机器人的示教器上分别对 GO1，GO2，QB106 和 QB107 进行赋值，具体如图 7-82 所示。机器人侧 GO1 和 GO2 信号分别赋值 10 和 15，PLC 侧 IB110 和 IB111 监控值对应为 16#0A 和 16#0F；在 PLC 监控表中 QB106 和 QB107 分别赋值 16#0F 和 16#05，机器人示教器侧 GI1 和 GI2 信号的监控值分别为 15 和 5，数据完全对应，

测试成功。

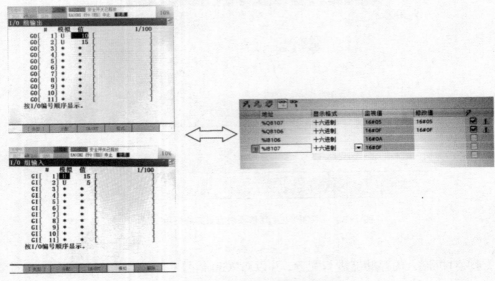

图 7-82　PLC 与机器人侧数据测试对应

【任务工单】

请按照要求完成该工作任务。

工作任务	任务 26　基于 PROFINET 通信系统的工业机器人搬运工作站信号配置				
姓名		班级		学号		日期	

学习情景

现在需要用 PROFINET 通信的方式实现 FANUC M-10iA/12 型机器人与 S7-1200 PLC 之间的通信，编写 PLC 与工业机器人程序，应用触摸屏进行控制，实现如下功能。

1. 点击触摸屏上的"命令 A"按钮，机器人前往点 P 抓取货物，并搬运至点 A，停留 2 s 后，发送命令 B 给 PLC，并回到 HOME 点，同时点击触摸屏上"命令 A 完成"按钮，指示灯点亮。

2. 点击触摸屏上的"命令 C"按钮，机器人前往点 P 抓取货物，并搬运至点 C，停留 2 s 后，发送指令 D 给 PLC，并回到 HOME 点，同时点击触摸屏上"命令 C 完成"按钮，指示灯点亮。

任务要求

掌握 PROFINET 的通信方式、配置方法和测试方法；能使用 PROFINET 的通信方式实现搬运工作站的简单控制。

引导问题 1：

PROFINET 通信方式的特点是＿＿＿＿、＿＿＿＿、＿＿＿＿。

引导问题 2：

PROFINET 通信的驱动程序是＿＿＿＿文件。

引导问题 3：

工业机器人控制柜接入 PROFINET 通信板卡后，只需配置普通的＿＿＿＿，将工业机器人与支持 PROFINET 通信协议的硬件设备连接即可。

引导问题 4：

采用 PROFINET 通信方式实现机器人与 S7-1200 PLC 通信的步骤如下。

续表

工作任务	任务 26　基于 PROFINET 通信系统的工业机器人搬运工作站信号配置					
姓名		班级		学号		日期	

第一步：_____

第二步：_____

第三步：_____

第四步：_____

引导问题 5：

　　PROFINET 通信方式能够实现机器人与 S7–1200 PLC 通信，请问如何将机器人添加进博途软件？

引导问题 6：

　　若要工业机器人实现 PROFINET 通信，则应如何设置工业机器人？

项目八

工业机器人的自动运行方式

项目导学

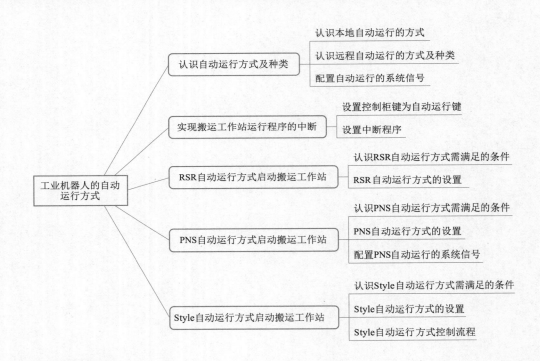
项目场景

  工业机器人是自动执行工作的机器装置，它既可以接受人类指挥，又可以运行预先编排的程序，还可以根据人工智能技术制订的原则纲领行动。它的任务是协助或取代人类在某些行业中（如生产业、建筑业）的工作，或者是危险的工作。图 8-1 所示为某柴油机生产企业工业机器人自动搬运发动机缸体。在任务 3.3 中学习示教器的使用都是通过示教器控制机器人运行，虽然产品的质量没有改变，但是生产的效率相对低下，人工成本增加。在工业生产中，工业机器人都是以自动运行的方式与外部设备交换数据，并完成生产任务，以便尽量减少人力操作。

图 8-1 工业机器人自动搬运发动机缸体

项目描述

搬运工作站按照预先设计好的工艺程序自动完成生产。本项目主要讲解工业机器人自动运行相关知识，帮助学生掌握工业机器人在搬运工作站中本地自动运行与远程自动运行方式的设置操作。

知识目标

（1）了解工业机器人自动运行的概念。
（2）掌握控制柜键启动的设置方法。
（3）掌握程序运行中断 / 恢复的方法。
（4）掌握设置自动运行方式程序启动方法。

技能目标

（1）能够说出自动运行的方式及种类。
（2）能够设置控制柜启动。
（3）能够中断 / 恢复程序运行。
（4）能够设置自动运行方式的启动参数并通过外部键启动选择程序。

素养目标

（1）通过查阅和学习资料，结合场景讲述的典型案例，增强学生民族自豪感和自信心，厚植学生热爱家乡、科技报国的家国情怀。

（2）结合自动运行方式的安全要求和操作规范，养成安全规范的职业习惯。

（3）通过解决中断问题，说明生产安全和产品质量要求，培养学生遵纪守法、诚实守信意识。

（4）能够根据实际情况解决程序运行中断的问题，确保搬运工作站的正常运行。

（5）能够根据实际情况选择合适的自动运行方式，并制订相应的运行策略，培养系统思维和决策能力。

（6）积极探索自动运行方式在搬运工作站中的应用和优势，培养创新意识和探索精神。

对应工业机器人操作与运维职业技能等级要求（中级）

工业机器人操作与运维职业技能等级要求（中级）参见工业机器人操作与运维职业技能等级标准（标准代码：460001）中的表 2。

（1）能根据工业机器人典型应用（搬运码垛、装配）的任务要求，编写工业机器人程序（2.1.7）。

（2）能使用 PLC 简单的功能指令完成工业机器人典型工作任务（搬运码垛、装配）的程序编写（2.2.3）。

（3）能根据工业机器人周边设备（伺服、步进、变频、液压、气动等设备）故障现象分析判断故障原因并排除（4.3.3）。

任务 8.1　认识自动运行方式及种类

【知识目标】

（1）了解工业机器人自动运行的概念。

（2）了解工业机器人本地和远程自动运行。

（3）掌握远程自动运行的方式及种类。

机器人自动运行方式及种类

【技能目标】

（1）能够说出自动运行的方式及种类。

（2）能够说出远程自动运行的特点。

（3）能够配置信号。

【素养目标】

（1）通过查阅和学习资料，结合场景讲述典型案例，增强学生民族自豪感和自信心，厚植学生热爱家乡、科技报国的家国情怀。

（2）结合自动运行方式的安全要求和操作规范，养成安全规范的职业习惯。

【任务情景】

在某柴油发动机生产线中，搬运工作站工艺程序已经调试完成，在工业机器人投入生产工作前，需要对工业机器人的系统信号进行配置。

【任务分析】

搬运工作站完成调试后要投入生产工作，需要学生掌握分辨本地自动运行与远程自动运行的分类、功能和特点，并对工业机器人系统信号的定义及其配置有一定了解。同时，学生还应通过对信号的配置实现本地自动运行或者远程自动运行。

【知识储备】

8.1.1　认识本地自动运行的方式

自动运行是指无须操作示教器，通过 UI/UO 信号就可以启动程序的一种运行方式。自动运行可以分为本地自动运行和远程自动运行两种。其中，本地自动运行所需要使用的 I/O 信号个数较少且只能运行一个程序，当机器人动作简单且与外围设备连接较少时，可以选择该启动方式；而远程自动运行可以选择不同的启动程序，使用 PLC 等控制设备来实现程序启动。

要实现本地自动运行需要分别进行软件设置和硬件设置。其中，软件设置需要将系统设置为本地模式，并打开所需运行的程序和取消单步运行；而硬件设置只需要将示教器的有效开关置于 OFF 挡，在控制柜的操作面板上将模式转换旋钮旋至 AUTO 挡，按下绿色的 CYCLE START 键即可。

使用本地自动运行的特点之一就是只能启动一个主程序，但是主程序里面可以调用多个子程序。通过判断其他 I/O 信号的状态，也可以调用不同的子程序，但是其启动需要手动按下 CYCLE START 键，不太利于整体控制。

8.1.2 认识远程自动运行的方式及种类

FANUC 机器人系统提供了两种远程自动运行方式，分别为机器人启动请求（robot service request，RSR）和程序号码选择（program number selection，PNS）。两者的共同点是程序名必须都是 7 位数，在系统输入 UI 信号有效的情况下，都可以通过外部的 I/O 信号实现控制启动。而两者的区别在于启动信号、程序选择数量，以及程序运行过程中对新启动信号处理方式的不同，如图 8-2 所示。

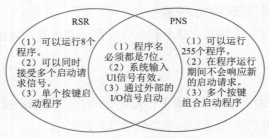

RSR
（1）可以运行8个程序。
（2）可以同时接受多个启动请求信号。
（3）单个按键启动程序

（1）程序名必须都是7位。
（2）系统输入UI信号有效。
（3）通过外部的I/O信号启动

PNS
（1）可以运行255个程序。
（2）在程序运行期间不会响应新的启动请求。
（3）多个按键组合启动程序

图 8-2　两种远程启动方式的特点

RSR 是远程自动运行中最简单的一种方式，其主要特点是基于绑定信号运行。程序名通常由 RSR 加上 4 位程序号构成。由于是与 I/O 信号绑定，而 UI 信号中最多只提供 UI9~ UI16 这 8 个 I/O 信号接口用于响应机器人的启动请求信号，因此，最多只能选择 8 个启动程序。

当机器人已经在运行一个程序时，如果又接收到了新的启动请求信号，甚至同时接收到多个启动请求信号，则会根据其优先级依次运行。

PNS 是一种选择确认后的远程自动运行方式，与 RSR 自动运行方式一样，其程序名必须由 PNS 加上 4 位程序号构成，但 PNS 自动运行方式可以选择 255 个程序。在程序运行过程中，将不会再响应任何新的程序启动请求，这是其与 RSR 自动运行方式的不同之处。

【任务实操】

8.1.3 配置自动运行的系统信号

系统信号是机器人发送给或接收自远端控制器或周边设备的信号，可以实现选择程序、开始和停止程序、从报警状态中恢复系统及其他功能。

1. 系统输入 UI 信号

（1）UI1 IMSTP：紧急停机信号（正常状态为 ON）。

（2）UI2 Hold：暂停信号（正常状态为 ON）。

（3）UI3 SFSPD：安全速度信号（正常状态为 ON）。

（4）UI8 Enable：使能信号。

（5）UI9~ UI16 RSR1~ RSR8：机器人启动请求信号。

（6）UI9~ UI16 PNS1~ PNS8：程序号选择信号。

（7）UI17 PNSTROBE：PNS 滤波信号。

（8）UI18 PROD_START：自动操作开始（生产开始）信号（信号下降沿有效）。

2. 系统输出 UO 信号

（1）UO11~ UO18 ACK1~ ACK8：证实信号，当 RSR 输入信号被接收时，输出一个相应的脉冲信号。

（2）UO11~ UO18 SNO1~ SNO8：该信号组以 8 位二进制码表示相应的当前选中 PNS 程序号。

3. 信号配置

所需启动的机器人程序可以使用外部控制设备（如 PLC 等）通过信号的输入、输出来选择和运行。通过外部设备选择和运行程序前需要对系统信号进行配置，信号配置是为了建立机器人软件端口与通信设备间的关系。操作如下。

（1）按下示教器上的 MENU 键，在弹出的菜单中选择 I/O→UOP 命令，如图 8-3 所示。

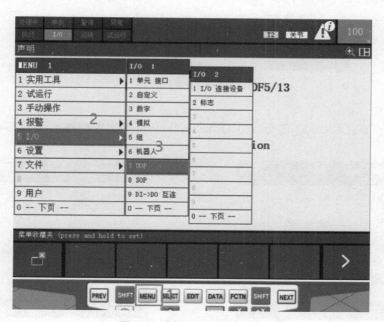

图 8-3 选择 I/O → UOP 命令

（2）按下 IN/OUT 功能键可实现 UI/UO 信号界面切换，如图 8-4 所示。

（3）按下"分配"功能键进入分配界面，如图 8-5 所示。

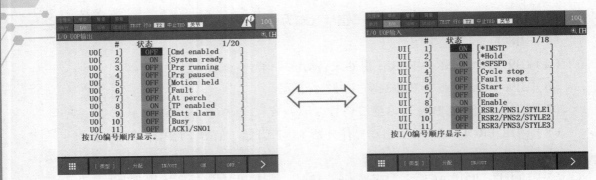

图 8-4　UI/UO 信号界面切换

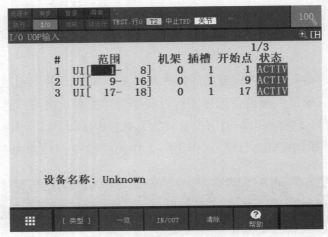

图 8-5　分配界面

（4）按下 IN/OUT 功能键可实现 UI/UO 信号分配的界面切换，如图 8-6 所示。

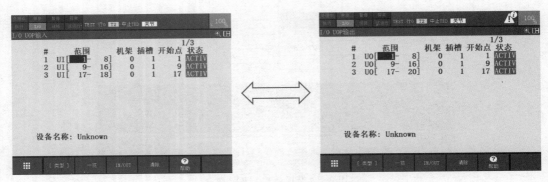

图 8-6　UI/UO 信号分配的界面切换

（5）按下"清除"功能键删除光标所在项的分配，如图 8-5 所示。

（6）分配系统输入信号将机架设置为 48，插槽设置为 1，开始点设置为 1；分配系统输出信号将机架设置为 48，插槽设置为 1，开始点设置为 1。分配数字输入信号将机架设置为 48，插槽设置为 1，开始点设置为 19 以后的点数；分配数字输出信号将机架设置为 48，插槽设置为 1，开始点设置为 21 以后的点数。

【任务工单】

请按照要求完成该工作任务。

工作任务		任务 27　认识自动运行方式及种类					
姓名		班级		学号		日期	

学习情景

现需要使用外部远程自动运行方式实现程序的远程启动，其中工作站的远程自动运行必须设置系统信号，RSR 自动运行与 PNS 自动运行信号配置分别对系统输入信号和系统输出信号的机架、插槽、开始点进行设置。设置完成后按下外部启动键，示教器中相应的系统信号由 OFF 状态变为 ON 状态，说明系统信号配置成功。

任务要求

分配系统输入信号将机架设置为 48，插槽设置为 1，开始点设置为 1；分配系统输出信号将机架设置为 48，插槽设置为 1，开始点设置为 1。配置完成后需要重新启动工业机器人，设置后的信号配置如图 8-7 所示。

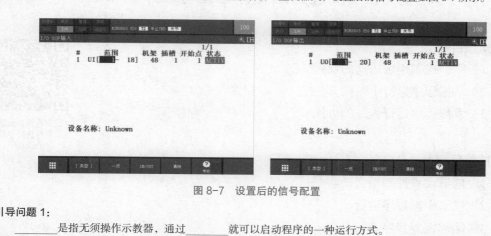

图 8-7　设置后的信号配置

引导问题 1：

_____是指无须操作示教器，通过_____就可以启动程序的一种运行方式。

引导问题 2：

自动运行可以分为_____自动运行和_____自动运行两种。

引导问题 3：

FANUC 机器人系统提供了两种远程自动运行方式，分别为_____和_____。

引导问题 4：

自动运行执行条件不包括_____。

引导问题 5：

要实现本地自动运行需要如何设置？

引导问题 6：

判断题

1. 本地自动运行可以选择不同的启动程序。　　　　　　　　　　　　　　　（　　）

2. 远程自动运行只能运行一个程序。　　　　　　　　　　　　　　　　　　（　　）

引导问题 7：

两种远程自动运行方式的共同点与不同点是什么？

续表

工作任务		任务 27 认识自动运行方式及种类					
姓名		班级		学号		日期	

引导问题 8:

RSR 程序名如何建立?

引导问题 9:

系统信号可以实现什么功能?

引导问题 10:

通过外部设备选择和运行程序前需要对系统信号进行配置,请说明配置的步骤。

任务 8.2 实现搬运工作站运行程序的中断

控制柜按钮启动
及程序执行中断
的应用

🔖 **【知识目标】**

(1)掌握控制柜键启动的设置方法。

(2)掌握程序运行中断的方法。

(3)掌握程序运行恢复的方法。

🔖 **【技能目标】**

(1)能够设置控制柜启动。

(2)能够中断程序运行。

(3)能够恢复程序运行。

🔖 **【素养目标】**

(1)通过解决中断问题,说明生产安全和产品质量要求,培养学生遵纪守法、诚实守信的意识。

(2)能够根据实际情况解决程序运行中断的问题,培养学生团结协作、精益求精的精神。

⭕ **【任务情景】**

在某柴油发动机生产线中,某个搬运工作站需要人工上料以便利用本地自动运行方式启动工业机器人自动运行程序,工业机器人在操作人员按下启动键后运行预先设计的搬运程序，将物料搬运到指定工位进行加工。当在机器人搬运物料过程中出现危及设备和人身安全的情况时，应能立刻停止机器人运行，待危险隐患处理后才能重新启动机器人。

⭕【任务分析】

要完成工业机器人与工人的配合生产，工业机器人需在工人完成工作后才能运行程序，本地自动运行方式启动工业机器人适合在本任务情景中实现。人为中断程序和处理危险隐患后能重新启动机器人是控制工业机器人启动和停止的最基本方法。

⭕【任务实操】

8.2.1 设置控制柜键为自动运行键

要实现本地自动运行需要分别进行软件设置和硬件设置，其中软件设置需要将系统设置为本地模式。

（1）按下示教器上的 MENU 键，在弹出的菜单中选择"-- 下页 --"→"系统"→"配置"命令进入"系统 / 配置"界面，进行本地模式系统配置，如图 8-8 所示。

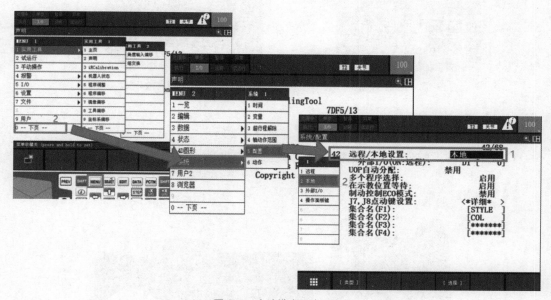

图 8-8 本地模式系统配置

（2）打开所要运行的程序，取消单步运行，如图 8-9 所示。

（3）按下示教器上的 SELECT 键，选择需要启动的程序名，如图 8-10 所示。

（4）将示教器有效开关置于 OFF 挡，如图 8-11 所示。

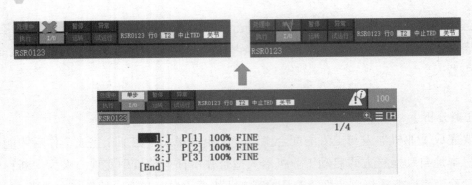

图 8-9　取消单步运行

图 8-10　SELECT 键

图 8-11　示教器有效开关

（5）释放控制柜和示教器的急停键，如图 8-12 所示。

（6）将控制柜的模式转换旋钮用钥匙旋至 AUTO 挡，如图 8-13 所示。

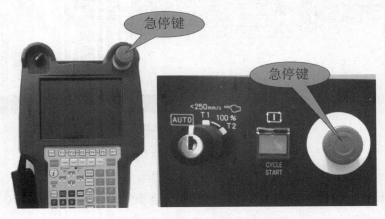

图 8-12　控制柜和示教器的急停键

图 8-13 控制柜模式转换旋钮

按下示教器上的 RESET 键将报警消除。完成上述必要条件设置完成后，按下控制柜上的 CYCLE START 键，机器人就会按照设定的程序运行。

8.2.2 设置中断程序

1. 程序的运行状态类型

程序的运行状态类型分为 3 种。

（1）运行状态，在示教器的消息显示窗口显示程序状态为"运行中"，表示程序正在运行中，如图 8-14 所示。

图 8-14 运行状态

（2）中止状态（实际为终止状态），在示教器的消息显示窗口显示程序状态为"中止"，表示运行的程序已经结束。再次运行程序时，工业机器人将不会接着原来未执行完的程序继续运行，而是从程序的第一行开始执行，如图 8-15 所示。

图 8-15 中止状态

（3）暂停状态，在示教器的消息显示窗口显示程序状态为"暂停"，表示运行的程序中断。再次运行程序时，工业机器人将会继续运行刚才没有执行完的程序，如

图 8-16 所示。

图 8-16　暂停状态

2. 引起程序中断的情况

（1）操作人员停止程序运行。

（2）程序运行中遇到报警。

3. 人为中断程序的方法

人为中断程序是指操作人员有意识地停止一个正在运行的程序。人为中断又分为暂停中断和中止中断。

暂停中断的操作方法有 7 种：①按下示教器上的急停键；②按下控制柜上的急停键；③释放 DEADMAN 开关；④外部急停信号输入；⑤按下示教器上的 HOLD 键；⑥系统急停信号输入；⑦系统暂停信号输入。

中止中断的操作方法有 2 种：①按下示教器上的 FCTN 键，选择 1ABORTALL（中止程序）；②系统中止 CSTOP 信号输入。

4. 急停中断和恢复

当按下控制柜的急停键或示教器上的急停键时，将会使机器人立即停止，程序运行中断，报警出现，伺服系统关闭。在示教器的消息显示位置会出现报警代码：

SRVO-001 Operator panel E-stop

SRVO-002 Teach Pendant E-stop

恢复步骤如下。

（1）消除急停原因（如修改程序）。

（2）顺时针旋转松开急停键。

（3）按下示教器上的 RESET 键，消除报警代码，此时 FAULT 指示灯灭。

5. 暂停中断和恢复

按下 HOLD 键机器人将会减速停止运行。若要恢复，重新启动程序即可。

6. 报警引起的中断

当程序运行或机器人操作中有不正确的地方时会产生报警，以确保人员安全。

实时报警代码会出现在示教器的消息显示窗口上，若要查看报警日志，则按下示教器上的 MENU 键，在弹出的菜单中选择"报警"→"报警日志"命令，如图 8-17 所示。

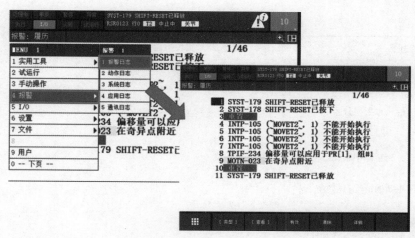

图 8-17 查看报警日志

注意：一定要将故障消除，按下 RESET 键才能真正消除报警。有时，示教器上实时显示的报警代码并不是真正的故障原因，这时需要通过查看报警日志才能找到引起问题的报警代码。

【任务工单】

请按照要求完成该工作任务。

工作任务		任务 28　实现搬运工作站的运行程序中断					
姓名		班级		学号		日期	

学习情景

现需要搬运工作站实现本地自动运行，系统配置为本地模式，取消示教器中的单步运行状态，示教器有效开关置于 OFF 挡，控制柜控制模式转换旋钮旋至 AUTO 挡，释放示教器及控制柜的急停键，消除报警。实现功能如下：按下控制柜的 CYCLE START 键，工业机器人能运行已经选择的程序。

当在机器人搬运物料过程中出现危及设备和人身安全时，应能立刻停止机器人运行，待危险隐患处理后才能重新启动机器人。

任务要求

通过设置搬运工作站本地自动运行条件，实现工业机器人本地自动运行。在工业机器人本地自动运行时，模拟紧急情况下停止工业机器人运行，并能消除因停止工业机器人运行所产生的报警并重新运行。

引导问题 1：

要实现本地自动运行需要将系统设置为_____。

引导问题 2：

程序的启动方式有_____、_____、_____。

引导问题 3：

示教器启动方式在模式转换旋钮为_____、_____条件下进行。

引导问题 4：

人为中断程序，中断状态为暂停的方法有_____、_____、_____、_____。

引导问题 5：

引起程序中断的原因有_____、_____。

工作任务		任务 28　实现搬运工作站的运行程序中断				
姓名		班级		学号	日期	

引导问题 6：

程序的执行状态类型分为_____、_____、_____ 3 种。

引导问题 7：

判断题

人为中断分为暂停中断和中止中断。　　　　　　　　　　　　　　　　　　（　　）

引导问题 8：

引起程序中断的情况有哪些？

引导问题 9：

暂停中断的操作方法有哪几种？

引导问题 10：

产生急停中断后如何恢复？

引导问题 11：

实时报警代码会出现在示教器的消息显示窗口上，若要查看报警记录，则_____。

任务 8.3　RSR 自动运行方式启动搬运工作站

🔑【知识目标】

（1）掌握 RSR 自动运行方式所需参数。

（2）掌握 RSR 程序命名要求。

（3）掌握设置 RSR 程序启动方法。

RSR 自动运行方式
的原理及设置步骤

🔑【技能目标】

（1）能够设置 RSR 自动运行方式参数。

（2）能够为 RSR 程序命名。

（3）能够通过外部键启动选择程序。

🔑【素养目标】

（1）能够根据实际情况选择合适的自动运行方式，并制订相应的运行策略，培养系统思维和决策能力。

（2）积极探索 RSR 自动运行方式在搬运工作站中的应用和优势，培养创新意识和探索精神，增强团队意识和责任意识。

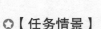【任务情景】

在某柴油发动机生产线中，搬运工艺要求使用 RSR 自动运行方式运行程序名为 RSR0003 的搬运（码垛）工作程序，请完成相应的参数配置并调试运行。

【任务分析】

要实现机器人 RSR 自动运行方式，需要了解 RSR 自动运行方式的特点及 RSR 程序的命名要求。编写好需要运行的程序之后，设置并满足 RSR 自动运行方式的条件。

【知识储备】

8.3.1 认识 RSR 自动运行方式需满足的条件

自动运行是指外部设备通过信号或信号组来选择与启动程序的一种功能，在日常应用中主要有 RSR 和 PNS 两种方式。RSR 和 PNS 自动运行方式的启动条件如下。

（1）通过控制柜上的钥匙将模式转换旋钮旋至 AUTO 挡，可以在示教器上看到显示"自动"，如图 8-18 所示。

图 8-18 控制模式开关设置

（2）将程序设置为非单步执行状态，如果当前显示为"单步"，则按下示教器上的 STEP 键进行设置，如图 8-19 所示。

图 8-19 非单步设置

（3）将 UI1，UI2，UI3，UI8 设置为 ON。

（4）示教器有效开关置于 OFF 挡。

（5）"专用外部信号"状态更改为"启用"，如图 8-20 所示。

方法：按下示教器上的 MENU 键，在弹出的菜单中选择"-- 下页 --"→"系统"→"配置"命令。

图 8-20 外部专用信号设置

（6）自动运行方式改为"远程"，如图 8-21 所示。

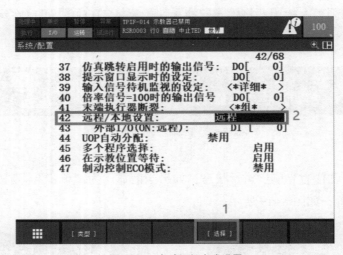

图 8-21 自动运行方式设置

方法：按下示教器上的 MENU 键，在弹出的菜单中选择"-- 下页 --"→"系统"→"配置"命令。

（7）将系统变量 $RMT_MASTER 的值改为 0，如图 8-22 所示。

方法：按下示教器上的 MENU 键，在弹出的菜单中选择"-- 下页 --"→"系统"→"变量"命令，进入"系统变量"界面修改 $RMT_MASTER 的值。

系统变量 $RMT_MASTER 参数值的定义如下。

0 为外围设备；1 为显示器 / 键盘（CRT/KB）；2 为主计算机；3 为无外围设备。

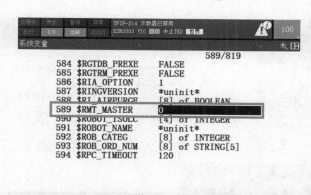

图 8-22 系统变量设置

【任务实操】

8.3.2 RSR 自动运行方式的设置

RSR 自动运行方式的应用

RSR 自动运行方式是指通过机器人服务请求信号 RSR1~RSR8 选择和启动程序的一种方式。

1. RSR 自动运行方式的特点

（1）当一个程序正在执行或中断时，其他被选择的程序处于等待状态，一旦原先运行中的程序停止，就开始运行被选择的程序。

（2）RSR 自动运行方式只能选择 8 个程序。

2. RSR 程序的命名要求

（1）RSR 程序名必须为 7 位。

（2）RSR 程序名由字母 RSR 加 4 位程序号组成。

（3）RSR 程序号 =RSR 程序编号 + 基数（不足 4 位用 0 在前面补齐）。

例如，RSR 自动运行方式基数设置为 0，要调用 RSR0003 程序，具体操作如下。

（1）按下示教器上 MENU 键，在弹出的菜单中选择"设置"→"选择程序"命令，进入"选择程序"界面，如图 8-23 所示。

（2）将光标移至"程序选择模式"，按下"选择"功能键，将"程序选择模式"改为 RSR，如图 8-24 所示。

（3）按下"详细"功能键，进行 RSR 设置，将 RSR1 程序的状态改为"启用"，如图 8-25 所示。

（4）将 RSR1 程序的 RSR 程序编号改为 3，如图 8-26 所示。

（5）将"基数"改为 0，如图 8-27 所示。

满足自动运行条件后，把示教器上的报警复位，确认 UO 信号灯状态。通过外部启动键使 UI11 为 ON，这时工业机器人将按照程序名为 RSR0003 的程序运行。

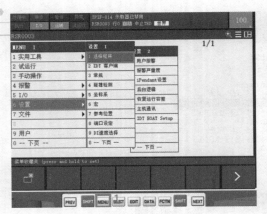

图 8-23 选择"选择程序"命令

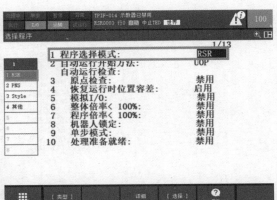

图 8-24 "选择程序"界面

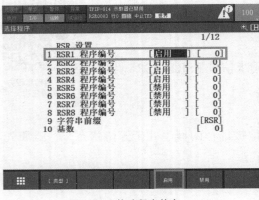

图 8-25 修改程序状态

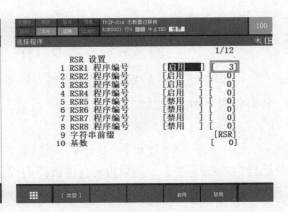

图 8-26 修改 RSR 程序编号

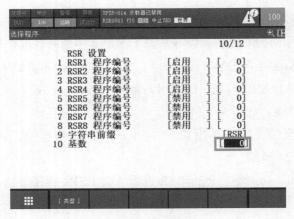

图 8-27 修改基数

　　注意：基数和 RSR 程序编号不是固定的，也就是说基数并非固定是 0，RSR 程序
编号并非固定是 3。例如，新建了一个名为 RSR0123 的 RSR 程序，如果设置基数是

100，那么 RSR 号就是 23；如果设置基数是 120，那么 RSR 程序编号就是 3；如果设置基数是 0，那么 RSR 程序编号就是 123。

只要基数 +RSR 程序编号等于程序名的后 4 位数即可，不足 4 位的在数字前面补 0。

RSR 自动运行方式的时序要求。在 RSR 自动运行方式下启动程序时，程序并不会在按下键后立即运行，它有一个延时过程。具体的运行时序过程：当程序满足自动运行条件时，通过外部启动键进行程序的选择，选择 RSR1~ RSR8 中的任意一个键，在 32 ms 内机器人会发出一个启动前的脉冲信号 ACK 给外部设备，在发出 ACK 信号后的 35 ms 内 PROGRUN 输出一个信号，同时在上升沿启动选中的程序，此时工业机器人才开始运行，如图 8-28 所示。

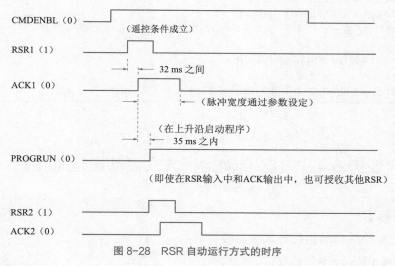

图 8-28 RSR 自动运行方式的时序

【任务工单】

请按照要求完成该工作任务。

工作任务		任务 29 RSR 自动运行方式启动搬运工作站					
姓名		班级		学号		日期	

学习情景

现需要搬运工作站实现 RSR 自动运行，RSR 自动运行必须满足 7 个条件及 RSR 程序的命名要求。现将 RSR 程序基数设置为 0，要调用 RSR0003 程序，实现功能如下：按下外部启动键，工业机器人能运行程序名为 RSR0003 的程序。

任务要求

工业机器人能满足 RSR 自动运行方式的条件；RSR 程序名符合要求；正确设置 RSR 程序基数及程序编号，按下对应的系统输入信号键，能运行程序名为 RSR0003 的程序。

引导问题 1：

RSR 自动运行方式是指通过机器人服务请求信号 RSR1~RSR8＿＿＿＿＿和＿＿＿＿＿＿程序的一种方式。

引导问题 2：

RSR 程序名必须为＿＿＿＿＿位。

续表

工作任务		任务 29　RSR 自动运行方式启动搬运工作站					
姓名		班级		学号		日期	

引导问题 3：
　　RSR 程序号 = _____ + _____（不足 4 位在前面用 0 补齐）。

引导问题 4：
　　RSR 自动运行方式的特点有哪些？

引导问题 5：
　　RSR 程序的命名要求有哪些？

引导问题 6：
判断题
　　1. RSR 自动运行方式只能选择 255 个程序。　　　　　　　　　　　　　　　（　　）
　　2. RSR 程序基数和 RSR 程序编号不是固定的。　　　　　　　　　　　　　（　　）
　　3. RSR 程序只要基数 + 程 RSR 等于程序名的后 4 位数即可，不足 4 位的在数字前面补 0。　（　　）

引导问题 7：
　　RSR 和 PNS 自动运行方式的启动条件是什么？

引导问题 8：
　　按照图 8-28 所示，说明 RSR 自动运行方式的时序要求。

任务 8.4　PNS 自动运行方式启动搬运工作站

【知识目标】

（1）掌握 PNS 自动运行方式所需参数。

（2）掌握 PNS 程序命名要求。

（3）掌握设置 PNS 程序启动方法。

PNS 自动运行方式
的原理及设置步骤

【技能目标】

（1）能够设置 PNS 自动运行方式参数。

（2）能够为 PNS 程序命名。

（3）能够通过外部键启动选择程序。

【素养目标】

（1）根据实际情况灵活应用远程自动运行方式，并制订相应的运行策略，培养实践和创新能力。

（2）积极探索 PNS 自动运行方式在搬运工作站中的应用和优势，培养创新意识和探索精神，增强团队意识和责任意识。

○【任务情景】

在某柴油发动机生产线中，搬运工艺要求使用 PNS 自动运行方式运行程序名为 PNS0006 的搬运（码垛）工作程序，请完成相应的参数配置并调试运行。

○【任务分析】

要实现机器人 PNS 自动运行方式，需要了解 PNS 自动运行方式的特点及 PNS 程序的命名要求。编写好需要运行的程序以后，设置满足 PNS 自动运行方式的条件。

○【知识储备】

8.4.1 认识 PNS 自动运行方式需满足的条件

PNS 自动运行方式的运行条件与 RSR 自动运行方式相同，在启动 PNS 自动运行方式之前，必须先设置 PNS 自动运行条件，具体参考 8.3.1 节。

8.4.2 PNS 自动运行方式的设置

1. PNS 自动运行方式的特点

（1）当一个程序处于中断或正在执行状态时，再次通过键选择程序的信号会被忽略。

（2）自动开始操作信号（PROD_START）从第一行开始执行被选中的程序，当一个程序处于中断或正在执行状态时，这个信号不会被接收。

（3）PNS 自动运行方式最多可以选择 255 个程序。

2. PNS 自动运行方式设置步骤

（1）按下示教器上的 MENU 键，在弹出的菜单中选择"设置"→"选择程序"命令，进入图 8-29 所示界面。

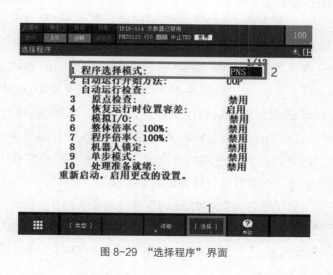

图 8-29 "选择程序"界面

（2）如果"程序选择模式"中显示的不是 PNS，则可以将光标置于"程序选择模式"，按下"选择"功能键，将"程序选择模式"更改为 PNS。此时，系统要求重新启动，将工业机器人关机重启后才能使用 PNS 自动运行方式。

（3）重启完成后，按照步骤（1）进入"选择程序"界面，按下"详细"功能键进入"PNS 设置"界面，如图 8-30 所示。光标移到"基数"，输入基数（可以为 0）。

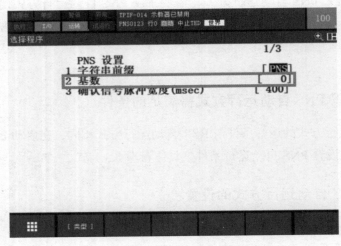

图 8-30 "PNS 设置"界面

【任务实操】

PNS 自动运行方式的应用

8.4.3 配置 PNS 自动运行方式的系统信号

1. PNS 程序命名要求

（1）PNS 程序名必须为 7 位。

（2）PNS 程序名由字母 PNS 加 4 位程序号组成。

（3）PNS 程序号 =PNS 程序编号 + 基数（不足 4 位用 0 在前面补齐）。

进入"选择程序"界面并无如"RSR 设置"界面中显示的 PNS 程序编号，"PNS 设置"界面只给出了 3 个选项，如图 8-30 所示。第一个选项中的 PNS 不要修改，它是程序名开始的 PNS 前缀，修改后程序无法运行；第二个选项是基数，它是选择程序的关键，程序号等于这里的基数加上 PNS 程序编号。PNS 程序编号来自外部键的组合，这个组合是一组二进制数，将二进制数转换成十进制数就是 PNS 程序编号；第三个选项是确认信号脉冲宽度，不需要进行任何设置。

例如，创建了一个程序名为 PNS0123 的程序（见图 8-31），如果要运行这个程序，需要按照上文所述方法对机器人进行设置，然后需要设置基数。如果将基数设置为 120，那么 PNS 程序编号就是 3，转换为二进制就是 00000011，所对应的外部键操作是按下系统信号 U9，U10 键；如果将基数设置为 100，那么 PNS 程序编号就是 23，转换为二进制数就是 00010111，对应的外部键操作是按下系统信号 U13，U11，U10，U9 键。

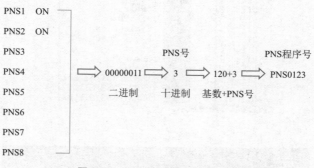

图 8-31　PNS 程序命名要求示例

2. PNS 自动运行实例

下面通过一个实例来具体说明如何实现 PNS 自动运行。

（1）首先创建程序名为 PNS0006 的程序，并写好需要的程序。按照设置 PNS 自动运行要求进行设置（基数在这里设置为 0，也可以设置为其他数值），按下示教器的 MENU 键，在弹出的菜单中选择 I/O → UOP 命令并按下 ENTER 键，之后通过 IN/OUT 功能键选择输入界面，还未按下外部选择开关时，输入的状态如图 8-32 所示。

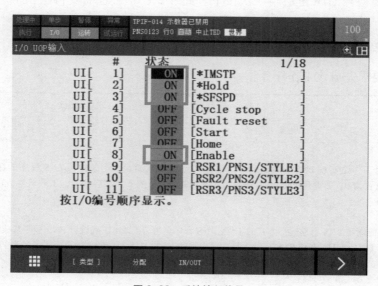

图 8-32　系统输入信号

（2）从外部键中按下系统信号 UI10，UI11 键时，系统输入信号显示如图 8-33 所示。

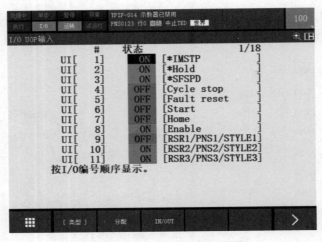

图 8-33 外部输入时系统输入信号

（3）此时，机器人并不会像 RSR 自动运行方式一样立刻运行，只有按下 U18 和 U17 键后，机器人才会按照编写好的程序去运行。

注意：

（1）U18 需要一个 ON 信号，而 U[17] 只需要一次上升沿就可以启动机器人。

（2）当机器人需要执行另外一个程序名的程序时，除了通过 U9~ U16 键选择程序外，还需要松开 U18 键后再一次按下。此外，U17 键也需要再次获得一个上升沿。

🔑【任务工单】

请按照要求完成该工作任务。

工作任务		任务 30 PNS 自动运行方式启动搬运工作站			
姓名		班级	学号		日期	

学习情景

现需要搬运工作站实现 PNS 自动运行，PNS 自动运行必须满足 7 个条件及 PNS 程序的命名要求。现将 PNS 程序基数设置为 0，要调用 PNS0006 程序，实现功能如下：按下外部启动键，工业机器人能运行程序名为 PNS0006 的程序。

任务要求

工业机器人能满足 PNS 自动运行方式的条件；PNS 程序名符合要求；正确设置 PNS 程序基数；（4）按下程序选择的系统信号 UI10，UI11 键和 PNS 自动运行程序启动的 U17，U18 对应键，能运行程序名为 PNS0006 的程序。

引导问题 1：

PNS 自动运行方式最多可以选择_____个程序。

引导问题 2：

PNS 自动运行方式程序号 =_____ + _____（不足 4 位在前面用 0 补齐）。

引导问题 3：

在示教器中创建了一个程序名为 PNS1003 的程序，将其基数设置为 1000，当使外部 I/O 信号的_____和_____为 ON 时，将会执行程序 PNS1003。

续表

工作任务		任务 30 PNS 自动运行方式启动搬运工作站					
姓名		班级		学号		日期	

引导问题 4：

简述 PNS 自动运行方式设置步骤。

引导问题 5：

叙述 PNS 程序命名要求。

引导问题 6：

判断题

1. PNS 自动运行方式的运行条件与 RSR 自动运行方式不同。　　　　　　　　　　　　（　　）

2. 在 PNS 自动运行方式下，当一个程序处于中断或正在执行状态时，再次通过键选择程序的信号被忽略。

（　　）

引导问题 7：

如何实现 PNS 自动运行方式？

引导问题 8：

PNS 自动运行方式的特点是什么？

引导问题 9：

创建了一个程序名为 PNS0123 的程序，如果要运行这个程序，需要按照文中所述方法对机器人进行设置，然后需要设置基数。如果将基数设置为 120，那么 PNS 程序编号就是 3，转换为二进制就是_____，所对应的外部键操作是按下_____，_____键；如果将基数设置为 100，那么 PNS 程序编号就是 23，转换为二进制数就是_____，对应的外部键操作是按下系统信号_____，_____，_____，_____键。

任务 8.5   Style 自动运行方式启动搬运工作站

STYLE 自动运行
的原理与设置步骤

🔑【知识目标】

（1）掌握 Style 自动运行方式所需参数。

（2）掌握 Style 自动运行方式系统信号分配。

（3）掌握设置 Style 程序启动方法。

🔑【技能目标】

（1）能够设置 Style 自动运行方式参数。

（2）能够为 Style 自动运行方式分配系统信号。

（3）能够通过外部键启动选择程序。

🔑【素养目标】

（1）培养学生灵活运用技术手段解决问题的能力。

（2）引导学生应用数字化、信息化技术提升自身的工作效率和质量。

⊙【任务情景】

在某柴油发动机生产线中，搬运工艺要求使用 Style 自动运行方式运行程序名为 TEST666 的搬运（码垛）工作程序，请完成相应的参数配置并调试运行。

⊙【任务分析】

要实现机器人 Style 自动运行方式，需要了解 Style 自动运行方式的特点及 Style 程序的命名要求。编写好需要运行的程序之后，设置满足 Style 自动运行方式的条件。

⊙【知识储备】

8.5.1　认识 Style 自动运行方式需满足的条件

Style 自动运行方式的运行条件与 RSR/PNS 自动运行方式相同，在启动 Style 自动运行方式之前，必须先设置 Style 自动运行条件，具体参考 8.3.1 节。

8.5.2　Style 自动运行方式的设置

1. Style 自动运行方式的特点

跟 PNS 自动运行方式一样，Style 自动运行方式通过 8 个输入信号 Style1~Style8 来指定，控制装置将 Style1~Style8 输入信号作为二进制数读出，再将其转换为十进制数后就是 Style 程度编号。Style 程序在启动时，只需要在各个 Style 程度编号中设定希望启动的程序。但与 RSR 和 PNS 自动运行方式不同的是，Style 自动运行方式对程序名称没有特殊要求。

Style 自动运行方式不但具有 RSR 自动运行方式的简便性，而且还不受程序名的制约。Style 自动运行方式与 RSR 自动运行方式一样，虽然在选定好程序后，会作为确认而输出 SNO1~SNO8，几乎与此同时还输出确认信号 SNACK（UO19）信号，但机器人并不会等待外部设备再次发出启动信号之后才启动程序，而是直接启动已经选择的程序。

2. Style 自动运行方式设置步骤

（1）按下示教器上的 MENU 键，在弹出的菜单中选择"设置"→"选择程序"命令，进入图 8-34 所示界面。

（2）如果"程序选择模式"中显示的不是 Style，则可以将光标置于"程序选择模式"，按下"选择"功能键，将"程序选择模式"更改为 Style。此时，系统要求重新启动，将工业机器人关机重启后才能使用 Style 自动运行方式。

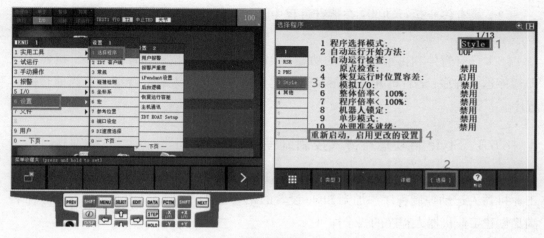

图 8-34 进入"选择程序"界面

（3）重启完成后，按照步骤（1）进入"选择程序"界面，按下"详细"功能键进入"Style 表 设置"界面，如图 8-35 所示。在对应的 Style 程度编号后面选择需要启动的程序名称。

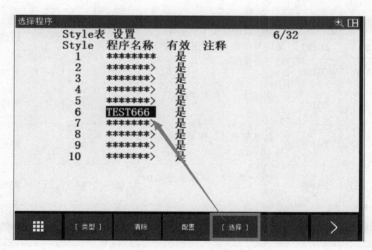

图 8-35 "Style 表 设置"界面

🔑【任务实操】

利用 FANUC 机器人的 CRMA15 I/O 板卡进行 Style 自动运行方式的启停控制，要求如下。

（1）当 Style2/Style3 开关 =ON、Style1 开关 =OFF 时，按下启动键（PROD_START UI18），机器人启动 TEST666 程序，使机器人走出一个边长为 200 mm 的正方形。

（2）具有停止运行功能：在运行过程中，按下停止键 SB4，机器人立即中止运行程序。

（3）具有暂停和再继续运行的功能：在运行过程中，按下暂停键 SB5，机器人立即暂停运行程序；若此时再按下继续运行键 SB6，则机器人将会继续运行当前暂停的程序。

8.5.3 Style 自动运行方式控制流程

（1）编写工业机器人运动控制程序 TEST666，在使用 Style 自动运行方式时，将该工业机器人运动控制程序添加到 Style 设置的相应 Style 程度编号中，再使其程序命名满足创建工业机器人程序的要求即可。

（2）UI1~ UI20 信号对应 DI101~ DI120 信号，不需要用到 UO 信号，可省略其地址分配。地址分配如表 8-1 所示。

表 8-1　地址分配

CRMA15 DI 信号			系统输入 UI 信号		
名称	分配地址	说明	名称	分配地址	说明
初始化键 SB1	DI101	使 UI1，UI3，UI8=ON，若采用常闭接入，则可省略手动按下的操作	UI1	48，1，1	始终保持为 ON 的状态
初始化键 SB2	DI103		UI3	48，1，3	
初始化键 SB3	DI108		UI8	48，1，8	
暂停键 SB5	DI102	关闭接入，使暂停信号 UI2=ON	UI2	48，1，2	暂停信号 HOLD
停止键 SB4	DI104	高电平有效，使循环停止信号 UI4=ON	UI4	48，1，4	停止信号 CSTOPI
清除错误报警键 SB7	DI105	UI5=ON 时，清除所有错误报警	UI5	48，1，5	RESET
重启键（继续）SB6	DI106	使继续运行信号（START）UI6= ON	UI6	48，1，6	继续信号 START
选择开关 K1	DI109	Style1 信号	UI9	48，1，9	Style1
选择开关 K2	DI110	Style2 信号	UI10	48，1，10	Style2
选择开关 K3	DI111	Style3 信号	UI11	48，1，10	Style3
启动键 SB8	DI118	程序启动信号	UI18	48，1，18	PROD_START 启动信号

（3）机器人设置如下。

①工业机器人程序选择如图 8-34 所示，设置 Style 程度编号的对应程序。

②系统参数配置如下。

a. 7 专用外部信号。

b. 8 恢复运行专用（外部启动）。

c. 9 用 CSTOPI 信号强制中止程序。

d. 10 CSTOPI 信号中止所有程序。

e. 43 远程 / 本地设置。

③关闭示教器，将模式转换旋钮旋至 AUTO 挡。

④外部设备操作如下。

a. 外部设备发送初始化命令：UI1，UI2，UI3，UI8 信号均为 ON。

b. 外部设备选择输入信号 Style1~Style8 对应系统信号 UI9~UI16，系统信号 UI18 或 UI6 发出启动命令，机器人选定由 Style1~Style8 状态决定的 Style 程度编号及事先设定的程序，正式启动程序。

c. 外部设备发送停止命令 UI4=ON 或暂停命令 UI2=ON，机器人停止运行。

（4）Style 自动运行方式控制流程如图 8-36 所示。输入 START 或者 PROD_START 信号，读入 Style1~Style8 信号并将其转换为十进制，此时，具有所选的 Style 号的 Style 程度编程序为当前选定程序，选定的 Style 程序被启动。

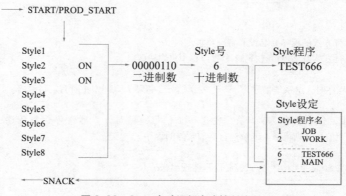

图 8-36 Style 自动运行方式控制流程

【任务工单】

请按照要求完成该工作任务。

工作任务		任务 31 Style 自动运行方式启动搬运工作站					
姓名		班级		学号		日期	
学习情景							
现需要搬运工作站实现 Style 自动运行，Style 自动运行必须满足自动运行条件。Style 程度编号 1 调用 SUB1 程序实现三角形绘制，Style 程度编号 2 调用 MAIN002 程序实现圆形绘制。							

工作任务		任务 31　Style 自动运行方式启动搬运工作站				
姓名		班级		学号		日期

任务要求

1. 如果在只有 Style1 开关 =ON 时，按下启动键（PROD_START UI18），则启动 SUB1 程序，使机器人走出一个三角形轨迹。

2. 如果在只有 Style2 开关 =ON 时，按下启动键（PROD_START UI18），则启动 MAIN002 程序，使机器人走出一个圆形轨迹。

3. 具有停止运行功能：在运行过程中，给系统信号 UI4 发送一个信号，机器人立即中止运行程序。

4. 具有暂停和再继续运行的功能：在运行过程中，给系统信号 UI2 发送一个信号，机器人立即暂停运行程序；若此时给系统信号 UI6 发送一个信号，则机器人继续运行当前暂停的程序。

引导问题 1：

Style 自动运行方式对程序命名有无要求？

引导问题 2：

跟 PNS 自动运行方式一样，Style 自动运行方式通过 8 个输入信号 Style1~Style8 来指定，控制装置将 Style1~Style8 输入信号作为_____，再将其转换为十进制数后就是 Style 程度编号。

引导问题 3：

外部设备选择输入信号 Style1~Style8 对应系统信号_____。

引导问题 4：

Style 自动运行方式由系统信号_____发出启动命令。

引导问题 5：

Style 自动运行方式可以选择_____个程序运行。

引导问题 6：

判断题

1. Style 自动运行方式的程序命名没有特殊要求。　　　　　　　　　　　　　　（　　）

2. Style 自动运行方式默认可以选择 32 个程序且不可以更改。　　　　　　　　（　　）

引导问题 7：

在机器人运行程序时，给系统信号_____发送信号，机器人立即中止所有运行程序。

引导问题 8：

在运行过程中，给系统信号_____发送一个信号，机器人立即暂停运行程序；若此时给系统信号_____发送一个信号，则机器人继续运行当前暂停的程序。

引导问题 9：

绘制一张图，将 Style 自动运行方式控制流程体现出来。

项目九

工业机器人搬运工作站集成调试

项目导学

项目图谱

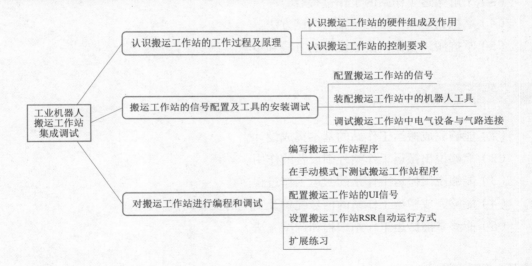

项目场景

搬运作业是指用一种设备夹持工件从一个加工位置移到另一个加工位置的过程。如果采用工业机器人来完成这个任务，则整个搬运系统即构成了搬运工作站。给搬运机器人安装不同类型的末端执行器，可以完成不同形态和状态的工件搬运工作。本项目以搬运工作站集成调试为总任务，在学习了搬运工作站的基本原理、编程调试、信号配置及通信设置等内容后，最终实现搬运工作站典型任务的集成调试。

项目描述

　　冲压件搬运机器人主要用于冲压件的搬运。冲压加工是借助于常规或专用冲压设备的动力，使板料在模具里直接受到变形力，进而获得一定形状、尺寸和性能的产品零件的生产技术。生产中为满足冲压零件形状、尺寸、精度、批量、原材料性能等方面的要求，采用多种多样的冲压加工方法。冲压加工的节奏快，加工尺寸范围较大，冲压件的形状较复杂，所以工人的劳动强度大，并且容易发生工伤。现在使用工业机器人进行搬运，极大地减小了危险系数。

知识目标

　　（1）了解搬运工作站的组成与特点。
　　（2）掌握搬运工作站的外围设备与作用。
　　（3）了解搬运工作站的工作过程。
　　（4）掌握搬运工作站的配置与调试方法。
　　（5）掌握搬运工作站集成设计的方法和步骤。

技能目标

　　（1）能够完成搬运工作站的基本集成设计。
　　（2）能够说出搬运工作站外围设备的作用。
　　（3）能够说出搬运工作站的搬运工作过程。
　　（4）能够完成搬运工作站的信号配置及工具的安装调试。
　　（5）能够掌握搬运工作站编程和调试方法。

素养目标

　　（1）培养学生不怕吃苦、保持卫生等良好的职业素养。
　　（2）培养学生敬业、专注、创新、精益求精的科学精神。
　　（3）通过工具选择与安装调试，强调安全规程，树立责任意识和安全意识，提高团队协作能力。
　　（4）在安装和调试过程中，具备解决问题的能力，引导学生树立不怕失败的探索精神。
　　（5）强化对工作细节的把握和执行能力，提高准确性和可靠性，提升工作效率。

（6）通过实际操作学习编程和调试技巧，不断完善技能，培养创新思维和解决问题的能力。

对应工业机器人操作与运维职业技能等级要求（初级）

工业机器人操作与运维职业技能等级要求（初级）参见工业机器人操作与运维职业技能等级标准（标准代码：460001）中的表1。

（1）能操作工业机器人进行点位示教（3.3.1）。

（2）能运行简单程序，操作工业机器人单轴运动（3.3.2）。

（3）能在工业机器人异常状况下紧急制动与复位（3.3.3）。

（4）能通过手动或自动模式控制工业机器人对工件进行搬运码垛操作（3.3.4）。

（5）能查看工业机器人信息提示和事件日志（3.3.5）。

任务 9.1　认识搬运工作站的工作过程及原理

【知识目标】

（1）掌握搬运工作站的定义及组成。

（2）掌握搬运工作站的工作特点。

搬运工作站的工作
过程及原理

【技能目标】

（1）掌握搬运工作站的工作过程。

（2）掌握搬运工作站的工作原理。

【素养目标】

（1）通过对搬运工作站工作流程的全面认识，掌握工业机器人搬运工作站在冲压件搬运中的关键作用，培养学生不怕吃苦、保持卫生等良好的职业素养。

（2）通过展示机器人技术在经济发展过程中的重要性，培养学生敬业、专注、创新、精益求精的科学精神。

【任务情景】

工业机器人搬运工作站由机器人完成工件的搬运，即将传送带输送过来的工件搬运到平面仓库中，并进行码垛。

⬡【任务分析】

要完成机器人的搬运工作，需要知道搬运的过程及原理，懂得搬运工作站的组成及外围设备的作用，按照搬运任务来完成搬运。

⬡【知识储备】

9.1.1　认识搬运工作站的硬件组成及作用

典型的搬运工作站的结构并不复杂，图 9-1 所示为一个典型的搬运工作站，主要由工业机器人本体、物料传送带、物料存放台、装在机器人第 6 轴上的手爪、气动控制器件及控制回路、物料检测传感器等组成。

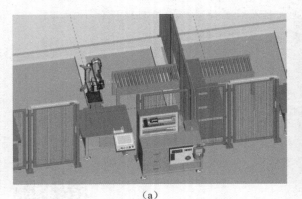
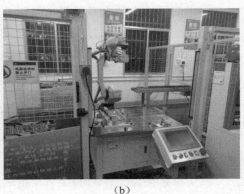

（a）　　　　　　　　　　　　　　　（b）

图 9-1　搬运工作站

（a）仿真软件模型；（b）实际工作站

其中，物料检测传感器主要用于检测传送带上是否有物料，并将检测信号反馈给机器人；机器人第 6 轴上安装有专用的抓取工具，配合机器人完成物料的抓取和存放；气动控制回路用来控制机器人工具上的吸盘，以及传送带上物料的定位工装和夹具。

9.1.2　认识搬运工作站的控制要求

1. 搬运工作站的控制要求

当传送带上的物料传送到指定位置后，传感器检测出有物料送达，机器人 I/O 板卡驱动传送带侧的定位工装夹具动作，将物料定位好。间隔 1 s 后机器人动作，到达传送带侧抓取物料。当数字压力表的数字达到设定值后，机器人离开抓取位置，并将物料放到物料存放台上，当存放台上叠放 3 个物料后完成本次搬运工作。PLC 与工业机器人采用 CRMA15 板卡和 I/O 板卡进行信号交换。

2. 对搬运工作站进行信号分配

对于一个完整的系统而言，因其涉及多个不同的设备间配合工作，所以需要进行信号的对接，因此，信号分配是给不同的设备间定义信号交换的接口和通道。本任务所涉信号分配如表 9-1 所示。

表 9-1 工业机器人搬运工作站信号分配

输入信号	对应输入口	输出信号	对应输出口
数字压力表信号	RI1	真空吸盘电磁阀	RO1
传送带物料检测信号	DI120	传送带工装夹具电磁阀	DO120

3. 搬运工作站电气原理图和气路图的设计

1）设计电气原理图

完成了信号分配后，需要画出电气原理图。从表 9-1 中看，信号既有分配到机器人本体 EE 接口的 I/O 信号，又有分配到扩展数字接口 CRMA15 板卡上的信号，因此，需要根据信号分配分别画出 EE 接口和 CRMA15 板卡的电气原理图，具体如图 9-2 和图 9-3 所示。

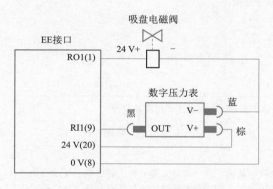

图 9-2 EE 接口电气原理图

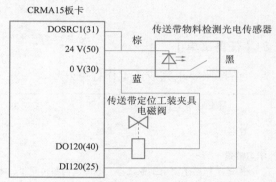

图 9-3 CRMA15 板卡电气原理图

需要注意的是 CRMA15 板卡上的信号分配，该板卡的 DI 信号输入是高电平有效，因此，选用光电传感器时，一定要选用 PNP 型的光电传感器。同时，从图 9-3 中可以看到，传送带物料检测光电传感器的信号输出分配到了 CRMA15 板卡的 DI120 信号上，对应的是该板卡的第 25 针信号通道，因此，后续还需要在示教器上将第 25 针的输入通道定义为 DI120 才能生效。以此类推，DO120 信号对应板卡的第 40 针信号通道，需要将该通道定义为 DO120。

2）设计气路原理图

接下来设计气动原理图。真空发生器连接需要用到一个二位三通阀，传送带气缸连接的是一个二位五通阀，最终设计出的气动原理图如图 9-4 所示。

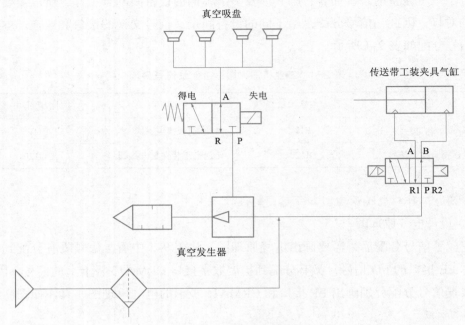

图 9-4　气动原理图

🔧【任务工单】

请按照要求完成该工作任务。

工作任务		任务 32　认识搬运工作站的工作过程及原理					
姓名		班级		学号		日期	

学习情景

　　搬运工作站主要由工业机器人本体、物料传送带、物料存放台、装在机器人第 6 轴上的手爪、气动控制器件及控制回路、物料检测传感器等组成。其中物料检测传感器主要用于检测传送带上是否有物料，并将检测信号反馈给机器人；机器人第 6 轴上安装有专用的抓取工具，配合机器人完成物料的抓取和存放；气动控制回路用来控制机器人工具上的吸盘，以及传送带上物料的定位工装和夹具。

任务要求

　　请按照要求完成搬运工作站电气和气动原理图的设计。

引导问题 1：

　　典型的搬运工作站主要由_____、_____、物料存放台、_____、气动控制器件及控制回路、物料检测传感器等组成。

引导问题 2：

　　_____主要用于检测传送带上是否有物料。

引导问题 3：

　　根据信号分配分别画出 EE 接口和 CRMA15 板卡的电气原理图。

引导问题 4：

　　设计搬运工作站气动原理图。

续表

工作任务	任务 32 认识搬运工作站的工作过程及原理					
姓名		班级		学号		日期	

引导问题 5:

判断题

    1. CRMA15 板卡上的信号分配中 DI 信号输入是高电平有效。   ( )

    2. 真空发生器连接一个三位五通电磁阀。   ( )

引导问题 6:

    为什么对搬运工作站进行信号分配?

引导问题 7:

    填写表 9-2 内容。

表 9-2 工业机器人搬运工作站信号分配

输入信号	对应输入口	输出信号	对应输出口
数字压力表信号		真空吸盘电磁阀	
传送带物料检测信号		传送带工装夹具电磁阀	

任务 9.2 搬运工作站的信号配置及工具的安装调试

【知识目标】

（1）能够根据搬运工作站控制要求完成信号的配置和调试。

（2）掌握搬运工作站电气设备和气路的连接和调试。

搬运工作站信号的
配置和工具的安装

【技能目标】

（1）掌握搬运工作站的信号配置。

（2）掌握搬运工作站末端执行器工具的安装调试。

【素养目标】

（1）通过工具的选择与安装调试，强调安全规程，树立责任意识和安全意识，提高团队协作能力。

（2）在安装和调试过程中，自主学习相关知识和技能，具备解决问题的能力，并能根据实际情况进行必要的调整和优化，引导学生树立不怕失败的探索精神。

【任务情景】

完成工业机器人搬运工作站的任务之前，必须先完成搬运工作站的信号配置和机器人末端执行器工具的安装测试，调试完成后即可执行搬运工作，将传送带输送过来的工件搬运到仓库中。

❂【任务分析】

要完成机器人的搬运工作，首先需要配置信号并对机器人末端执行器工具进行安装测试，然后按照搬运任务来完成搬运。

❂【知识储备】

9.2.1 配置搬运工作站的信号

按照表 9-1 对 DI/DO 信号进行配置，具体如图 9-5 和图 9-6 所示。根据接口定义，DI120 信号需要配置到 CRMA15 板卡的第 25 针信号通道，DO120 信号要配置到 CRMA15 板卡的第 40 针信号通道；根据 CRMA15 板卡的接口定义，DI120 信号对应的起始点为 20，DO120 信号对应的起始点为 8。

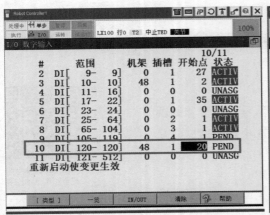

图 9-5 搬运工作站 DI120 信号配置图

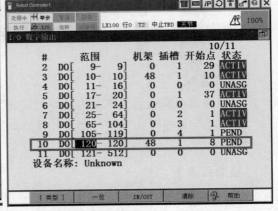

图 9-6 搬运工作站 DO120 信号配置图

DI120 和 DO120 信号配置完成后重新启动机器人即生效。数字压力表和真空吸盘直接接到工业机器人本体上的 RI/RO 接口上，因此，不需要进行配置。

9.2.2 装配搬运工作站中的机器人工具

本任务搬运工作站用的是真空吸盘，因此，需要将带真空吸盘的工具装到工业机器人第 6 轴的法兰盘处，如图 9-7 所示。

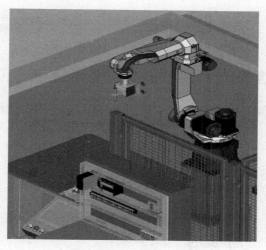

图 9-7 装上工具的工业机器人

9.2.3 调试搬运工作站中电气设备与气路连接

1. 电气设备和气路的连接

按照图 9-2、图 9-3 和图 9-4，完成电气设备的接线和气路的连接。

2. 电气和气路调试

1）调试 EE 接口

（1）进入 RO 信号监控界面（见图 9-8），将光标移到 RO[1]，在示教器上将 RO[1] 的状态设为 ON，此时观察真空吸盘是否有吸气的声音，如果有，则表示真空吸盘控制调试成功。

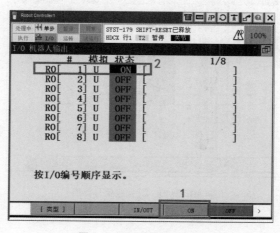

图 9-8 RO 信号监控界面

（2）手动把物料放到真空吸盘上，调试物料是否吸住，若吸住，则在示教器 RI 监控界面上观察 RI〔1〕状态是否为 ON，若为 ON，则表示功能和信号均调试成功。RI 信号监控界面如图 9-9 所示。

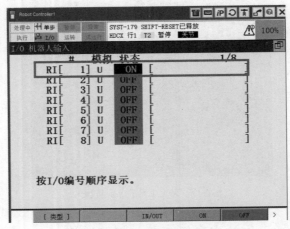

图 9-9　RI 信号监控界面

2）测试 CRMA15 板卡

（1）测试 DI120 信号通道。

进入 DI 信号监控界面，手动在传送带物料停放处放一块物料，观察示教器界面上的 DI〔120〕是状态否为 ON，若为 ON，则表示测试成功，如图 9-10 所示。

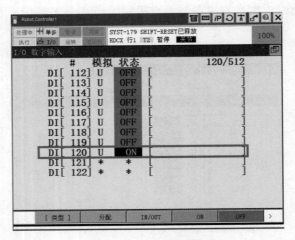

图 9-10　DI 监控信号界面

（2）测试 DO120 信号通道。

进入 DO 信号监控界面，光标移动到 DO〔120〕，按下 ON 功能键，观察传动带上的夹具是否动作，若动作，则表示测试成功。DO 信号监控界面及测试步骤如

图 9-11 所示。

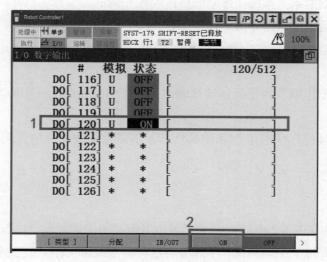

图 9-11　DO 信号监控界面及测试步骤

　　完成上述测试后，整个工业机器人搬运工作站已具备整体调试条件，下一步即可编程，并按工艺要求开展整体调试。

【任务工单】

　　请按照要求完成该工作任务。

工作任务		任务 33　搬运工作站的信号配置及工具的安装调试				
姓名		班级		学号		日期
学习情景　完成工业机器人搬运工作站的任务之前，必须先完成搬运工作站的信号配置和机器人末端执行器工具的安装测试，调试完成后即可执行搬运工作，将传送带输送过来的工件搬运到仓库中。						
任务要求　完成机器人的搬运工作，首先需要配置信号并对机器人末端执行器工具进行安装测试，然后按照搬运任务来完成搬运。						

任务 9.3　对搬运工作站进行编程和调试

【知识目标】

（1）能够根据搬运工作站控制要求完成编程调试。

（2）掌握搬运工作站的 UI 信号配置及 RSR 自动运行方式。

搬运工作站的编程
和调试

【技能目标】

（1）能够根据搬运工作站任务完成整体编程和调试。

（2）掌握搬运工作站任务的工作步骤和测试方法。

【素养目标】

（1）强化对工作细节的把握和执行能力，确保编程和调试过程的准确性和可靠性，提升工作效率。

（2）通过实际操作学习编程和调试技巧，不断完善技能，培养创新思维和解决问题的能力。

【任务情景】

在任务 9.1 和任务 9.2 中已经完成了搬运工作站的硬件装配、电气线路接线及气路连接，并且已经完成了手动测试，本任务将进行整个搬运工作站的整体编程和调试。

【任务分析】

完成搬运工作站的任务。

【知识储备】

9.3.1　编写搬运工作站程序

编写搬运工作站程序，步骤如下。

（1）新建一段新程序，命名为 RSR0005。

（2）按工艺要求编写程序，参考程序如下。

1: UFRAME NUM=0	// 调用 0 号用户坐标系，即世界坐标系
2: UTOOL NUM=1	// 调用 1 号工具坐标系，即当前工具的工具坐标系
3: R[9]=0	// 清空循环次数寄存器
4: R[10]=0	// 清空工件存放位置偏移量寄存器
5: J @PR[1] 100% FINE	// 机器人动作到初始工作点
6: FOR R[9]=1 TO 3	// 设置循环起始点并设置循环次数为 3
7: WAIT DI[120]=ON	// 等待抓取物料
8: DO[120]=ON	// 有物料后，驱动物料定位装置动作
9: J P[1] 100% FINE	// 机器人动作到传送带抓取点上方
10: DO[120]=0FF	// 驱动定位夹具松开物料

11: L P[2] 500mm/sec Fine　　　　// 机器人到达传送带物料抓取点位置

12: WAIT 1.00（sec）　　　　　　// 等待 1 s

13：RO[1]=0N　　　　　　　　　// 驱动真空吸盘吸取物料

14: WAIT RI[1]=ON　　　　　　　// 等待到达吸取压力信号

15: WAIT 1.00（sec）　　　　　　// 等待 1 s

16: L P[3] 500mm/sec FINE　　　　// 机器人到达传送带物料抓取点上方过渡点

17: J P[6] 100% FINE　　　　　　// 机器人动作到物料放置点上方

18: PR[9]=PR[8]　　　　　　　　// 将已经存放在 PR[8] 的第一块物料放置点的
　　　　　　　　　　　　　　　　　位置坐标值赋值到 PR[9]

19: PR[9，3]=PR[8，3]+R[10]　　// 将 PR[9] 的 Z 轴坐标值增加 R[10] 的偏移量

20: L PR[9] 500mm/sec FINE　　　 // 机器人移动到 PR[9]，即当前物料的放置位置

21: WAIT .50（sec）　　　　　　// 等待 0.5 s

22: RO[1]=0FF　　　　　　　　　// 驱动真空吸盘松开物料

23: WAIT .50（sec）　　　　　　// 等待 0.5 s

24: L P[5] 500mm/sec FINE　　　　// 机器人动作到物料放置位置上方过渡点

25: R[10]=R[10]+20　　　　　　// 将偏移量增加 20，即一块物料的厚度

26: ENDFOR　　　　　　　　　　// 循环程序的终点，若条件满足，则继续循环

27: J @PR[1]100% FINE　　　　　// 若不满足循环条件，则机器人回到工作原点，
　　　　　　　　　　　　　　　　　程序结束 [END]

9.3.2　在手动模式下测试搬运工作站程序

在手动模式下测试程序 RSR0005。

9.3.3　配置搬运工作站的 UI 信号

分析本任务搬运工作站的控制要求，可知本任务需要用 RSR 实现自动运行，因此，只需要驱动程序 RSR0005 即可。在配置 UI 信号时，只需将 UI1~UI9 信号配置到 CRMA15 板卡 DI1~DI9 信号对应端子上即可，具体配置如图 9–12 所示，配置完后重启机器人即可生效。

注意：配置完 UI 信号后，按照机器人 UI 信号接口的定义和要求，将 UI1，UI2，UI3 和 UI8 信号接入对应的传感器或开关，并使这几个接口保持接通状态，机器人才能正常工作。

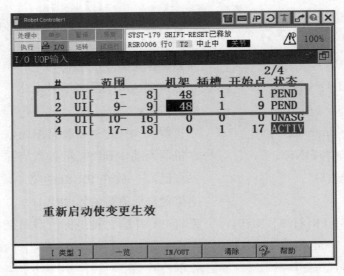

图 9-12　UI 信号配置

9.3.4　设置搬运工作站 RSR 自动运行方式

具体的方法和步骤如下。

（1）按下示教器上的 MENU 键，在弹出的菜单中选择 "-- 下页 --" → "系统" → "配置" 命令进入 "系统 / 配置" 界面，将系统的自动运行方式设定为 "远程"，如图 9-13 所示。

（2）将系统变量 $RMT-MASTER 的值改为 0。

方法：按下示教器上 MENU 键，在弹出的菜单中选择 "-- 下页 --" → "系统" → "变量" 命令，进入 "系统变量" 界面修改本 RMT-MASTER 的值。

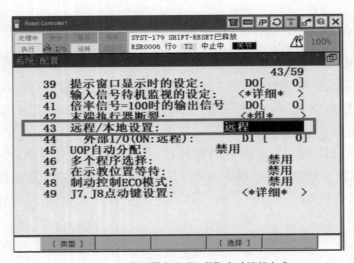

图 9-13　设置机器人为 "远程" 自动运行方式

（3）将"程序选择模式"设置为 RSR，具体如图 9-14 所示。

（4）设置 UI9 信号调用的程序为 RSR0005，设置步骤如图 9-15 所示。

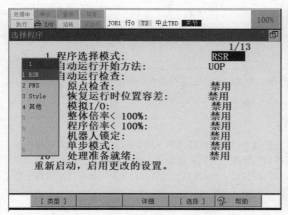

图 9-14 设置机器人程序选择模式

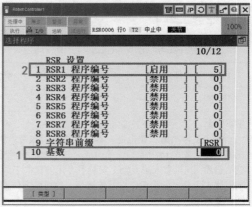

图 9-15 设置 UI9 信号调用的程序编号

（5）将模式转换旋钮旋至 AUTO 挡。

（6）将程序设置为非单步执行状态

（7）将示教器有效开关置为 OFF 挡。

（8）进入 RSR0005 程序界面，按下 UI9 信号对应键即可完成自动运行启动。

通过 3 个任务，本项目完成了一个简单搬运工作站的设计、编程和调试，不但对所学知识进行了综合应用，而且为深入理解工业机器人的工作模式、系统集成方法打下基础。

9.3.5 扩展练习

在原有程序的基础上，增加如下功能。

（1）实现传送带的控制。当传送带物料抓取处无物料时，驱动传送带动作；当有物料时，传送带停止动作。传送带控制信号接口设置为 DO111，自行分配到 CRMA15 或 CRMA16 板卡输出信号接口的空余端子上。

（2）在传送带物料定位气缸上，加入检测气缸顶出到位和缩回到位的磁性检测开关，控制信号接口分别设置为 DI111 和 DI112，自行分配到 CRMA15 或 CRMA16 板卡输出信号接口的空余端子上。在控制过程中，当气缸顶出和缩回到位时机器人才能运行下一段程序。

（3）实现程序无限循环工作，完成 1 个周期的工作后，默认 3 个物料被另一台机器人拿走，当传送带继续有物料时，机器人自动开启一个新的任务周期。

（4）根据新增加的设备重新制订 I/O 信号分配表，重新设计电气原理图。

（5）完成新增设备的接线和测试。

（6）编写程序，完成调试。

【任务工单】

请按照要求完成该工作任务。

工作任务		任务 34　对搬运工作站进行编程和调试				
姓名		班级		学号		日期

学习情景

搬运工作站由工业机器人本体、物料传送带、物料存放台、装在机器人第 6 轴上的手爪、气动控制器件及控制回路、物料检测传感器等组成。其中物料检测传感器主要用于检测传送带上是否有物料，并将检测信号反馈给机器人；机器人第 6 轴上安装有专用的抓取工具，配合机器人完成物料的抓取和存放；气动控制回路用来控制机器人工具上的吸盘，以及传送带上物料的定位工装和夹具。

任务要求

完成搬运工作站编程和调试。

引导问题 1：

配置完 UI 信号后，按照机器人 UI 信号接口的定义和要求，将_____，_____，_____和 UI8 信号接入对应的传感器或开关，并使这几个接口保持接通状态，机器人才能正常工作。

引导问题 2：

按下示教器上的 MENU 键，在弹出的菜单中选择"-- 下页 --"→"系统"→"配置"命令进入"系统 / 配置"界面，将系统的控制方式设定为_____。

引导问题 3：

将系统变量 $RMT-MASTER 的值改为 0，如果默认值不为 0，则直接更改为 0，方法是什么？

引导问题 4：

请编写以下程序，并回答最终的运行结果是怎么样的？

机器人搬运工作站程序如下。

```
1: UFRAME NUM=0              // 调用 0 号用户坐标系，即世界坐标系
2: UTOOL NUM=1              // 调用 1 号工具坐标系，即当前工具的工具坐标系
3: R[9]=0                   // 清空循环次数寄存器
4: R[10]=0                  // 清空工件存放位置偏移量寄存器
5: J @PR[1]100% FINE        // 机器人动作到初始工作点
6: FOR R[9]=1 TO 3          // 设置循环起始点并设置循环次数为 3
7: WAIT DI[120]=ON          // 等待抓取物料
8: DO[120]=ON               // 有物料后，驱动物料定位装置动作
9: J P[1] 100% FINE         // 机器人动作到传送带抓取点上方
10: DO[120]=0FF             // 驱动定位夹具松开物料
11: L P[2] 500mm/sec Fine   // 机器人到达传送带物料抓取点位置
12: WAIT 1.00（sec）        // 等待 1 s
13: RO[1]=0N                // 驱动真空吸盘吸取物料
14: WAIT RI[1]=ON           // 等待到达吸取压力信号
15: WAIT 1.00（sec）        // 等待 1 s
16: L P[3] 500mm/sec FINE   // 机器人到达传送带物料抓取点上方过渡点
17: J P[6] 100% FINE        // 机器人动作到物料放置点上方
18: PR[9]=PR[8]             // 将已经存放在 PR[8] 的第一块物料放置点的位置坐标值赋值到 PR[9]
19: PR[9，3]=PR[8，3]+R[10] // 将 PR[9] 的 Z 轴坐标值增加 R[10] 的偏移量
20: L PR[9] 500mm/sec FINE  // 机器人移动到 PR[9]，即当前物料的放置位置
```

续表

工作任务		任务 34　对搬运工作站进行编程和调试					
姓名		班级		学号		日期	

```
21: WAIT .50（sec）          // 等待 0.5 s
22: RO[1]=OFF               // 驱动真空吸盘松开物料
23: WAIT .50（sec）          // 等待 0.5 s
24: L P[5] 500mm/sec FINE   // 机器人动作到物料放置位置上方过渡点
25: R[10]=R[10]+20          // 将偏移量增加 20，即一块物料的厚度
26: ENDFOR                  // 循环程序的终点，若条件满足，则继续循环
27: J @PR[1]100% FINE       // 若不满足循环条件，则机器人回到工作原点，程序结束 [END]
```

项目十

工业机器人搬运工作站的维护保养

项目导学

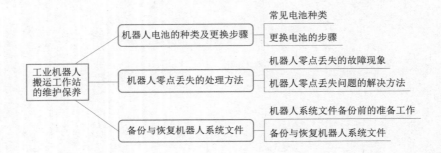

项目场景

　　对于一个企业来说，工业机器人对提高产品质量和生产效率有十分重要的作用，因此，企业需要采取科学合理的维护和保养措施，来保证工业机器人安全、稳定、健康、经济地运行。本项目以搬运工作站的维护保养为总任务，以某柴油发动机生产线为参考，学习机器人的维护保养操作技能，主要包括机器人电池维护，机器人零点丢失故障问题的解决，机器人系统文件的备份、恢复等，通过"做中学""做中教"，最终实现搬运工作站的维护保养。

项目描述

　　企业厂房经过几次大停电后，搬运工作站中的机器人发生了故障，请对发生故障的机器人进行维护保养，使其恢复正常的生产状态。除此之外，还需要对机器人定期维护保养，维护保养项目包括清洁、文件备份、更换电池、更换润滑脂等操作。操作机器人进行定期维护保养可排除因机器人长期运行、环境等因素引发的故障，从而减少机器人的故障频率，降低运行费用，延长机器人的使用寿命。

知识目标

（1）了解机器人电池的种类。
（2）掌握机器人电池的更换步骤及方法。
（3）了解机器人零点丢失的故障原因和现象。
（4）掌握机器人零点丢失的解决方法。
（5）掌握备份、恢复机器人系统文件的方法。

工业机器人润滑油　　工业机器人润滑油
脂的更换步骤　　　　脂的更换实操

技能目标

（1）能够正确更换机器人主板电池。
（2）能够正确更换机器人本体电池。
（3）能够解决机器人零点丢失的故障。
（4）能够备份、恢复机器人系统文件。

素养目标

（1）掌握电池更换的步骤和方法，确保更换过程安全、准确、高效，培养学生对细节的关注，如电池的型号、容量和安装位置的准确性，培养严谨细致、精益求精的精神。

（2）养成定期对机器人、工作站和相关设备进行检查的习惯，保留详细的维护记录和文档，以便未来参考和追溯。

（3）了解零点丢失的原因并掌握相应的解决方法，培养学生的自主学习能力和技术钻研精神。

（4）在处理零点丢失问题时，通过讲述时代楷模的事迹，培养学生敬业、专注、创新、精益求精的科学精神。

（5）理解备份和恢复机器人系统文件在维护中的作用，培养学生对机器人系统文件重要性的认识，确保数据的安全性和完整性。

（6）系统文件的备份和恢复是确保数据安全、维护业务连续性和支持数据管理的基石，使学生养成数字素养，增强学生的专业自信心。

对应工业机器人操作与运维职业技能等级要求（初级）

工业机器人操作与运维职业技能等级要求（初级）参见工业机器人操作与运维职业技能等级标准（标准代码：460001）中的表1。

（1）能操作工业机器人零点校对（2.5.1）。

（2）能判断工业机器人断电、减速器更换等五种需要零点校对的状况（2.5.2）。

（3）能判断工业机器人各关节零点位置（2.5.3）。

（4）能备份工业机器人程序（3.4.1）。

（5）能备份工业机器人数据（3.4.2）。

（6）能恢复工业机器人程序和数据（3.4.3）。

（7）能导入相同工业机器人程序（3.4.4）。

（8）能加密工业机器人程序（3.4.5）。

（9）能做好电池检查，能更换减速器和齿轮箱的润滑脂（4.1.3）。

任务 10.1　机器人电池的种类及更换步骤

🔑 **【知识目标】**

（1）了解机器人电池的种类。

（2）掌握机器人电池的更换步骤及方法。

工业机器人电池的
种类及更换方法及
步骤

🔑 **【技能目标】**

（1）能够正确更换机器人主板电池。

（2）能够正确更换机器人本体电池。

🔑 **【素养目标】**

（1）掌握电池更换的步骤和方法，确保更换过程安全、准确、高效，培养学生对细节的关注，如电池的型号、容量和安装位置的准确性，培养严谨细致、精益求精的精神。

（2）养成定期对机器人、工作站和相关设备进行检查的习惯，保留详细的维护记录和文档，以便未来参考和追溯。

⚙ **【任务情景】**

柴油发动机生产线遭遇了几次突发停电，导致搬运工作站中的机器人发生故障，出现了"SYST-035 WARN 主板的电池电压低或为零"等机器人报警信息，请判断故障原因，并使故障机器人恢复正常的生产状态。

❂【任务分析】

（1）根据报警信息判断并分析机器人故障原因。

（2）消除机器人故障报警信息。

（3）了解机器人电池的种类。

（4）掌握机器人电池的更换步骤及方法。

（5）正确更换机器人主体及控制柜的电池。

❂【知识储备】

10.1.1 常见电池种类

1. 机器人主板电池

机器人程序和系统变量（如零点标定的数据）存储在主板内存中，由 1 节位于主板上的锂电池供电，用于保存数据，如图 10-1 所示。

图 10-1 主板电池

FANUC 机器人主板电池为 1 750 mA·h 特制锂电池，该电池一般需要两年更换一次。

2. 机器人本体电池

工业机器人电动机的编码器为多圈绝对值编码器，其编码器值由两部分组成，一部分是单圈绝对值，这个可以从传感器中直接获取，另一部分则是圈数，这个值记录的是相对值，需要掉电保持。电池的作用就是为了保存这个圈数，保证机器人零点不丢失。

FANUC 机器人本体电池为 4 节 2 号锂电池，如图 10-2 所示，该电池一般需要一年更换一次。

图 10-2　2 号锂电池

【任务实操】

10.1.2　更换电池的步骤

1. 机器人主板电池的更换方法及步骤

电池电压不足时，系统会在示教器上显示 "SYST-035 WARN 主板的电池电压低或为零" 报警信息，此时系统已不能在内存中备份数据，需要更换主板电池，并重新加载此前已备份好的数据。

更换电池的具体步骤如下。

（1）准备一个新的 1 750 mA·h 锂电池，该电池为特制电池，只能购买原装电池进行更换。

（2）机器人通电开机正常后，等待 30 s。

（3）机器人关电，打开控制柜，按住电池单元的卡爪，向外拉出位于主板右上角的旧电池，如图 10-3 所示。

图 10-3　主板电池位置

（4）安装新电池，确认电池的卡爪已被锁住，如图 10-4 所示。

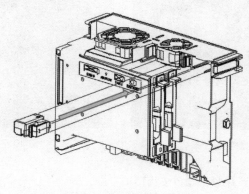

图 10-4　主板电池安装方法

注意：更换电池需在 30 min 内完成，否则会因长时间不安装电池，造成存储器的数据丢失。为了防止意外发生，在更换电池之前，需事先备份机器人的程序系统变量等数据。

2. 机器人本体电池的更换方法及步骤

机器人本体电池电压下降时，系统会发出报警通知用户，如"SRVO-065 BLAL 报警"（脉冲编码器的电池电压低于基准值），此时需更换本体电池。若因更换电池不及时或其他原因，造成脉冲编码器信息丢失而出现"SRVO-062 BZAL 报警"，则需要重新完成零点标定。

更换机器人本体电池的具体步骤如下。

（1）启动机器人，并在机器人运行平稳后，打开位于机器人本体后方的电池盒盖，如图 10-5 所示。

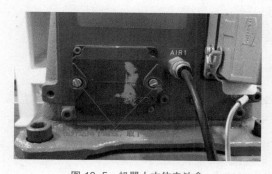

图 10-5　机器人本体电池盒

（2）拉起电池盒中央的空心方棒可以将 4 节旧电池从电池盒中取出，如图 10-6 所示。

（3）将 4 节新电池装入电池盒中，注意不要弄错电池的正负极，如图 10-7 所示。

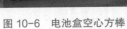

拉起该空心棒
取出电池

图 10-6　电池盒空心方棒

图 10-7　电池正负极

（4）盖上电池盒盖，并紧固 2 个螺钉。

【任务工单】

请按照要求完成该工作任务。

工作任务		任务 35　机器人电池的种类及更换步骤				
姓名		班级		学号		日期	

学习情景

柴油发动机生产线遭遇了几次突发停电，导致搬运工作站中的机器人发生故障，出现了"SYST-035 WARN 主板的电池电压低或为零"等机器人报警信息，请判断故障原因，并使故障机器人恢复正常的生产状态。

任务要求

电池电压不足时，系统会在示教器上显示"SYST-035 WARN 主板的电池电压低或为零"报警信息，此时系统已不能在内存中备份数据，需要更换主板电池，并重新加载此前已备份好的数据。机器人本体电池电压下降时，系统会发出报警通知用户，如"SRVO-065 BLAL 报警"（脉冲编码器的电池电压低于基准值），此时需更换本体电池。若因更换电池不及时或其他原因，造成脉冲编码器信息丢失而出现"SRVO-062 BZAL 报警"，则需要重新完成零点标定。

引导问题 1：

定期维护保养项目包括_____、_____、_____、_____等。

引导问题 2：

机器人主板电池用于_____。

引导问题 3：

FANUC 机器人主板电池一般需要_____更换一次。

引导问题 4：

FANUC 机器人本体电池为 4 节_____锂电池。

引导问题 5：

FANUC 机器人本体电池一般需要_____更换一次。

引导问题 6：

判断题

1. 进行定期维护保养可排除因机器人长期运行、环境等因素引发的故障。　　　　　（　　）
2. 机器人本体电池可以保证机器人零点不丢失。　　　　　　　　　　　　　　　（　　）
3. 更换机器人主板电池直接打开控制柜更换即可。　　　　　　　　　　　　　　（　　）

引导问题 7：

如何更换机器人主板电池？

引导问题 8：

如何更换机器人本体电池？

任务 10.2 机器人零点丢失的处理方法

【知识目标】

（1）了解机器人零点丢失的故障原因和现象。

（2）掌握机器人零点丢失的解决方法。

【技能目标】

（1）能够处理机器人零点丢失的报警信息。

（2）能够解决机器人零点丢失的故障。

【素养目标】

（1）了解机器人零点丢失的原因并掌握相应的解决方法，培养学生的自主学习能力和技术钻研精神。

（2）在处理机器人零点丢失问题时，通过讲述时代楷模的事迹，培养学生敬业、专注、创新、精益求精的科学精神。

【任务情景】

某柴油发动机生产线遭遇了几次突发停电，导致搬运工作站中的机器人发生故障，出现了"SRVO-062 BZAL 报警""SRVO-075 脉冲编码器位置未确定"等机器人报警信息，请判断故障原因并使故障机器人恢复正常的生产状态。

【任务分析】

在经过几次停电后，机器人本体后备电池电量耗尽，此时若不及时更换电池，则会出现机器人零点丢失的问题。解决机器人零点丢失的问题可以从两方面着手：消除机器人系统零点丢失报警；重新给机器人进行零点标定。

【知识储备】

10.2.1 机器人零点丢失的故障现象

1. 何时进行零点标定

发生以下情况时，需要进行零点标定。

（1）更换电动机、减速器、电缆、脉冲编码器等机器人主体部件的情况。

（2）机器人本体后备电池电量耗尽，未及时更换的情况。

机器人零点丢失的
处理方法及步骤

（3）当机器人本体与工件或环境发生强烈碰撞的情况。

（4）没有在控制器下，手动移动机器人关节的情况。

（5）发生其他可能造成零点丢失的情况。

2. 零点丢失的故障现象

1）SRVO-062 报警

因更换电池不及时或其他原因，造成脉冲编码器信息丢失，会出现"SRVO-062 BZAL 报警"，如图 10-8 所示。

2）SRVO-075 报警

一般在消除"SRVO-062 BZAL 报警"故障后，会出现"SRVO-075 脉冲编码器位置未确定"，如图 10-9 所示，此时机器人只能在关节坐标系下，单关节运动。

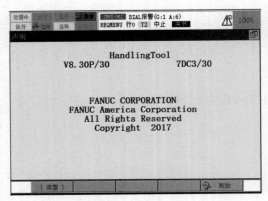

图 10-8　SRVO-062 报警

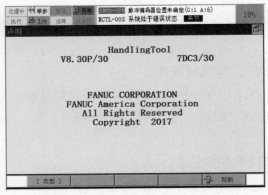

图 10-9　SRVO-075 报警

3）SRVO-038 报警

在机器人系统恢复备份时，通常会出现"SRVO-038 SVAL2 脉冲值不匹配（Group:i Axis:j）"，此时机器人无法动作。

🎖【任务实操】

10.2.2　机器人零点丢失问题的解决方法

1. 故障的消除

1）"零点标定 / 校准"命令

由于机器人在日常使用时，"零点标定 / 校准"命令是被隐藏的，需要进行系统设置才能显示，下面讲解下如何显示该命令。

（1）按下示教器上的 MENU 键，在弹出的菜单中选择"-- 下页 --"→"系统"命令，如图 10-10 所示。

（2）按下"类型"功能键弹出菜单，从菜单中选择"变量"命令，如图 10-11 所示。

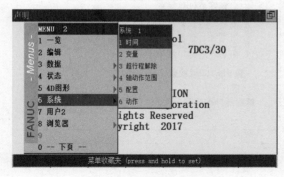

图 10-10 选择"系统"命令

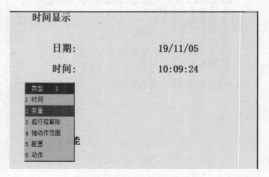

图 10-11 选择"变量"命令

（3）将光标移至 $MASTER_ENB，输入 1，按下 ENTER 键，如图 10-12 所示。

（4）再次按下"类型"功能键弹出菜单，从菜单中选择"零点标定 / 校准"命令，如图 10-13 所示。

（5）在"零点标定 / 校准"菜单中，选择将要执行的零点标定种类。

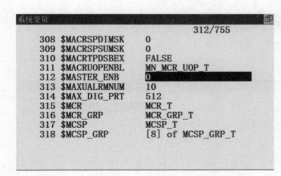

图 10-12 更改变量

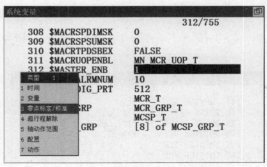

图 10-13 选择零点标定种类

2）消除 SRVO-062 报警

（1）进入"系统零点标定 / 校准"界面，如图 10-14 所示。

（2）按下"脉冲复位"功能键后，再按下"是"功能键，如图 10-15 所示。

（3）切断控制装置的电源，然后再接通电源。

3）消除 SRVO-075 报警

（1）按下 COORD 键将坐标系切换成关节坐标系，如图 10-16 所示。

（2）利用示教器点动使机器人报警轴运动 20° 以上，按下 RESET 键，消除 SRVO-075 报警。

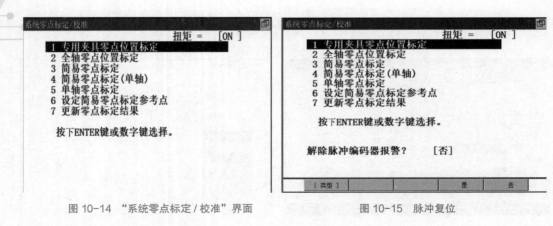

图 10-14 "系统零点标定 / 校准"界面　　　图 10-15 脉冲复位

图 10-16 坐标系切换

4）消除 SRVO-038 报警

（1）按照消除 SRVO-062 的前两个步骤消除 SRVO-038 报警。

（2）进入"系统变量"界面，将光标移至 \$DMR_GRP，如图 10-17 所示。

（3）按下"详细"功能键，显示二级菜单，如图 10-18 所示。

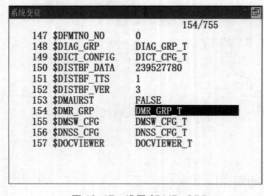

图 10-17 设置 \$DMR_GRP

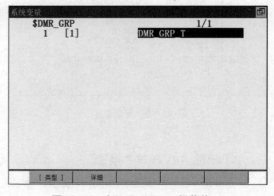

图 10-18 \$DMR_GRP 二级菜单

（4）选择对应组的 DMR_GRP_T，按下"详细"功能键，显示下一级菜单，如图 10-19 所示。

（5）通过按下"有效"功能键将变量 DMR_GRP_T 项中的 \$MASTER_DONE 参数 FALSE 改为 TRUE，如图 10-20 所示。

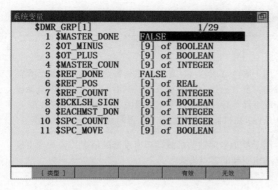

图 10-19　DMR_GRP_T 项详细设置界面

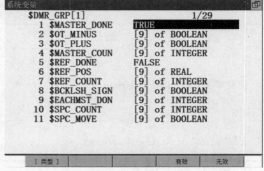

图 10-20　修改 $MASTER_DONE 参数

（6）进入"系统零点标定 / 校准"界面，将光标移至"更新零点标定结果"，如图 10-21 所示。

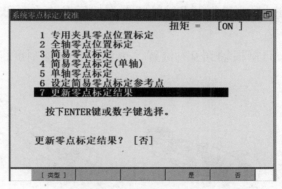

图 10-21　更新零点标定

（7）按下"是"功能键确认，再按下"完成"功能键即可；此时"零点标定 / 校准"菜单被隐藏。

2. 零点标定方法

在消除系统零点丢失报警后，通常需要重新进行零点标定，常见的零点标定方法有以下几种，如表 10-1 所示。

表 10-1　常见的零点标定方法

零点标定方法	解释
专门夹具核对方式（jig mastering）	出厂时设置，需卸下机器人上的所有负载，用专用的校正工具完成
全轴零点位置标定（mastering at the zero-degree positions）	用于因机械拆卸、维修或电池电量耗尽而导致的机器人零点数据丢失

零点标定方法	解释
简易零点标定（quick mastering）	用于因电气或软件问题导致丢失零点数据，恢复已经备份的零点数据作为快速示教调试基准的情况。若因机械拆卸或维修等导致机器人零点数据丢失，则不能采取此法。 条件：在机器人正常使用时设置简易零点标定参考点
单轴零点标定（single axis mastering）	用于单个坐标轴的机械拆卸或维修的情况（通常是更换电动机引起的零点丢失）

1）全轴零点位置标定

消除 SRVO-075 报警后均需进行全轴零点位置标定。

全轴零点位置标定是指在每根轴的 0° 位置进行的零点标定。机器人的各轴都赋有零点标记，通过这一标记，将机器人移动到每根轴的 0° 位置后进行零点标定。全轴零点位置标定是通过目测进行调节，把机器人的每根轴示教到 0° 位置，所以不能期待其零点标定的精度。

（1）示教机器人的每根轴到 0° 位置，也就是各个轴刻度标记对齐的位置，如图 10-22 所示。

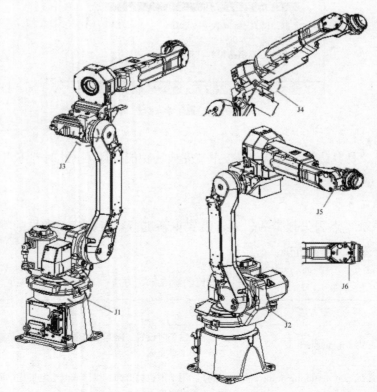

图 10-22　机器人每根轴的 0° 位置

（2）进入"系统零点标定/校准"界面，将光标移至"全轴零点位置标定"，如图 10-23 所示。

（3）在示教器屏幕下方弹出"执行零点位置标定？[否]"，按下"是"功能键，如图 10-24 所示。

（4）将光标移至"更新零点标定结果"，在示教器屏幕下方弹出"更新零点标定结果？[否]"，按下"是"功能键，如图 10-25 所示。

（5）在位置调整结束后，按下"完成"功能键，如图 10-26 所示。

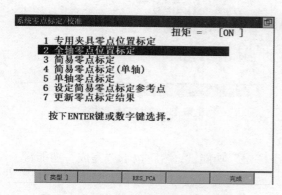

图 10-23　选择"全轴零点位置标定"命令

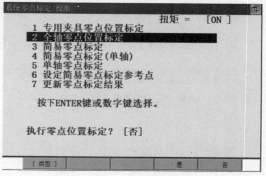

图 10-24　执行零点位置标定

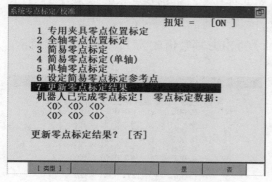

图 10-25　选择"更新零点标定结果"命令

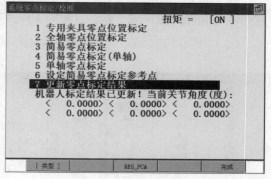

图 10-26　完成更新零点标定

（6）重启机器人，零点标定完成。

2）简易零点标定

（1）在机器人正常使用时设置简易零点标定参考点。

方法：进入"系统零点标定/校准"界面，将光标移至"设定简易零点标定参考点"，按下"是"功能键，简易零点标定参考点即被存储起来，如图 10-27 所示。

（2）简易零点标定的方法如下。

①解除 SRVO-038 报警后，在关节坐标系下移动机器人，使其移动到简易零点标

定参考点。

②进入"系统零点标定 / 校准"界面,将光标移至"简易零点标定",按下"是"功能键,机器人完成简易零点标定,如图 10-28 所示。

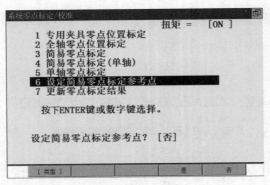

图 10-27　选择"设定简易零点标定参考点"命令

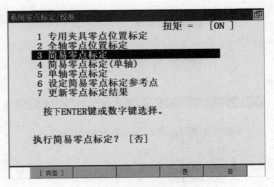

图 10-28　完成简易零点标定

③选择"更新零点标定结果"命令,按下"是"功能键,然后按下"完成"功能键,恢复制动器控制原先的设定,重新通电。

3)单轴零点标定

(1)进入"系统零点标定 / 校准"界面,将光标移至"单轴零点标定",按下 ENTER 键进入"单轴零点标定"界面,如图 10-29 所示。

(2)将报警轴(也就是需要零点标定的轴)的 SEL 项数值改为 1,如图 10-30 所示。

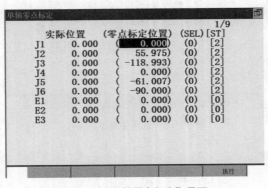

图 10-29　"单轴零点标定"界面

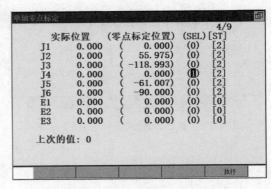

图 10-30　修改报警轴 SEL 项数值

(3)示教机器人的报警轴到 0° 位置(即该轴刻度标记对准的位置),在报警轴的零点标定位置项输入轴的零点数值(如 0°),如图 10-30 所示。

(4)按下"执行"功能键,相应的 SEL 项数值由 1 变为 0, ST 项数值由 0 变为 2,如图 10-31 所示。

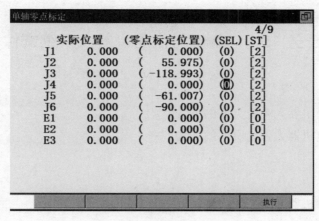

图 10-31　报警轴参数修改

❂【任务工单】

请按照要求完成该工作任务。

工作任务		任务 36　机器人零点丢失的处理方法					
姓名		班级		学号		日期	

学习情景

　　某柴油发动机生产线遭遇了几次突发停电，导致搬运工作站中的机器人发生故障，出现了"SRVO-062 BZAL 报警""SRVO-075 脉冲编码器位置未确定"等机器人报警信息，请判断故障原因并使故障机器人恢复正常的生产状态。

任务要求

　　在经过几次停电后，机器人本体后备电池电量耗尽，此时若不及时更换电池，则会出现机器人零点丢失的问题。解决机器人零点丢失的问题可以从两方面着手：消除机器人系统零点丢失报警；重新给机器人进行零点标定。

引导问题 1：

　　出现更换电池不及时或其他原因时，会出现"_____报警"。

引导问题 2：

　　在机器人系统_____时，通常会出现"SRVO-038 SVAL2 脉冲值不匹配（Group:i Axis:j）"报警。

引导问题 3：

　　消除 SRVO-075 报警后均需进行_____标定。

引导问题 4：

　　常见的零点标定方法有_____种。

引导问题 5：

判断题

　　1. 若仅消除了"SRVO-062 BZAL 报警"故障，却没有消除"SRVO-075 脉冲编码器位置未确定"报警，则机器人只能在关节坐标系下单关节运动。　　　　　　　　　　　　　　　（　　）

　　2. 消除 SRVO-075 报警后在任何坐标系下都可以使机器人运动。　　　　　　　　（　　）

引导问题 6：

　　什么情况下需要进行零点标定?

引导问题 7：

　　消除 SRVO-062 报警的方法是什么?

任务 10.3　备份与恢复机器人系统文件

🔑 **【知识目标】**

（1）掌握备份机器人系统文件的方法。

（2）掌握恢复机器人系统文件的方法。

系统设置文件备份和恢复的方法及步骤

🔑 **【技能目标】**

（1）能够备份机器人的系统文件。

（2）能够恢复机器人的系统文件。

🔑 **【素养目标】**

（1）理解备份和恢复机器人系统文件在维护中的作用，培养学生对机器人系统文件重要性的认识，确保数据的安全性和完整性。

（2）系统文件的备份和恢复是确保数据安全、维护业务连续性和支持数据管理的基石，提升学生数字素养，增强学生专业自信心。

⚙ **【任务情景】**

已知某柴油发动机生产线即将发生几次突发大停电，停电将会导致搬运工作站中的机器人发生故障，现请备份机器人的系统文件，以便在恢复供电之后恢复机器人的系统文件，使故障机器人恢复正常的生产状态。

⚙ **【任务分析】**

在备份机器人系统文件时，需要了解机器人系统文件的文件种类（即后缀名），从而将备份的机器人系统文件分门别类地存放在存储器中；在恢复机器人系统文件时，根据需求选择不同的还原模式将机器人系统文件恢复。

⚙ **【知识储备】**

10.3.1　机器人系统文件备份前的准备工作

在对机器人系统文件进行备份前，首先，需要了解备份/加载所用设备，这样才能够更好地选择适合的备份工具；其次，要了解机器人系统文件的类型及作用，才能准确有效地备份/加载所需的文件；最后，还要了解备份/加载的方法及各方法的异同点，这样才能针对所要备份/加载的内容选择合适的方法。

1. 机器人系统文件的备份 / 加载设备

FANUC 机器人常用的备份 / 加载设备有以下几种。

（1）存储卡（memory card，MC）：如图 10-32 所示。

（2）U 盘：这是最常用的备份 / 加载设备，也是日常主要使用的备份 / 加载工具，如图 10-33 所示。

（3）PC：该设备的连接及通信较其他设备更为复杂，一般不使用，如图 10-34 所示。

图 10-32　存储卡

图 10-33　U 盘

图 10-34　PC

2. 机器人系统文件类型

若要备份文件，首先需要了解机器人内存储的文件类型，以便能够准确选择文件。控制柜主要使用的文件类型主要包括程序文件（*.TP）、默认的逻辑文件（*.DF）、系统文件（*.SV）、I/O 信号配置文件（*.IO）、数据文件（*.VR）。

1）程序文件

程序文件是用来存储程序的文件，它被自动存储于控制柜的 CMOS 中，通过示教器上的 SELECT 键可以显示程序文件目录，如图 10-35 所示。

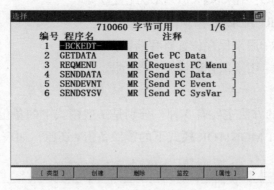
图 10-35　程序文件目录

2）默认的逻辑文件

默认的逻辑文件包含在程序编辑界面中，是各个功能键（即 F1~F4 键）所对应的默认逻辑结构的设置。

（1）DEF_MOTNO.DF：F1 键。

（2）DF_LOGI1.DF：F2 键。

（3）DF_LOGI2.DF：F3 键。

（4）DF_LOGI3.DF：F4 键。

3）系统文件

系统文件主要是用来保存各项系统设置的文件，主要种类及作用如表 10-2 所示。

表 10-2　系统文件的种类及作用

文件名称	作用
FRAMEVAR.SV	用来保存坐标系参考点的设置
SYSFRAME.SV	用来保存用户坐标系和工具坐标系的设置
SYSMAST.SV	用来保存机器人零点数据
SYSMACRO.SV	用来保存宏命令设置
SYSPASS.SV	用来保存用户密码数据
SYSSERVO.SV	用来保存伺服参数
SYSVARS.SV	用来保存坐标、参考点、关节运动范围、抱闸控制等相关变量的设置

在表 10-2 所示的系统文件中，日常维护保养时必须备份的是机器人零点数据及机器人系统变量的两个系统文件。

4）数据文件

数据文件是保存各寄存器数据及 I/O 信号配置数据的文件。

（1）DIOCFGSV.IO：用来保存 I/O 信号配置数据。

（2）NUNREG.VR：用来保存寄存器数据。

（3）POSREG.VR：用来保存位置寄存器数据。

（4）PALREG.VR：用来保存码垛寄存器数据。

3. 备份 / 加载文件的方法

备份 / 加载文件的方法主要有 3 种，分别是一般模式下的备份 / 加载、控制模式下的备份 / 加载及 BOOT MONITOR 模式下的镜像备份 / 还原，如表 10-3 所示。

表 10-3　备份 / 加载文件的方法

方法	备份	加载 / 还原
一般模式下的备份 / 加载	文件的一种类型或全部备份	单个文件加载 **注意：** ·写保护的文件不能被加载； ·处于编辑状态的文件不能被加载； ·部分系统文件不能被加载

续表

方法	备份	加载 / 还原
控制启动（controlled start）模式下的的备份 / 加载	文件的一种类型或全部备份	①单个文件加载； ②一种类型或全部文件还原 **注意：** ·写保护的文件不能被加载； ·处于编辑状态的文件不能被加载
BOOT MONITOR 模式下的镜像备份 / 还原	文件及应用系统的镜像备份	文件及应用系统的镜像还原

其中，在一般模式下主要进行所有文件的备份工作；在控制启动模式下主要进行系统文件的加载工作；在 BOOT MONITOR 模式下主要是完成机器人系统的镜像备份与还原工作。在进行备份 / 加载工作时，要根据实际情况选择合适的方法才能达到事半功倍的效果。

【任务实操】

10.3.2 备份与恢复机器人系统文件

1. 一般模式下的备份 / 加载

1）一般模式下的备份步骤

（1）选择存储设备。

（2）在所选存储设备中创建文件夹。

（3）选择备份的文件类型并将文件备份到所创建的文件夹中。

以 U 盘作为备份设备备份机器人上的程序文件，具体步骤如下。

（1）打开示教器右侧 USB 口封盖，把 U 盘插到图 10-36 所示的示教器上的 USB 口上。

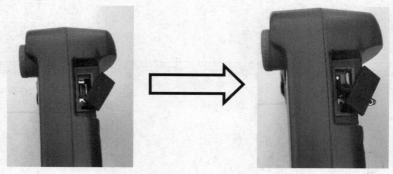

图 10-36　示教器上的 USB 口

（2）按下示教器上的 MENU 键，选择"文件"命令进入"文件"界面，如图 10-37 所示。

（3）按下"工具"功能键，选择"切换设备"命令，弹出设备选择菜单，如图 10-38 所示。

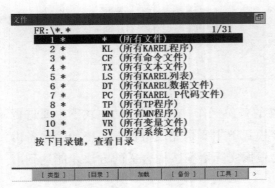

图 10-37　"文件"界面

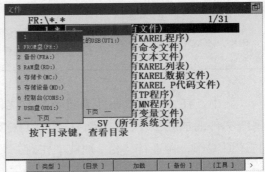

图 10-38　切换设备

（4）因为所用备份设备是插在示教器上的 U 盘，所以选择"TP 上的 USB（UTI）"命令，如图 10-39 所示。

提示：U 盘格式化与备份文件夹的建立可以在计算机上完成，这样更简单，在这里不做过多讲解。

（5）在 UT1 根目录下将光标移动至建好的文件夹，并按下 ENTER 键进入文件夹，如图 10-40 所示。

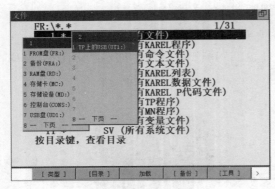

图 10-39　选择 U 盘

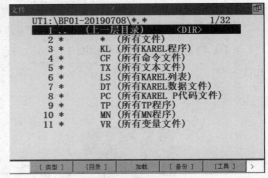

图 10-40　进入文件夹

（6）按下"备份"功能键，在弹出的菜单中选择"TP 程序"命令，如图 10-41 所示。

（7）进入备份选择，如果备份所有 TP 程序文件，则按下"所有"功能键；如果只备份几个特定的 TP 程序文件，则按下"是"或"否"功能键。本任务按下"所有"功能键，所以按下"所有"功能键，完成备份，如图 10-42 所示。

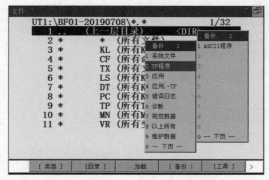

图 10-41　备份 TP 程序

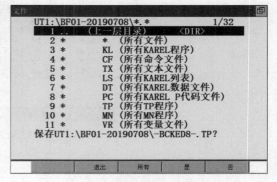

图 10-42　备份选择

（8）将光标移至"*（所有文件）"行，按下 ENTER 键可以查看备份的文件，如图 10-43 所示。

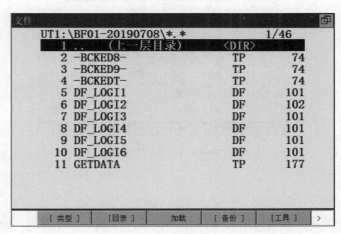

图 10-43　查看备份的文件

2）一般模式下的加载步骤

（1）选择需要加载文件的外部存储设备。

（2）从外部存储设备中找出所需加载的文件。

（3）加载所需文件。

以 U 盘作为加载设备加载某个程序文件，具体步骤如下。

（1）进入 U 盘上需加载的程序目录，如图 10-44 所示，前序步骤与备份一样，这里不做过多讲解。

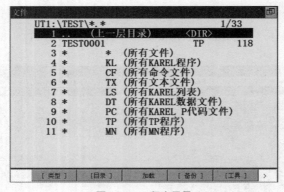

图 10-44　程序目录

（2）将光标移至需要加载的文件或文件类型，按下"加载"功能键，按下"是"功能键，如图 10-45 所示，完成加载，可按下 SELECT 键查看文件。

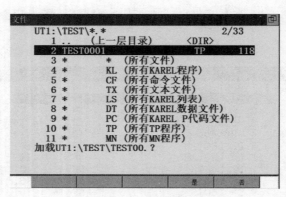

图 10-45　加载文件的选择

2. 控制启动模式下的备份 / 加载

由于一般模式下可以备份所有文件，并且可以加载除系统文件外的所有文件，因此，在控制启动模式下，一般只做系统文件的加载工作。

控制启动模式下的加载步骤如下。

（1）进入控制启动模式。

（2）选择需要加载系统文件的外部存储设备。

（3）从外部存储设备中找出所需加载的系统文件。

（4）加载所需系统文件。

以 U 盘作为加载设备加载保存机器人零点数据的系统文件，具体步骤如下。

（1）插入 U 盘，按下 FCTN 键弹出 FUNCTION 菜单，如图 10-46 所示，将光标移至"-- 下页 --"，按下 ENTER 键进入下一页。

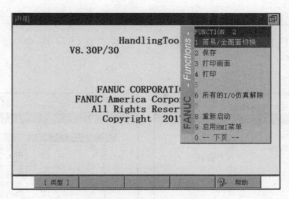

图 10-46　FUNCTION 菜单

（2）选择"重新启动"命令，按下 ENTER 键弹出"重新启动"对话框，如图 10-47 所示。

图 10-47　"重新启动"对话框

（3）单击"启动模式"按钮，弹出"启动模式"对话框，如图 10-48 所示。

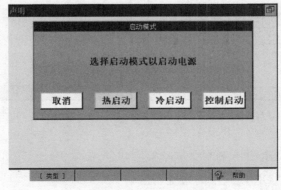

图 10-48　"启动模式"对话框

（4）单击"控制启动"按钮，然后断电重启，进入控制启动模式，如图 10-49 所示。

（5）按下 MENU 键，在弹出的菜单中选择"文件"命令，进入"文件"界面，如图 10-50 所示。

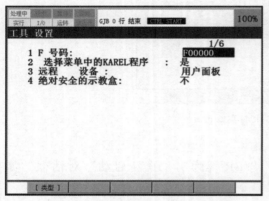

图 10-49　控制启动模式

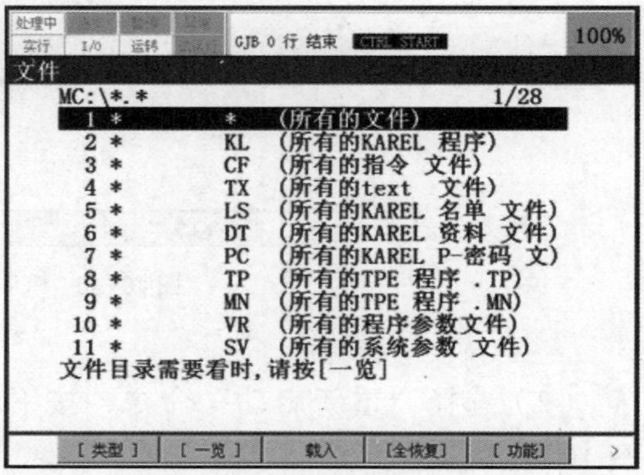

图 10-50　"文件"界面

（6）按下"功能"功能键，在弹出的菜单中选择"切换设备"→"TP 上的 USB（UTI）"命令，进入 U 盘目录，如图 10-51 所示。

（7）进入备份的系统文件目录，并选择需要加载的零点数据文件 SYSMAST.SV，按下"加载"功能键，再按下两次"是"功能键进行文件加载。

加载完成后，按下 FCTN 键，弹出 FUNCTION 菜单，如图 10-52 所示，选择"冷开机（Coldstart）"命令，机器人重启，加载工作完成。

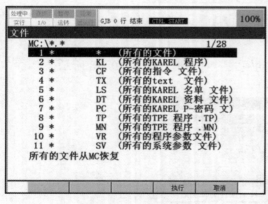

图 10-51　U 盘目录

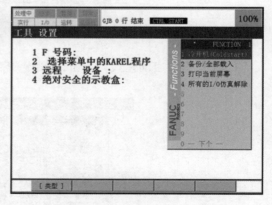

图 10-52　FUNCTION 菜单

3. BOOT MONITOR 模式的备份 / 还原

1）BOOT MONITOR 模式下的系统备份

（1）按下 F1 + F5 键，开机，直到出现 BMON MENU 界面，如图 10-53 所示。

（2）用数字键输入 4，选择 CONTROLLER BACKUP/RESTORE 命令，按下 ENTER
键确认，进入 BACKUP / RESTORE MENU 界面，如图 10-54 所示。

```
        BMON MENU

1.   CONFIGURATION MENU

2.   ALL SOFTWARE INSTALLATION

3.   INIT START

4.   CONTROLLER  BACKUP/RESTORE

5.   ……


SELECT _
```

图 10-53　BMON MENU 界面

```
      BACKUP / RESTORE MENU

0.   RETURN TO MAIN MENU

1.   EMERGENCY BACKUP

2.   BACKUP CONTROLLER AS IMAGE

3.   RESTORE CONTROLLER IMAGE

4.   ……


SELECT _
```

图 10-54　BACKUP / RESTORE MENU 界面

（3）用数字键输入 2，选择 BACKUP CONTROLLER AS IMAGE 命令，按下 ENTER
键确认，进入 DEVICE SELECTION 界面。

（4）用数字键输入 1，选择 MEMORY CARD 命令，按下 ENTER 键确认，系统显
示 ARE YOU READY？ Y=1/N=ELSE，用数字键输入 1，按下 ENTER 键确认，系统
开始备份，如图 10-55 所示。

```
Writing FROM00.IMG

Writing FROM01.IMG

Writing FROM02.IMG

Writing FROM03.IMG

      …
```

图 10-55　备份系统

（5）备份完毕，显示 PRESS ENTER TO RETURN 消息，按下 ENTER 键，返回 BMON
MENU 界面。

（6）关机重启，进入一般模式界面。

2）BOOT MONITOR 模式下的系统还原

（1）进入 BACKUP / RESTORE MENU 界面，前序步骤与系统备份相同，这里不

再做过多讲解，用数字键输入 3，选择 RESTORE CONTROLLER IMAGE 命令，按下 ENTER 键确认，进入 DEVICE SELECTION 界面。

（2）用数字键输入 1，选择 MEMORY CARD 命令，按下 ENTER 键确认，系统显示 ARE YOU READY？ Y=1/N=ELSE，用数字键输入 1，按下 ENTER 键确认，系统开始还原，如图 10-56 所示。

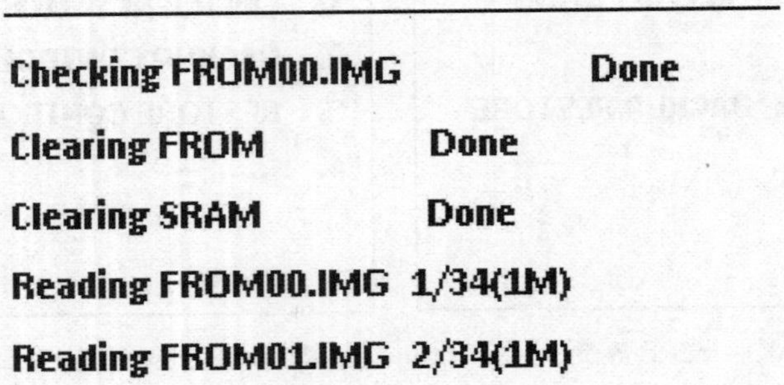

```
Checking FROM00.IMG          Done
Clearing FROM           Done
Clearing SRAM           Done
Reading FROM00.IMG   1/34(1M)
Reading FROM01.IMG   2/34(1M)
```

图 10-56　还原系统

（3）系统还原完毕，显示 PRESS ENTER TO RETURN 消息，按下 ENTER 键，返回 BMON MENU 界面。

（4）关机重启，进入一般模式界面。

【任务工单】

请按照要求完成该工作任务。

工作任务		任务 37　备份与恢复机器人系统文件				
姓名		班级		学号		日期	

学习情景

已知某柴油发动机生产线即将发生几次突发大停电，停电将会导致搬运工作站中的机器人发生故障，现请备份机器人的系统文件，以便在恢复供电之后恢复机器人的系统文件，使故障机器人恢复正常的生产状态。

任务要求

在备份机器人系统文件时，需要了解机器人系统文件的文件种类（即后缀名），从而将备份的机器人系统文件分门别类地存放在存储器中；在恢复机器人系统文件时，根据需求选择不同的还原模式将机器人系统文件恢复。

引导问题 1：

FANUC 机器人常用的备份 / 加载设备有_____、_____、_____。

引导问题 2：

控制柜主要使用的文件类型主要有_____种。

引导问题 3：

程序文件的后缀名是_____。

引导问题 4：

备份 / 加载文件的方法主要有_____种，分别是_____下的备份 / 加载、_____下的备份 / 加载及_____下的镜像备份 / 还原。

工作任务		任务 37　备份与恢复机器人系统文件					
姓名		班级		学号		日期	

引导问题 5：
　　在_____下主要进行系统文件的加载工作。

引导问题 6：
判断题
　　1. 系统文件用来保存用户所编写的程序。　　　　　　　　　　（　　）
　　2. 一般模式下主要进行所有文件的备份工作。　　　　　　　　（　　）

引导问题 7：
　　备份 / 加载文件的方法有哪些？

引导问题 8：
　　一般模式下的备份有几种，分别是什么？